湘江流域传统村落景观空间与建筑装饰景观基因图谱研究

伍国正　著

教育部人文社会科学研究"湘江流域传统村落景观基因图谱与文化特征研究"项目资助(项目批准号：20YJAZH107)

吉林大学出版社

·长春·

图书在版编目(CIP)数据

湘江流域传统村落景观空间与建筑装饰景观基因图谱
研究 / 伍国正著. —长春：吉林大学出版社，2022.11
ISBN 978-7-5768-1303-6

Ⅰ.①湘… Ⅱ.①伍… Ⅲ.①村落—景观设计—研究
—湖南 Ⅳ.①TU986.2—64

中国版本图书馆 CIP 数据核字(2022)第 243024 号

书　　名：湘江流域传统村落景观空间与建筑装饰景观基因图谱研究
XIANG JIANG LIUYU CHUANTONG CUNLUO JINGGUAN KONGJIAN
YU JIANZHU ZHUANGSHI JINGGUAN JIYIN TUPU YANJIU

作　　者：伍国正
策划编辑：黄国彬
责任编辑：王宁宁
责任校对：曲　楠
装帧设计：姜　文
出版发行：吉林大学出版社
社　　址：长春市人民大街 4059 号
邮政编码：130021
发行电话：0431-89580028/29/21
网　　址：http：//www.jlup.com.cn
电子邮箱：jldxcbs@sina.com
印　　刷：天津和萱印刷有限公司
开　　本：787mm×1092mm　　1/16
印　　张：26
字　　数：400 千字
版　　次：2023年5月　第1版
印　　次：2023年5月　第1次
书　　号：ISBN 978-7-5768-1303-6
定　　价：98.00 元

前　言

　　区域范围内整体性研究地域传统聚落景观营建体系特点及其形成机理，总结营建经验，指导地域传统聚落景观的保护、更新与开发利用，促进地域传统聚落景观可持续发展，以及揭示地域传统聚落文化景观基因的区域特征和文化内涵，传承和弘扬地域优秀传统文化，实现中华优秀传统文化创造性转化和创新性发展，是当前地域传统聚落景观研究的热点。

　　文化是社会化的产物，在不断的动态继承和更新发展中演进，具有实践性、传承性、群体性、多样性、共同性、功能性、民族性、时代性和地域性等多方面的特征。传承性体现了文化的稳定性发展，多样性和地域性体现了文化的差异性存在和变异性发展。在文化结构的三个层次中，物质文化为显性文化，制度文化和精神文化为隐性文化。"文化由外显的和内隐的行为模式构成"，既包含显性式样又包含隐性式样。文化的这些特性与生物基因的稳定性、遗传性和变异性等非常相似。实际上，文化正是通过"基因"的形式传承和发展的，那些具有共同特性的文化基因（如形式、符号、风格等），在社会生产的发展中不断得到继承和更新发展。

　　地域传统村落是重要的地域文化景观，其营建体系中的自然与人文环境特点、空间结构特点、建筑形态特点、建筑材料特点、技术与艺术特点、营建方式和风格特点等，具有明显的时代性、人文性、审美性、独特性、多样性、统一性和地域性的特征。传统村落在其发展过程中通过"景观基因"传承和发展地域民族文化。

　　图谱是根据实物描绘或摄制并进行系统的按类编制而成的用来说明事物的图表，是更好地了解事物的一种研究表达模式。自世纪之交中国学者引入"景观基因"理论和提出"景观基因图谱"理论以来，不同学科掀起了传统村落的"景观基因"和"景观基因图谱"研究的热潮，研究的理论体系逐渐得到丰富与发展，促进了多学科的交叉融合。

　　湘江通过洞庭湖与长江相连，上游通过灵渠与珠江相连，是古代"两湖"（湖南、湖北）与"两广"（广东、广西）的重要通道，在湖南省的流域面积近全省总面积之半。湘江流域属于典型的亚热带季风性湿润气候，除南部山区外，地形地貌大都为起伏不平的丘陵、山地。秦汉以来，随着灵渠的开通和攀越南岭峤道的修筑，具有流域特点的文化交流与发展的"走廊"逐渐形成。历史上，湘江流域是荆楚文化与百越文化的过渡区，是四次大规模"移民入湘"的主要迁入地之一，是张伟然先生划分的历史时期湖南省两大历史综合文化区（湘资区和沅澧区）中流域面积最大的区域，开发最早的区域，[①] 是申秀英、刘沛林等人划分的中国南方传统聚落景观区划中"湘鄂赣平原山地聚落景观区"中的第三景观亚区。[②]

　　在前五批公布的"中国传统村落名录"中，湖南省共有 658 个，其中，湘江流域共有 222 个。大部分村落中都有祠堂，许多村落中都有多个古祠堂，湘江流域乡村现存较好的明清以来的古祠堂有 660 余座。受多样的地理环境、气候条件和多元文化的影响，湘江流域传统村落景观在空间结构形态、建筑形态、建造技艺和风格特点等方面的时空特色明显。保存较好的传统村落集中国传统文化、楚粤文化、环境艺术、审美情趣于一体，是地区文化的物质载体和重要的文化遗产。在当前，中华优秀传统文化的挖掘和阐发、传承和弘扬，以及创造性转化和创新性发展都要体现传统文化的民族特色和文化精神，以及建筑文化和城市文化出现趋同现象和特色危机、地域建筑创作需要

---

　　① 张伟然. 湖南历史文化地理研究[M]. 上海：复旦大学出版社，1995.

　　② 申秀英，刘沛林，邓运员. 景观"基因图谱"视角的聚落文化景观区系研究[J]. 人文地理，2006(04)：109-112

加强地域风貌与特征营造的时代背景下，区域范围内整体系统性研究湘江流域传统村落景观空间的区域特征及其形成机理，揭示村落中建筑装饰的艺术特点与装饰景观题材的文化内涵，建构流域内传统村落建筑装饰景观基因图谱，总结营建经验，具有重要的理论意义和实践价值。

本着主体研究与客体研究并重、个案研究与区域范围整体性比较研究并行、史论结合的原则，本书在广泛的实地考察、调研走访、文献查阅和前期研究成果的基础上，选取湘江流域现存传统村落景观空间与村落建筑装饰景观为研究对象，从宏观、中观、微观三个层面展开研究：宏观层面立足于历史发展中区域传统村落的生成环境系统研究，体现了传统村落形成和发展的区域自然地理环境特点和历史人文地理环境特点；中观层面立足于影响区域传统村落营建的文化传统研究，体现了传统村落的空间结构形态特点及其形成机理、公共空间特点及其社会文化功能；微观层面立足于区域传统村落中民居与祠堂建筑装饰景观的具体构成要素研究，突出了传统村落中建筑装饰景观所蕴含的文化精神内涵和价值取向。

本书包含五个研究主题：文化景观特征与传统村落景观研究发展趋势、湘江流域传统村落景观环境特点、湘江流域传统村落空间结构形态特点、湘江流域传统村落公共空间特点、湘江流域传统村落建筑装饰景观基因图谱建构。通过分析文化景观与地域文化景观的特征、国内外文化景观的研究动态，总结了传统村落景观研究的发展趋势；基于区域自然与人文环境特点分析，论述了湘江流域传统村落区域分布特点与主要原因，以及村落选址环境特点；结合地区气候特点与传统村落选址环境特点，分析了湘江流域传统村落空间结构形态特点及其形成机理；基于广泛的实地调研，分析了湘江流域传统村落公共空间构成及其社会文化功能；在对湘江流域传统村落建筑装饰的构成特点与艺术特点、装饰题材与文化内涵，以及对传统村落建筑装饰景观基因的特点、表现形式与文化特征表达方式、分类方式、识别原则、识别与提取方法等研究的基础上，借鉴聚落景观基因与景观基因图谱的理论与方法，对湘江流域传统村落中民居和宗祠建筑的门窗、梁枋、山墙、柱础、屋顶、顶棚等装饰最为丰富的部位，进行建筑装饰景观的显性形态基因识别和隐性意象基因提取，并从景观显性形态基因与景观隐性意象基因两个方面建构了湘江流域传统村落建筑装饰景观基因图谱。

研究认为，根据文化景观的定义与文化景观的分类，文化景观基因与"文化因子"有区别，应区分物质文化景观基因与非物质文化景观基因；物质文化景观基因又分为景观显性形态基因和景观隐性意象基因。文化景观显性形态基因通过景观的具体形态来展现，景观形态本身就是"景观基因"，是"文化因子"的物质表现形式，在可视空间有时可以直接识读其所蕴含的文化内涵与精神意义；文化景观隐性意象基因是指文化景观所蕴含的"文化因子"，有时虽有具体的物质表现形态，但需要主体在观察分析的基础上，通过"文化联想"识读出其所蕴含的文化内涵与精神意义。非物质文化景观基因对应于非物质文化景观，没有具体的物质表现形态，在不同的自然环境、人文环境和社会制度下，体现不同的文化内涵与精神意义。研究指出，地域传统村落建筑装饰景观基因可以从装饰技法基因、装饰图案基因、装饰景观显性形态基因、装饰景观隐性意象基因、装饰材料、装饰布局、装饰构图、装饰色彩等方面进行分类。研究认为，传统聚落景观基因是在某个区域范围内（一个国家或某个地区）经过比较研究确立的；景观基因具有共同性，在一定区域内普遍存在某种景观形式（不一定是物质形态，如非物质文化景观基因），同时具有传承性，在历史时期有相对稳定的传承特点；识别地域传统村落建筑装饰景观基因可以遵循可读性、共同性、传承性和优势性等四个原则。

书中对于湘江流域传统村落空间结构形态类型与特点及其形成机理的分析，扩展了"文化景观区系"研究的流域视角，有助于推进传统村落地理学结构解析，推进中国传统村落景观文化区划研究，推进中国传统村落谱系建构。对于湘江流域传统村落公共空间构成及其社会文化功能的分析，传统村落建筑装饰的构成特点与艺术特点、装饰题材与文化内涵的分析，以及大量的区域传统村落与景观环境的图片、建筑及其装饰的图片等资料，有助于为地区传统村落景观及相关文化景观的保护和更新提供理论与技术支撑，促进其可持续发展；有利于指导传统村落旅游规划与文化旅游资源开发，提升区域发展竞争力；有助于建立与现代化相适应的道德价值观念、文化审美观念和景观环境生态观念，促进社会和谐发展。对于湘江流域传统村落建筑装饰景观的显性形态基因图谱与隐性意象基因图谱的建构，有助于传承和弘扬地域优秀传统文化，进而实现中华优秀传统文化创造性转化和创新性发展。

书中的年代表示方法为："公元前202年"简称为"前202年"，"公元976年"简称为"976年"。

在调研过程中，曾得到时任永州市文物管理处赵荣学处长、曾东生副处长、杨韬科长，永州市零陵区文物管理所许永安所长、李仁副所长，双牌县住房与城乡建设局（书中简称住建局）蒋跃先局长，汝城县住建局叶维主任、何茂英主任，汝城县土桥镇先锋村村支书周波、土桥镇土桥村何建华先生，宜章县住建局廖振忠局长，宜章县黄沙镇沙坪村村支书李国鸿、村会计李博，资兴市流华湾景区袁伟游主任、东江湖安泰旅行社唐春霞经理，桂阳县敖泉镇船山村李绩孝先生、龙潭街道昭金村下水头组周水长先生，常宁市松柏镇独石村柑子塘组李泽文先生，醴陵市沈谭镇三星里村易理国先生、明月镇白果居委会新南组杨小平先生，茶陵县枣市镇曹柏村3组曹运妹先生、秩堂乡毗塘村谭秋明先生，汨罗市白水镇三星村闵家巷闵铁球先生，平江县三市镇白雨村余想荣先生，岳阳县张谷英镇书记方正春和办公室何水滔先生，记者谢丽华女士，浏阳市的桃树湾大屋刘光明先生、沈家大屋沈敬民先生、彭家大屋彭傅骥先生，以及各地住房与城乡建设局和其他一些人士的热心帮助，在此一并致以衷心的感谢！

2015年，课题组参与湖南省住房和城乡建设厅组织的主编《湖南传统村落》一书时，村镇处吴立玖副处长提供的许多湘江流域市县住建局收集的图片资料，为本书的写作提供了很好的支撑，在此特别感谢！

感谢课题组的辛勤付出！感谢同事们的大力支持！感谢研究生王立言、王萌、谭绥亨、谭鑫烨、李曦燕、廖静、沈盈、刘洋、张璐、朱昕、李力夫、刘灿松、刘俊成、王睿妮、张港、陈珮，本科生薛棠皓、赵琦、尹政、高国峰、黄璞等人参与调研和资料收集整理，他们的参与也是本书得以顺利完成的基础。

本书写作中参考和引用的文献不少，笔者在此向各位专家和学者深表谢意。

由于时间有限，对于传统村落及相关历史文化景观的调研有待深入，书中还有诸多不足之处，如流域内传统村落空间结构形态的地域特色有待深入挖掘，传统村落建筑装饰景观基因的分类研究不足及建筑装饰景观基因图谱建构不充分，传统村落中的非物质文化景观涉及较少，研究的理论有待提升等，需要在后续的研究中加强。祈望各位读者批评指正。

2022 年 8 月

目　录

第一章　文化景观特征与传统村落景观研究的发展

第一节　景观的内涵、景观文化及其研究分类

一、景观的内涵与分类

(一)景观的内涵

景观的初始意义是作为视觉审美的对象。在欧洲，"景观"一词最早在文献中出现是在希伯来文本的《圣经》中，用于描述所罗门皇城耶路撒冷的总体美景(包括所罗门寺庙、城堡、宫殿)①，具有视觉美学上的意义。在中国古代文献中，"景观"中"景"即是观，"观"也是景。"景"即自然景色、景致；"观"不仅表示大自然中的景象、景色，还指非自然界中的场面、情景②。可以说，无论是西方文化还是东方文化，"景观"最早的含义更多地具有视觉美学方面的意义，与英语中的"风景"(scenery)同义或近义。

"景观"一词最初泛指一片或一块乡村土地的风景或景色。现代英文中的"landscape"来自德文"Landschaft"，通常用来表示对土地的感知或者面积有限的一块土地，本有景物、景色之意，与现代汉语中的风景、景致、景色相一致。而德文又源自荷兰语，其原意是陆地上由住房、田地和草场以及作为背

---

① Naveh Z., Lieberman A. S. Landscape Ecology：Theory and Application[M]. New York：Springer-Verlag，1984：356.

② 李敬国. "景观"构词方式分析[J]. 甘肃广播电视大学学报，2001，11(02)：32-33.

景的原野森林组成的集合①。16世纪的荷兰画家把这个集合景观看作是风景画，赋予了景观更现代的含义②。19世纪初，德国自然地理学家、植物学家亚历山大·冯·洪堡（Alexander von Humboldt）将景观作为一个科学名词引入到地理学中，并将其解释为"一个区域的总体特征"③。

《现代汉语辞海》《辞海》等对"景"和"观"的解释为："景"是"景致、风景"；"观"是"看，景象或样子，对事物的认识或看法"（《现代汉语辞海》，2009年版）。《辞海》中的"观"也具有认识和认知的概念，是人"对事物的看法或态度"（《辞海》，2010年版）。现代英文中的"landscape"，有风景、景色、风景画、风景照、地形、景观、从事景观美化、使景色宜人等多种意思，它不仅包含可视的环境、现象（自然的或人工的实景），还包含人们对"景"的"观"以及人们在"景"中实现"观"的体验过程（包括认知过程和审美过程），与现代汉语中的"景""观"意思基本相同。

综合以上对于景观概念的分析可以看出，景观不仅包括自然的或人工的可视环境和现象（物质景观），还包括凝结了人类一切思维活动和体现社会意识形态的非可视的景观（非物质景观）。景观的构成要素至少包括自然要素、人文要素、情景要素和过程要素四个方面。

随着时代的发展，不同的学科从不同的角度研究了景观的概念及其内涵，体现了学科发展交叉融合的特点，表现了丰富的内涵。

1. 景观地理学的景观研究

"景观地理学"是由德国学者帕萨格（S. Passarge）在1913年提出的。现代地理学景观包含四个方面的内涵，一是地理学的整体概念：兼容自然和人文景观；二是一般概念：泛指地表自然景色；三是特定区域的概念：专指自然地理区划中起始的或基本的区域单位，是发生上相对一致和形态结构同一的区域，即自然地理区；四是类型的概念：类型单位的通称，指相互隔离的地

---

① John L. Motloch. Introduction to Landscape Design[M]. 2nd Edition. John Wiley & Sons Inc, 2000.

② 单霁翔. 走进文化景观遗产的世界[M]. 天津：天津大学出版社，2010：41.

③ Naveh Z., Lieberman A. S. Landscape Ecology: Theory and Application[M]. New York: Springer-Verlag，1984：13.

段按其外部的特征的相似性，归为同一类型单位，如荒漠景观、森林景观等（《辞海》，1999 年版）。景观地理学的景观研究主要体现在人文地理学的分支学科——文化地理学的研究中，突出了"文化关联"，把景观看成地理综合体，即由自然景观和文化景观组成，并侧重研究文化景观，包括其形成与分布、类型与组合、发展与演变、感知与解释、生态与环境、保护和规划等。景观地理学的景观研究关注景观的区域特征、演变规律及其相互关系，回答了景观"是什么（what）"的问题，它研究的是"景观的骨架"①。

2. 景观生态学的景观研究

生态学最早是由德国生物学家恩斯特·海克尔（Ernst Haeckel）于 1869 年提出的，认为生态学是研究生物或者生物群体与其环境——包括非生物环境和生物环境相互关系的科学。1939 年，德国著名生物地理学家特罗尔（Carl Troll）提出"景观生态学"的概念。20 世纪 70 年代以后，生态恶化、资源短缺、人口膨胀、粮食不足等问题日益严重并表现出全球性。在这一背景下，景观生态学研究受到重视并得到发展。景观生态学研究的中心问题是景观格局（空间格局）与生态过程相互作用的关系，研究对象是由不同空间单元镶嵌组成的景观地理实体，但属于对自然和半自然景观的研究②。景观生态学不仅研究景观的自然方面，还研究景观的人文方面。景观生态学的景观研究关注景观的整体空间结构功能、生态过程及其相互关系，回答了景观"为什么（why）"的问题，它研究的是"景观的肉体"。

3. 景观人类学的景观研究

20 世纪 80 年代末，西方对景观的研究突破了地理学、生态学的景观研究视野，开始探究景观与人类文化的内在联系，考察景观在人类社会中的功能、意义和发生动因③。1989 年 6 月，来自人类学、艺术史等学科的学者在伦敦大学经济学院召开"景观人类学"学术研讨会，景观人类学概念正式创立。此次会议突显了"场所（place）"和"空间（space）"的精神对于理解和认知文化景观

---

① 殷洁. 西南地区非物质文化景观在乡村景观规划中的保护研究[D]. 重庆：西南大学，2009：9-10.

② 苏伟忠，杨英宝. 基于景观生态学的城市空间结构研究[M]. 北京：科学出版社，2007：2.

③ 洪磊. 基于景观人类学的中国文化景观遗产特征与保护[J]. 河南教育学院学报(哲学社会科学版)，2018，37(02)：23-28.

的意义，倡导将以往被民族志书写忽视的场所与空间纳入研究视野。1995 年，该会议的论文集《景观人类学：场所与空间的视角》(The Anthropology of Landscape：Perspectives on Place and Space)出版，拉开了西方景观人类学研究的序幕。景观人类学将"景观"从人类学的文化图谱中凸显出来，视"景观"为本体论与方法论，使得以人为中心的人类学研究视角转向人及其所处场所与空间之间的关系，由此拓展了人类学研究议题的纵深度，深化了人类学对于人自身、人与其所处世界之关系的理解①。

对场所和空间的意义解析是"景观人类学"研究的核心主旨②。景观人类学以整体观思维、比较研究、田野调查和主位眼光等人类学研究范式为理论方法，重视从文化视角认知和理解"景观"，探究隐含于"景观"背后的文化意涵和文化意义之源。景观人类学的研究内容与研究范式为联合国教科文组织出台"文化景观遗产"保护政策，提供了重要的思想资源和理论基础。文化景观遗产作为一种文化遗产类型受到前所未有的重视，在 1992 年 12 月的世界遗产委员会第 16 届会议上，文化景观遗产这一概念被纳入《世界遗产名录》，文化景观遗产被纳入联合国教科文组织保护的范围。

4. 景观建筑学的景观研究

景观建筑学是由美国园林设计师弗雷德里克·劳·奥姆斯特德(Frederic Law Olmsted)在 1858 年提出的，其后他和英国建筑师卡尔弗特·沃克斯(Calvert Vaux)设计了著名的纽约中央公园，以此为标志，景观建筑学走上了独立发展的道路。国外景观建筑学研究起源于 19 世纪末 20 世纪初，20 世纪中叶以后在世界各国传播，中国的景观建筑学研究大约开始于 20 世纪 90 年代。景观建筑学介于传统建筑学和城市规划之间，既是交叉学科，又是综合学科，它的理论研究的范围非常广，涉及人居环境的方方面面，更侧重从文化学、人类学、生态学、社会学、环境心理学、哲学和美学方面研究人与"建筑"和环境的关系，和中国传统风水理论的基本取向相同；研究对象是与土地相关的地域自然景观和文化景观；研究内容突出对景观形态、景观生态和景

---

① 周丹丹. 景观人类学的旨趣[N]. 中国社会科学报，2021-04-07(005).
② 徐桐. 景观研究的文化转向与景观人类学[J]. 风景园林，2021，28(03)：10-15.

观文化（包括景观美学）的研究，并赋予其某种文化内涵、功能价值和社会属性。

除了保留以前风景园林的内容外，"景观建筑学最鲜明的特征是力求将建筑、规划与园林环境设计合为一体，用以研究整个人居环境。景观建筑学所指的景观既是一个由不同土地单元镶嵌组成的具有明显视觉特征的地理实体，也是一个处于生态系统之上、大地理区域之下的生态系统的载体，同时包括了大地上的建筑、道路系统等人文要素，是不同尺度的大地综合体，兼具经济价值、生态价值和美学价值，会随着土地特征的改变和人类活动的影响而变化，是一个动态的、自然的和社会的系统反映。"[①]景观建筑学新的核心研究内容在于全方位的公共领域、建筑领域、环境领域和艺术领域，包括对景观形态、景观生态和景观地域文化的研究。景观建筑学的景观研究关注的是人与"建筑"和环境的关系，突出了景观的文化内涵、功能价值和社会属性，回答了景观能"干什么（how）"的问题，它研究的是"景观的精神与灵魂"。

其他学科，如艺术学和旅游学，对景观的解释也是不同的。艺术家从美学的角度解释景观，把景观作为表现与再现的对象，等同于风景。旅游学家则把景观当作旅游资源和旅游产品，吸引游客前往参观。

（二）景观的分类

综合以上的分析，并结合前人对于景观的分类标准，我们可以看出，除了根据人类对景观的影响程度把景观分为两大类，即自然景观和文化景观以外，还可以按照景观的可视性原则，将景观分为物质景观（可视景观）和非物质景观（非可视景观）。物质景观包括自然景观和文化景观中的可视景观（具象的文化景观）；非物质景观即为文化景观中的非具象的文化景观，也是凝结了人类一切思维活动的产物，如各地的民俗景观、语言景观、地名景观等。

自然景观指完全未受到直接的人类活动影响或受这种影响的程度很小的景观，由自然环境系统所构成，可以再分为原始景观和轻度改变景观，如高山景观、南极滨海景观等受人类活动影响的程度相对都很小，属于轻度改变

---

① 范建红. 基于地域文化的景观建筑学发展思考[J]. 高等建筑教育，2010，19(01)：21-24.

的自然景观①。

现在一般认为，文化景观是指人类为了满足某种需要，在自然景观之上叠加人类活动的结果而形成的景观②。作为文化产物，文化景观体现在人类活动的方方面面。人类活动包括生产活动、生活活动和精神活动，文化景观必定或显或隐地蕴含着历史中积淀下来的人类的文化心理与文化精神。文化景观构成中的人文要素包括物质要素和非物质要素。物质要素指具有具体形态和色彩，可以被人们肉眼感觉到的要素，如人物、服饰、农田、道路、矿山、城镇、村落、栽培植物、驯化动物等，是文化景观的核心；非物质要素指无形的不被人们直接感知的精神要素，如思想意识、规范制度、生活方式、风俗习惯、宗教信仰、审美观、道德观、语言、哲学、教育、生产关系等③。文化景观的非物质要素渗透和积淀于物质要素中，是文化景观的精神与灵魂。

二、景观文化及其研究分类

（一）景观文化及其结构

1. 文化的要素与特征

文化总是在一定的自然环境、时空环境和社会环境下形成、发展，并相互适应和相互促进的。文化的分类有多种方法，按文化形态分为物质文化和精神文化；按文化结构分为物质文化、精神文化和制度文化；按文化事物和现象的地位作用分为认识型、艺术型、规范型、社会型和器用型文化等。文化要素包括物质要素、精神要素、规制要素和环境要素等四个方面。文化有实践性、传承性、群体性、多样性、共同性、功能性、民族性、时代性和地域性等多方面的特征，其本质特征是促进自然、社会的人文之化，即"人化"。人创造文化，同样，文化也创造人④。

（1）文化要素

分析文化要素，有利于归纳总结文化的一般特征和本质特征，以及文化

---

① 汤茂林. 文化景观的内涵及其研究进展[J]. 地理科学进展，2000，19(01)：70-79.
② 汤茂林. 文化景观的内涵及其研究进展[J]. 地理科学进展，2000，19(01)：70-79
③ 汤茂林，金其铭. 文化景观研究的历史和发展趋向[J]. 人文地理，1998，13(02)：41-45.
④ 张仁福. 大学语文——中西文化知识[M]. 云南大学出版社，1998：2.

所具有的价值与意义。

①物质要素，即物质文化，是文化结构的构成要素之一，是文化产品中的有形部分。人类通过主体的实践活动，适应、利用和改造自然，在实践中改造自然和改造自身，实现生产工具的改进和劳动产品的丰富与升级，并实现自身的价值。文化的物质要素体现文化的精神要素，如文化制度、生活样式、价值观念和审美特点。

②精神要素，即精神文化，是文化结构的构成要素之一，是文化定义中的狭义的文化，属于无形文化。包括一切社会意识形态以及与之相适应的文化制度和组织机构，如科学、哲学、艺术、宗教以及各种思想观念。其中尤以价值观念最为重要，因为价值观念是文化集团的文化得以存在、延续、复制的核心因素。精神文化体现了人类的思维活动和价值标准，是文化要素中的核心要素，它反映了不同文化集团的价值观和审美观，决定着不同文化集团特有生活方式、生活式样以及物质要素的形态特点。

③规制要素，即制度文化，也是文化结构的构成要素之一，是人类在物质生产过程中所结成的各种社会关系的总和，是一定时期的各种规范、制度和准则的总称。制度文化既是适应物质文化的固定形式，又是塑造精神文化的主要机制和载体。通过制度文化，人们的各种社会行为得以调节，社会秩序得以维持，文化集团的价值观得以实现并传承，体现了"文化体系一方面可以看做活动的产物，另一方面则是进一步活动的决定因素"的文化观念。

④ 环境要素，环境要素是文化的发展要素，包括自然环境、时空环境和社会环境。按照马克思主义学者的文化观，"文化"即"人化"，物质文化、精神文化和制度文化总是在一定的自然环境、时空环境和社会环境下形成、发展，并相互适应和相互促进的。横向发展体现的是人与自然环境作用而形成的不同文化模式，纵向发展体现的是文化发展中呈现的不同历史形态，反映的都是人类生存方式系统的不同。其中，自然环境（未经人化的环境）是不同地域文化产生的物质基础；时空环境（一定的时间与空间环境）是不同文化形态和文化特征形成和发展的历史基础；社会环境（精神要素和制度要素）是不同文化类型和文化模式形成和发展的决定因素，它决定着地域文化集团的思维方式、行为模式、生存样式、价值观和审美取向。

（2）文化特征

通过对文化的定义和文化的组成要素的分析，我们可以归纳总结出文化的如下特征。

① 实践性。文化的实践性体现了人类发展的特点，即人类通过主体的实践活动，适应、利用和改造自然，创造文化，同时也创造人类自身；体现了文化的本质特征是促进自然、社会的人文之化，即"人化"。文化的三个层面——物质、制度和精神，都是人类在实践中创造出来的。

②传承性。文化的传承性体现了文化作为人类生活方式和生存式样系统的特点，即文化是学习得来的，而不是通过遗传天生就有的。文化是社会化的产物，是一个连续不断的动态过程，是在不断继承和更新发展中演进的，适应了时代的发展要求，也就具有了时代性的特点。

③群体性。文化的群体性同样体现了文化的社会化特点，即文化是一种社会现象，而不是个人的行为。马克思说："人的本质不是单个人所固有的抽象物。在其现实性上，它是一切社会关系的总和。"[①]社会化要求文化是一个群体或社会全体成员共同认可、共同享有和共同遵循的，或是在一定时期中为群体的特定部分所共享，而不是个人的行为或习惯。

④多样性。文化的多样性体现了文化的民族特色和地域特色。文化总是根植于民族之中，不同的民族有不同的民族文化，同一民族在不同历史时期和不同地域也有不同的文化形式，这也决定着文化具有民族性、时代性和地域性的特点。另外，不同民族、不同地区在长期交流中，相互借鉴和吸收对方的文化，引起各自文化的变异性发展，也是文化多样性存在的基本原因。

⑤共同性。文化的共同性表现为不同民族在社会实践活动中有相同的文化形式，其特点是不同地域不同民族的意识和行为具有共同的、同一的样式。体现了不同民族在历史的发展中文化相互融合的特点，表现为文化的趋同或趋近。

⑥ 功能性。文化的功能性体现了文化对人的意义、功用和价值。物质文

---

① 马克思.关于费尔巴哈的提纲[C]//中共中央马克思恩格斯列宁斯大林著作编译局.马克思恩格斯文集(第一卷).北京：人民出版社，2009：501.

化和精神文化不是截然分开的，物质文化是精神文化的基础，任何物质文化事物都在一定程度上反映着精神文化的某些方面，许多精神文化也具有一定的物质形式，如街头雕像、纪念碑、古岩画刻等。任何文化产品都包含着创造者的价值观和审美观等思想观念，在实践中体现"文化"的意义，实现其功用价值。物质文化主要是满足人类的使用要求；精神文化有其相对的稳定性和影响力，起规定、束缚、协调和组织人们的生活行为的作用。正如 1952 年美国文化学家克罗伯和克拉克洪在《文化·概念和定义的批评考察》一文中对文化的综合定义："文化由外显的和内隐的行为模式构成；这种行为模式通过象征符号而获致和传递；文化代表了人类群体的显著成就，包括他们在人造器物中的体现；文化的核心部分是传统的（即历史的获得和选择的）观念，尤其是他们所带来的价值；文化体系一方面可以看做活动的产物，另一方面则是进一步活动的决定因素。"[①]"文化意义被定义为：'对过去、现在和将来的年代都有美学的、历史的、科学的或社会的价值'（Cultural significance is defined as：'aesthetic，historic，scientific or social value to past，present or future generations.'）。"[②]

2. 景观文化及其价值

文化是个大系统，景观文化是文化体系的一个分支系统。一般认为，景观文化主要体现在文化景观之中（自然景观有时也会受到人类活动的轻度改变而具有某些人文特性），突出体现文化景观中的精神文化内涵，以人的精神体验和审美观照为主要内容。自 1989 年荷兰景观文化国际学术会议之后，景观文化研究相继展开。沈福煦教授指出：景观文化是一种文化，它有更多的社会文化性，与社会伦理、宗教、习俗及种种观念形态有关，而且还包括大量的艺术文化内容，如文学的、书画的、建筑的、雕塑的、戏剧的等等[③]。李祥

① A. L. Kroeber and C. Kluckhohn. Culture：A Critical Review of Concepts and Definition，Harvard University Press，1952：181. 转引自：王诚. 通信文化浪潮[M]. 北京：电子工业出版社，2005：4-5

② 参见 COMOS，The Burra Charter（澳大利亚）：The Australian ICOMOS Charter for the Conservation of Places of Cultural Significance(1999). 转引自：[英] 约翰·爱德华兹（John Edwards）. 古建筑保护——一个广泛的概念[C]//中国民族建筑研究会. 亚洲民族建筑保护与发展学术研讨会论文集. 成都，2004：33-39.

③ 沈福煦. 中国景观文化论[J]. 南方建筑，2001，21(01)：40-43.

熙先生从发展的角度定义景观文化为："所谓景观文化，是指人们在与景观长期互动的实践中，所创造和形成的具有与该景观相适应的精神观念，并把这种观念具体地体现在景观建设、维护和适度开发利用的各个环节之中。"[①]景观文化是景观贮存和散发的精神内涵，具有美学价值和精神价值等多方面的价值[②]。

3. 景观文化结构

文化与景观的关系是相互的。文化不但改变着景观，而且通过景观来反映文化，文化与景观在一个反馈环中相互影响，文化建造了各种景观，同时景观影响着文化[③]。

实际上，作为文化体系分支系统的景观文化，具有普遍意义上的文化的内涵、结构和特征，即在形态上有物质景观文化和精神景观文化；在结构上也有物质景观文化、制度景观文化和精神景观文化；有实践性、传承性、群体性、多样性、共同性和功能性等多方面的特征。

文化就广义而言，是人类整个活动方式及其成果的总和；狭义而言，仅指人们的精神生活、精神现象、精神过程和精神产品。同文化一样，"景观文化"有广义和狭义之分。广义的景观文化是指人类在营建和使用景观的过程中所产生的一切物质和精神产品，狭义的景观文化是指单从景观自身出发的意识形态、情感过程和精神产品。景观文化研究多关注狭义的景观文化，即研究景观的精神与灵魂。

物质景观文化指具体的景观产品，是景观文化物化的体现，是景观文化的表层，是其发挥各种功能的基础，受时空条件和人类生产实践能力（如技术水平）的限制。精神景观文化指抽象的景观产品，是外在于景观的文化、思潮和社会意识形态，是景观的精神和灵魂，它影响物质景观文化的生产、形态和传播。

（二）景观文化研究分类

不同的学者，由于研究视阈的不同，对景观文化研究的出发点也不一样，

---

① 李祥熙. 关于加强山西旅游景观文化建设的思考[J]. 山西社会主义学院学报，2004(04)：43-45.
② 周剑. 从人地作用到景观文化——浅析景观文化的含义[J]. 安徽建筑，2006(06)：17-18.
③ 李团胜. 景观生态学中的文化研究[J]. 生态学杂志，1997，16(02)：78-80.

常常有以下几个方面的研究分类：一是从时间上划分，景观文化可以分为传统景观文化、现代景观文化；二是从空间上划分，根据反映特定景观文化的景物所处范围由大到小把它分为时代景观文化、地域景观文化、民族景观文化、都市景观文脉和场所精神等；三是从景观文化所处的地位、发挥的作用和占据的范围上划分，把它分为主流景观文化与地域景观文化；四是从社会基础出发，将它分为大众景观文化、乡土景观文化与边缘景观文化等三种类型①。

景观文化研究主要是研究地域的传统景观文化，以民族景观文化和乡土景观文化为主要研究对象，突出地域传统景观文化的意义和当代价值，及其在当代地方景观设计中的应用和传承。

第二节　文化景观与地域文化景观的特征

一、文化景观的类型与特征

（一）文化景观的类型

从以上的分析中，我们可以清楚地看出，文化景观是人类为了满足某种需要，利用自然物质加以创造，并通常叠加在自然景观之上的人类活动形态，具有物质和精神两个方面的因素。物质文化景观都有一定的物质形态，通常叠加在自然景观之上，而精神文化景观并不一定都叠加在自然景观之上，如各地的民俗艺术景观、语言文字景观、地名景观等。具有一定物质形态的精神文化景观，如宗教建筑、纪念碑、古岩画刻等，以物质形式叠加在自然景观之上，体现一定的社会精神和意识形态。可见，精神文化景观又分为有形与无形两种。

文化景观的构成复杂，分类的方法很多。如按照人类活动方式，对应文化形态的分类方法，可以将文化景观分为物质文化景观（如农田、道路、矿

---

① 张群，裴鸿菲，高翅. 浅析景观文化[J]. 山西建筑，2007，33(16)：25-26.

山、城市、村落、栽培植物、驯化动物等具有具体物质形态和色彩的景观）和精神文化景观（如学校、法院、纪念碑、古岩画刻、宗教建筑、语言文字、民俗艺术、仪礼制度、生活方式等主要体现文化的精神要素的景观）。

按照可视性原则可以把文化景观分为物质文化景观和非物质文化景观。非物质文化遗产是非物质文化景观重要的组成部分。2003年10月联合国教科文组织第32届会议正式通过的《保护非物质文化遗产公约》第一章第二条对非物质文化遗产的定义为："被各社区、群体，有时是个人，视为其文化遗产组成部分的各种社会实践、观念表述、表现形式、知识、技能及相关的工具、实物、手工艺品和文化场所。"并同时指出，依据上述定义，非物质文化遗产包括"1. 口头传统和表现形式，包括作为非物质文化遗产媒介的语言；2. 表演艺术；3. 社会实践、礼仪、节庆活动；4. 有关自然界和宇宙的知识和实践；5. 传统手工艺"。《中国非物质文化遗产普查手册》对非物质文化遗产的定义包括上述五个方面[①]。另外，我国政府对非物质文化遗产的定义还包括与上述表现形式相关的文化空间[②]。上述六个方面都充分体现了非物质文化景观的精神内容。

按照人口密集程度、就业构成、建筑物密集程度等可以把文化景观划分为乡村景观和城镇景观。按照主导要素，文化景观也可以划分为农村聚落景观、人口景观、政治景观、语言景观、宗教景观、建筑景观、流行文化景观、城镇景观等较具体的类型[③]。

另外，按照表现形态的不同，对应文化的结构，可以把文化景观分为具象文化景观（技术体系的景观）和非具象文化景观（价值体系的景观）两大部分。具象文化景观主要划分为三大类，即聚落景观（如农村聚落景观、城镇聚落景观等）、产业景观（如工业景观，梯田、水田等农业景观）和公共事业景观（如大运河、农田灌溉工程、堤防工程、海塘、丝绸之路、园林、国家风景区等）；非具象文化景观也可划分为三大类，即民俗景观（如各地的婚嫁礼俗、

---

① 中国非物质文化遗产保护中心. 中国非物质文化遗产普查手册[M]. 北京：文化艺术出版社，2007：251.

② 中国非物质文化遗产保护中心. 中国非物质文化遗产普查手册[M]. 北京：文化艺术出版社，2007：236.

③ 汤茂林. 文化景观的内涵及其研究进展[J]. 地理科学进展，2000，19(01)：70-79.

祭奠仪式、生日庆祝、农事节日、祖先祭祀等）、语言景观（如方言、游记文学、山水画、民歌等）、宗教景观（如图腾崇拜、卜筮、占星术、土地庙、城隍庙、道观、寺院、庙宇等）。具象文化景观和非具象文化景观之间并没有绝对界限，二者相互渗透或包含[①]。

（二）文化景观的特征

从文化景观的概念、类型以及景观文化的结构特点中可以看出，文化景观具有功能性、空间性、时代性、审美性和异质性等五个特征。人类创造和使用文化景观都有一定的目的，因此文化景观对人类社会具有某种功能意义，体现文化景观所在时代的人们的功用价值观和审美价值观。文化景观不论大小、形态，都要占据一定的空间，并且每个文化景观的相对位置都是固定的或稳定的，具有空间固定性或稳定性，如中国现代人文地理学奠基人李旭旦教授认为："文化景观是地球表面文化现象的复合体，它反映了一个地区的地理特征。"[②]文化景观的形成是个长期过程，带有创造或生产它的那个时代的特点，并随着时代的发展而变化，体现发展的历时性特点，文化景观功能的变化反映了它所在的地区文化集团文化的变迁。因为文化景观是人地作用的产物，每一历史时代人类都按照其文化标准对自然环境施加影响，并把其改变成文化景观，因此它是自然环境和社会的一面镜子，反映了人们的意识形态和价值观，具有文化审美特性。

由于景观要素在空间及空间要素上都与时间要素发生联系，随时间的变化而动态变化，所以景观具有空间格局的异质性特征。景观本质的异质性特征是绝对的，"由于景观组分间的内在差异以及中小规模的干扰，通常引起异质性，没有任何景观可以自然地达到同质性。"[③]文化景观同样具有异质性特征，其形态与内涵的不同，反映了区域政治、经济、文化等方面的人文差异。在历史发展进程中，文化景观表现在界域上的连续性、空间上的流动性、内涵上的多义性和时间上的变化性等特点，正是其异质性的体现，表现了文化

---

①　吴必虎，刘筱娟. 中国景观史[M]. 上海：上海人民出版社，2004：5-6.

②　李旭旦. 人文地理学[M]. 上海：中国大百科全书出版社，1984：223.

③　Risser. Landscape ecology：state of the art. In turner，m. g. ed. landscape heterogeneity and disturbance New york. SPringer-verlag. 1987：3-14. 转引自：李雯莉. 浙江城镇文化景观地缘性特征及形成肌理研究[D]. 杭州：浙江大学，2008：9.

景观的复杂性特征。

二、地域文化与地域文化景观的特征

(一)地域文化的内涵与特征

1. 地域文化的内涵

"地域文化(Regional Culture)或称区域文化概念,最早见于西方文化地理学派的著作,主要是用来说明人类文化的空间分布,研究人类文化与空间地域之间的互动关系及其规律。"[①]文化地理学是人文地理学的一个分支,出现于20世纪20年代,它将人文现象视为人类的文化创造,进而研究这些文化现象(包括物质的与非物质的)在地理空间中的空间特点和空间规律,包括其在地理空间中的形成与分布、类型与组合、发展与演变,及其与环境的关系。

中国现代意义上的地域文化研究起步于20世纪30年代,当时学术界成立的"吴越文化研究会",是中国最早提出的一个中国地域文化。20世纪40年代又兴起了巴蜀文化研究,1949年以后又有楚文化、齐鲁文化、岭南文化、中原文化、三秦文化、燕赵文化、三晋文化等地域文化研究[②]。但直到20世纪80年代中期,随着整个国家文化热的兴起,中国的地域文化研究才真正受到重视。

地域文化是人类在历史上一定地理空间中形成并得以传承的具有鲜明区域特征和明显地方特色的社会文化体系。作为一个科学概念,它一开始就和文化地理学结下不解之缘。梁福兴先生认为:"所谓地域文化,是指建立在乡土文化之上的具有鲜明的地方特色的区域文化,它是一个国家整体文化、一个民族群落核心文化的分支和基础,它比乡土文化系统完整,又比核心文化具体可感。地域文化是乡土文化的提升凝聚,又是核心文化发展创新的基础,没有特色鲜明的地域文化,乡土文化就是散乱浅薄、没有筋骨的软体,核心文化也成了空洞抽象、虚无缥缈的东西。"[③]

2. 地域文化特征

---

① 董林亭,孙瑛. 简论赵文化概念的内涵和族属[J]. 燕山大学学报(哲学社会科学版),2005(02):21-24.

② 马春香. 区域文化研究缘何而热[N]. 文艺报,2006-08-10(003).

③ 梁福兴. 从地域文化的视角激发学生创新作文表现美[J]. 康定民族师范高等专科学校学报,2002,11(S1):55-56.

作为社会文化体系，地域文化不仅具有普遍意义上的文化的内涵、结构和特征，即有实践性、传承性、群体性、多样性、共同性和功能性等多方面的文化特征，同时还具有自身的特点和优势。从地域文化的概念界定中我们可以看出，地域文化具备四个基本要素，即时间要素、空间要素、人文要素和特色要素，包含以下几个重要特征。

首先是传统性和地域性。地域文化是人类在历史上一定的地理空间和自然疆域内形成和发展的，在一定程度上都带有所属区域的人类活动的烙印。"从某种意义上说，地域文化与文化地理学的概念十分相近，它们都是以广义的文化区域作为研究对象的。二者的差异与区别在于：文化地理学是以地理学为中心展开的文化研讨，地域文化则是以历史地理学为中心展开的文化研究。历史地理学中的'地域'概念，通常是指从古代沿袭或俗成的历史区域，与我们现代的行政区域划分截然不同，但却与文化社会学理论视野中的'文化区域'或'文化圈'等概念的蕴涵相一致。"①由于古代交通不便和行政区域的相对独立，各地的文化形态呈现出明显的区域特征和地方特色。著名的人类学家、考古学家、美籍华裔学者张光直先生说："中国境内有许多区域性文化，它们自新石器时代到夏商周三代形成之后，一直都具有区域性的特征。"②

其次是人文性和独特性。地域文化是在特定的自然地理环境与人文环境下创造的，其"地域"的范围可大可小。区域"是通过选择与特定问题相关的特征，并排除不相关的特征而划定的……区域的界限却是由地球表面的这个部分的同质性和内聚性决定的。区域也可以由单个或几个特征来划定。"③地域文化中的"文化"，可以单要素表现，也可以多要素的综合呈现。由于自然地理环境的不同，特别是古代交通运输条件的不便，地域间的文化差异表现得非常明显，无论是其物质文化要素，还是其精神和规制文化要素，都体现了鲜明的地域文化特色和个性。正如程民生先生在《宋代地域文化》一书的序言中所揭示的："时空限制性是人类一般文化存在的显著特征。从空间维度上看，人类总是在自己直

---

① 董林亭，孙瑛. 简论赵文化概念的内涵和族属[J]. 燕山大学学报（哲学社会科学版），2005（02）：21-24.

② 张光直. 考古学专题六讲[M]. 北京：文物出版社，1986：47.

③ 中国大百科全书出版社《简明不列颠百科全书》编辑部. 简明不列颠百科全书（第6册）[M]. 北京：中国大百科全书出版社，1985：703.

接所处的地域空间创造着自己的文化，形成各自独特的文化形态和文化传统。"①
中外传统文化的差异、荆楚文化与齐鲁文化的差异等区域间的文化差异就是地
域文化在特定的时间维度和空间维度上表现出来的特色和个性。自然地理环境
和人文地理环境是形成地域文化的两个主要因素。地域文化的人文性和独特性
表现在地域的人居文化、民俗文化、民间信仰、方言、饮食等多方面。

再次是多样性与统一性。几千年来，世界各地的文化处在相互影响、相互
丰富和相互促进之中，每个民族在努力发展自己民族文化的同时，也在向其他
国家和民族学习他们先进的东西，以补充自己的不足。"由于空间要素间的内在
差异以及中小规模的干扰，通常引起异质性，异质性是空间的一个根本属性。"
不同区域的民族在相互交流和学习中，必然会带来区域文化的相互渗透和相互
影响，导致同一区域内存在多样的文化形态。地域文化区的边界经常是渐变和
模糊的，地域文化区间的文化要素也经常是相互渗透和相互包容的，它体现了
地域空间中文化要素的异质性和包容性，以及地域文化发展的多样性与统一性
特征。地域文化的多样性与统一性尤其体现在几个文化区域的交汇地带，如中
国古代地处汉水上游的陕西汉中地区的汉文化，兼有北部的关陇文化、西部的
氐羌文化、南部的巴蜀文化、东部的荆楚文化的特点；地处赣粤闽三省交界处
的客家文化，兼有赣文化、粤文化、闽文化的特点。所以，研究地域文化，既
要立足于所研究的地域，又不能局限于所研究的地域，既要研究它的地域特点，
又要研究它与相近地域文化的关联②。

另外，世界范围内的文化传播，也可以形成一个国家某一地区的地方特色
文化。以中国 19 世纪中叶上海的石库门建筑和 20 世纪初广东的骑楼建筑为例，
它们本是异国他乡的建筑风格，由于适应了地方特点，分别成为上海和广东地
区的地方特色建筑文化之一，体现了文化的传承性和地域适应性。

(二)地域文化景观特征

文化与景观的关系是相互的，文化不仅改变着景观，还通过景观来体现；
文化建造了景观，同时景观也影响着文化。文化景观总是存在于一定的地域环

---

① 程民生. 宋代地域文化[M]. 开封：河南大学出版社，1997.
② 闫如山，王敏. 地域文化对现代城市视觉形象设计的启示[J]. 艺术与设计(理论)，2009，2
(12)：31-33.

境之中，并体现地域文化的精神和特色。存在于特定地域范围内的文化景观即是地域文化景观（Territory Cultural Landscape）。对应地域文化的内涵和特征，地域文化景观在特定地域环境与文化背景下形成并留存至今，是人类活动历史的记录和文化传承的载体，具有重要的历史价值、文化价值和科研价值[①]。地域文化景观是与特定的地理环境和人文环境相适应而产生和发展的，是存在于特定的地域范围内的文化景观类型，是地域历史物质文化景观和历史精神文化景观的统一体，是人地长期作用的结果，体现了人之地方性生存环境特征。"景观地域文化性是景观的本质属性，景观植根于所在地域的自然环境、历史文化环境，植根于当地人民的生活，为当地人民提供健康生活所需的空间环境特征。"[②]

根据事物相关性原理，地域文化景观作为人地活动的产物，也必然具有文化、地域文化和文化景观的一般特征，但作为地域文化的体现、发展和传承的载体的地域文化景观突出体现的是地域文化的特征，即传统性、地域性、人文性、独特性、多样性和统一性的特征。文化景观和传统地域文化景观的本质特征是一个地方区别于其他地方的景观特质，突出体现地方性特征[③]。

第三节　文化景观与传统村落景观的研究动态

一、国外文化景观研究动态

现代意义上的文化景观研究起源于 20 世纪初的德国。1906 年德国人文地理学家施吕特尔（O. Schlüter）发表文章《人文地理学目标》，提出了人文地理学这门新学科，提出将人类创造的景观作为地理学的主要研究任务；1919 年他又发表《人文地理学在地理科学中的地位》，两篇文章都涉及聚落形态学的问题，认为形态是由土地、聚居区、交通线和地表上的建筑物等要素组成。"在他当时的著作中，明确提出了'文化景观'（Kulturlanschaft）、'文化景观形态学'

---

① 王云才. 传统地域文化景观之图式语言及其传承[J]. 中国园林，2009(10)：73-76.
② 范建红. 基于地域文化的景观建筑学发展思考[J]. 高等建筑教育，2010，19(01)：21-24.
③ 林箐，王向荣. 地域特征与景观形式[J]. 中国园林，2005(06)：16-24.

(Morphologie der Kulturlanschaft)和'形成地表的对象'(Dingliche Erfulung de Erdoberfachel)这三个术语。"①施吕特尔提出从自然与人文现象的综合外貌角度来理解景观,倡导将文化景观形态作为文化地理学的研究对象,探索由原始景观变成人类文化景观的过程。随后美国地理学家苏尔(Carl Ortwin Sauer)创立了美国人文地理学的景观学派(即文化景观学派)。1925年,苏尔在他发表的《景观的形态》一文中第一次定义文化景观为"附加在自然景观之上的人类活动形态"②。苏尔主张从长时段历史的视角研究文化区和文化景观的形式,主张通过实际观察地面来研究地理特征,重视不同文化对景观的影响;认为文化景观是人文地理学研究的核心,主张通过文化景观来研究区域人文地理③。

苏尔之后,"文化景观"一词开始在地理学中被广泛使用,一系列文化景观研究随之出现,如政治景观、经济景观、神权宗教景观、军事景观、聚落景观、视觉与感知景观研究等,但苏尔之后地理学家对景观的研究主要集中在人类对土地的利用方面④。

20世纪70年代以后,环境污染、生态恶化、资源短缺、人口膨胀、粮食不足等问题日益严重并表现出全球性,在这一背景下,景观生态研究受到重视并得到发展。景观生态学成为地理学者和生态学者的研究热点之一,荷兰、美国、捷克斯洛伐克等国家在景观生态设计和景观生态规划方面做了大量工作,出版了大量论著。1969年,美国著名的生态设计学家伊恩·伦诺克斯·麦克哈格(Ian Lennox McHarg)的《设计结合自然》(Design with Nature)⑤一书问世,成为景观规则设计的划时代之作,播下了生态学在景观设计中应用的种子。1986年,理查德·福尔曼(Richard Forman)和万克尔·戈德罗恩(Miehael Godron)合著《景观生态学》(Landscape Ecology)⑥,该书的出版极大地推动了景观生态学理论

---

① 刘沛林. 中国传统聚落景观基因图谱的构建与应用研究[D]. 北京:北京大学,2011:7.

② Sauer Carl O. The morphology of Landscape[J]. University of California Publictions in Geography, 1925(02):19-54.

③ Sauer Carl O. Recent Development in Cultural Geography[C] // HayesE D. Recent Development in the Social Sciences. New York:Lippincott,1927:98-118.

④ 汤茂林,汪涛,金其铭. 文化景观的研究内容[J]. 南京师大学报(自然科学版),2000,23(1):111-115.

⑤ Ian L. McHarg. Design with Nature[M]. New York:Wiley,1969.

⑥ Forman R,Godron M. Landscape Ecology[M]. New York:Wiley,1986.

研究与景观生态学知识的普及。在麦克哈格、斯坦尼兹（Steinitz）、福尔曼、摩尔根（Morgan）等人的推动下，生态功能逐步上升到现代景观价值体系中的另一个顶端。以 3R（Reduce、Reuse、Recycle）为原则的再生设计（Regenerative Design）理论，把生态学更向前推进了一步。至此，现代景观建立了社会、生态、美学三位一体的评价体系[①]。景观生态学研究的中心问题是景观格局（空间格局）与生态过程相互作用的关系，研究对象是由不同空间单元镶嵌组成的景观地理实体，但属于对自然和半自然景观的研究。

文化景观概念的普遍应用始于 20 世纪 90 年代，得益于联合国教科文组织的推动。随着对景观人类学与文化遗产认识的深入，联合国教科文组织世界遗产委员会在 1991 年将文化景观纳入遗产的范围，认为文化景观是"独特的地理区域或反映出自然和人类活动的复合体"。在 1992 年 12 月的世界遗产委员会第 16 届会议上，文化景观遗产这一概念被纳入《世界遗产名录》，即文化景观是"一种结合人文与自然，侧重于地域景观、历史空间、文化场所等多种范畴的遗产"。在《保护世界文化和自然遗产公约》的第一条中，文化景观被表述为"自然与人类的共同作品"，说明文化景观由自然和人文两大类要素组成。自 1990 年以来，在国际景观生态学会（IALE）与美国地理学家协会（AAG）举办的大型学术活动中，都有景观与文化的专题讨论会。如 1994 年在 AAG 第 90 届年会上有"文化研究在地理学中的应用：神话、景观、通讯"专题报告会；1995 年 IALE 大会上对景观类型与人类活动特征、景观建设的量化因子、21 世纪的文化景观、持续发展与文化景观等命题都有涉及[②]。

20 世纪 70 年代，雷尔夫（Edward Relph）、段义孚（Yi-Fu Tuan）、布蒂默（Anne Buttimer）、佛利蒙（Armand Fremont）等人以现象学为理论基础，推动的强调知觉认知、情感认同与地方意义的景观研究，具有明显的"文化转向"特征[③]。

20 世纪 80 年代以后，随着景观人类学的发展与研究的深入，欧美文化地理

---

① 邱月. 儒道传统文化精神在当代生态景观设计中的价值[D]. 成都：四川大学，2007.

② 申秀英，刘沛林，邓运员. 景观"基因图谱"视角的聚落文化景观区系研究[J]. 人文地理，2006（04）：109-112. 胡海胜，唐代剑. 文化景观研究回顾与展望[J]. 地理与地理信息科学，2006，22（05）：95-100. 汤茂林. 文化景观的内涵及其研究进展[J]. 地理科学进展，2000，19（01）：70-79.

③ 徐桐. 景观研究的文化转向与景观人类学[J]. 风景园林，2021，28（03）：10-15.

学的研究内容和研究范式的新转向特征更加明显：在研究文化景观的区域类型、地域特征、发展动因、保护和规划的基础上，更加关注文化景观的"意义之源"和多学科研究的交叉融合。向岚麟、吕斌等人的研究显示，20 世纪的最后 20 年，来自文化地理学外的社会科学与其他地理学分支推动了地理学中文化视角的传统的物质主义和客观主义的日渐式微，表现为学科的权威性由地理传统转向了哲学和社会科学理论，人文地理研究的视角大大扩大；研究的重点不再是景观的物质外在形态，重点转入了对景观意义的探究；景观研究的客体出现多样化；如何"文化"地去观，即"文化景观的观念"成为研究的目的与视角；研究方法上早已超越了传统地理学的范畴，景观地理学的研究开始注重与社会学、人类学、语言学（诠释学、符号学）、历史学（艺术史、建筑史）等多学科研究相互交叉融合①。

20 世纪 90 年代以后，体现多学科交叉融合的文化景观研究逐渐展开，各学科与人类学交叉融合的景观研究，深化和拓展了景观文化的理论研究，极大地推动了对"景观"的本质认知及其研究范式转变②。

传统村落景观研究属于地域文化景观研究。自 1992 年联合国教科文组织将乡村景观认定为"延续性的文化景观"以来，国外的历史学、社会学、人类学、语言学、生态学等学科对传统村落景观的研究逐渐增多。当代，国外传统村落景观研究的内容已经从早期的村落类型、空间形态、建造材料、环境与民族特点等方面转向了影响村落形成与发展的社会组织结构、社会变迁、宗教信仰、生产方式、建筑观念、场所精神、文化意义和美学特征等方面，重视与相关学科的交叉。强调通过使用、服务和将文化作为"象征"进行转换，体现景观文化的活态传承。

二、国内文化景观研究动态

1. 人文地理学的文化景观研究

地理学的景观研究主要体现在人文地理学的研究中，突出了"文化关联"，

---

① 向岚麟，吕斌. 新文化地理学视角下的文化景观研究进展[J]. 人文地理，2010(06)：7-13.
② 徐桐. 景观研究的文化转向与景观人类学[J]. 风景园林，2021，28(03)：10-15.

把景观看成地理综合体，即由自然景观和文化景观组成，并侧重研究文化景观，包括其形成与分布、类型与组合、发展与演变、感知与解释、生态与环境、保护和规划等。

国内较早引入文化景观研究理论与研究方法的学者有李旭旦和王恩涌等人，相继出版了多部著作和教材。1985 年李旭旦主编出版《人文地理学论丛》和《人文地理学概说》，2000 年王恩涌、赵荣等人主编出版《人文地理学》。之后，介绍和研究文化景观的人物和著作逐渐增多，如金其铭、董新、汤茂林、吴必虎等人开展了文化景观的内涵、研究内容及其研究进展研究；司徒尚纪、王会昌、周振鹤、赵荣、李同升、邓辉、吴宜先等人开展了对具体区域文化景观的类型、特征和演变研究。在人文地理学的景观研究中，基于"景观"视角的地域传统乡村聚落景观研究形成了一定的优势，同时，区域文化景观的保护、规划与开发利用研究，尤其是对历史地段、历史村镇的文化景观的保护与开发利用研究日益受到重视。

21 世纪以来，刘沛林、申秀英、邓运员、王良健、王云才、胡最、曹帅强、祁剑青、向远林、林琳等人引入生物学的"基因"概念和类型学方法，开展区域传统村落景观基因及其图谱研究，并借助文化人类学的"特征文化区"理论、考古学的"地区类型学"理论以及文化生态学的"文化区系"理论等，以"景观基因"为视角，对全国传统村落景观进行了初步的"景观区系"划分，对地方传统村落尤其是南方少数民族传统村落景观基因符号的图谱特征进行了较具体的研究。刘沛林、申秀英、邓运员等人的研究将南方地区的传统村落景观初步划分为 8 大景观群系和 40 个亚群系，并从景观"基因图谱"视角研究了传统村落文化景观区系的划分①。基于景观基因视角的传统村落景观基因图谱研究，突出了区域村落群体的地域空间特征、地方性特色、形成机制、一体化保护途径及景观基因文化的传承与创新等，取得了许多重要成果。

2. 景观生态学的文化景观研究

与文化景观概念普遍应用的时间一样，1990 年以前是我国景观生态学研究

---

① 申秀英，刘沛林，邓运员. 景观"基因图谱"视角的聚落文化景观区系研究[J]. 人文地理，2006 (04)：109-112). 刘沛林. 家园的景观与基因：传统聚落景观基因图谱的深层解读[M]. 北京：商务印书馆，2014.

的初起阶段，侧重于对国外文献的介绍①。1989年在沈阳召开第一届全国景观生态学术研讨会后，我国景观生态学研究得到迅速发展。1992年中国生态学学会景观生态专业委员会正式成立。

1990年，肖笃宁等人运用北美学派的研究方法发表了《沈阳西郊景观格局变化的研究》一文，同年景贵和主编出版了《吉林省中西部沙化土地景观生态建设》论文集，1991年肖笃宁主编出版了《景观生态学：理论、方法及应用》论文集。之后，在国家自然科学基金的资助下，我国景观生态学领域的研究水平走向了更深入的程度，发表了许多探讨景观生态学原理和研究方法的论文，出版了一系列有关景观生态学方面的专著，并积极把景观生态学原理应用于景观生态分析、景观生态评价、景观生态设计与景观生态规划等方面，对于我国自然资源的管理、保护及开发利用也起着越来越大的作用。

景观生态学主要来源于地理学的景观理论和生物学的生态理论。景观生态学是研究景观生态系统结构、功能、演化与管理的科学，属于生态学与地理学的交叉学科。景观生态学的研究对象是由不同空间单元镶嵌组成的景观地理实体，是作为复合生态系统的景观，是自然和人文系统的载体的景观，不仅研究景观的自然方面，还研究景观的人文方面，关注景观的整体空间结构功能、生态过程及其相互关系。2000年以前，景观生态学研究较偏重于基础理论的研究。2000年以后，景观生态学在研究内容和研究方法上有了较大突破，研究内容偏重于景观生态规划与设计、土地利用规划、城市景观演变的环境效应与景观安全格局构建、生态多样性保护与生态系统管理等应用研究②；研究方法上注重与其他学科结合，如3S（GIS，RS，GPS）技术、激光雷达技术和自动化制图技术的有机结合，以及定量分析和动态模拟技术的应用，大大促进了景观生态学的发展③。

---

① 刘青青. 我国景观生态学发展历程与未来研究重点[J]. 住宅与房地产，2018(19)：82.

② 陈利顶，李秀珍，傅伯杰，等. 中国景观生态学发展历程与未来研究重点[J]. 生态学报，2014，34(12)：3129-3141. 刘青青. 我国景观生态学发展历程与未来研究重点[J]. 住宅与房地产，2018(19)：82.

③ 黄奕龙，陈利顶，吴健生. 我国城市景观生态学的研究进展[J]. 地理学报，2006(02)：224. 张楚宜，胡远满，刘淼，等. 景观生态学三维格局研究进展[J]. 应用生态学报，2019，30(12)：4353-4360.

3. 历史学的文化景观研究

历史学的景观研究主要体现在建筑史学和艺术史学的研究中，具体表现为对地域传统城市聚落景观和地域传统村镇聚落景观的类型、特征、技艺、成因、文化内涵和保护方法的研究。

自 20 世纪 90 年代以来，中国建筑史学的传统聚落景观研究相继展开，以较早的八大建筑院校为代表，研究内容集中体现在传统聚落的空间形态与建筑技艺特点、文化内涵和环境特色等方面，出版了许多关于地域传统城市聚落景观和地域传统村镇聚落景观方面的研究专著。相对而言，历史学的文化景观研究突出了地域文化景观的地域特征、建造技艺特点和文化意义，尤以建筑史学（包括城市史学）的文化景观研究较为突出。

4. 景观人类学的文化景观研究

国内的景观人类学研究大约起源于 20 世纪三四十年代，以费孝通、杨懋春、许烺光、林耀华等学者为代表，出版了一批以村落为研究单元的社会学和人类学著作。和其他学科相比，人类学所选择的村落大多是具有特殊性的个案，即"地方性知识"比较丰富的村落。"由于所选村落的特殊性，使这些个案研究反而缺乏普适意义，给人以'只见树木，不见森林'的感觉。"[①]2010 年之后景观人类学研究逐渐展开。2013—2014 年，《景观人类学视角下的客家建筑与文化遗产保护》[②]与《景观人类学：新视角 新方法》[③]以及《景观人类学的概念、范畴与意义》[④]等文章，是国内真正体现景观人类学研究较早的文献。之后，河合洋尚、徐桐等人的研究，体现了景观人类学的"景观"研究内容、研究范式和研究方法的特点，指出景观人类学重视"景观"研究的"文化意涵"，重视对"场所"和"空间"的意义解析，强调"景观"研究的整体性思维、比较研究方法、田野民族志方法和主位眼光等人类学的研究范式和研究方法[⑤]。

---

① 黄忠怀. 20 世纪中国村落研究综述[J]. 华东师范大学学报(哲学社会科学版)，2005(02)：110-116.

② 河合洋尚. 景观人类学视角下的客家建筑与文化遗产保护[J]. 学术研究，2013(04)：55-60.

③ 吕莎. 景观人类学：新视角 新方法[J]. 中国社会科学院专刊，2014(09).

④ 葛荣玲. 景观人类学的概念、范畴与意义[J]. 国外社会科学，2014(04)：108-117.

⑤ 河合洋尚，周星. 景观人类学的动向和视野[J]. 广西民族大学学报(哲学社会科学版)，2015，37(04)：44-59. 河合洋尚. 人类学如何着眼景观？——景观人类学之新课题[J]. 风景园林，2021，28(03)：16-20. 徐桐. 景观研究的文化转向与景观人类学[J]. 风景园林，2021，28(03)：10-15.

20 世纪 90 年代以后，人文地理学与建筑史学对于中国各地传统聚落景观的空间特征、文化特征、文化意义之源与发展动因等方面的研究，都具有人类学的景观研究特点。景观人类学的景观研究为文化景观研究提供了新的范式和方法。目前，基于文化人类学的地域文化景观的空间特征、空间肌理、文化内涵、形成机制、保护与发展路径等方面的跨学科研究日益受到重视。以建筑史学为例，1992 年常青发表《建筑人类学发凡》一文，从建筑人类学的来源和性质及其与文化人类学研究内容的关联等方面，论述了建筑人类学对于理解传统的建筑空间和创造新的建筑空间的意义。之后，建筑史学对于建筑文化问题的跨学科研究发展很快，尤其是对传统聚落景观的文化内涵与文化特征等方面的研究形成了良好的发展局面，研究成果丰硕。

三、传统村落景观研究的发展趋势

总体来说，2000 年以前，国内基于"景观"视角的地域传统村落研究主要体现在地理学、生态学和历史学等学科的研究中，研究内容主要体现在传统村落景观的场地环境、空间构成和空间类型、地域特征、空间分布、建筑技艺、生态保护、影响因素、规划保护与开发利用等方面[1]；传统村落景观形态背后暗藏的深层结构、文脉意蕴以及传统村落景观的形成机理与发展规律逐渐得到重视。

21 世纪以来，在世界学科体系不断向多学科交叉转化的大背景下，世界自然科学方法和社会科学方法的哲学基础发生转变，传统村落"景观"的研究方法也走向多学科交叉和多元化[2]。人文地理学、生态学、建筑史学、艺术史学、人类学、社会学、民俗学等学科基于"景观"视角的地域传统村落研究逐渐增多，并形成了良好的交叉。学者们更加注重对传统村落景观的形成机理、场所精神、文化内涵、空间分异特征、地方性特色与现代化发展的关系、发展更新、保护途径与开发利用机制等方面的研究，在重视对景观客体的研究的同时，更加重视"人"在景观形成与发展中的作用；地理信息系统、定量分析、景观基因、非

---

① 黄忠怀. 20 世纪中国村落研究综述[J]. 华东师范大学学报(哲学社会科学版)，2005(02)：110-116.

② 赵紫伶. 中国民居建筑研究历程及路径探索[D]. 广州：华南理工大学，2019.

线性等研究方法也逐步应用到传统村落的研究中①。

　　自 2003 年建设部和国家文物局公布首批"中国历史文化名镇名村"至 2018 年，共评选出中国历史文化名镇和名村 312 个和 487 个，有效保护了各地有历史价值、纪念意义的特色村镇。2010 年以后，针对传统村落遭到严重破坏的状况，国家和社会各界加大了对传统村落保护的力度。2011 年，时任国务院总理温家宝在中央文史馆成立 60 周年座谈会上讲话指出："古村落的保护就是工业化、城镇化过程中对于物质遗产、非物质遗产以及传统文化的保护。"②2012 年，住房和城乡建设部、文化部、国家文物局、财政部四部门联合下发的《关于开展传统村落调查的通知》(建村〔2012〕58 号)指出："传统村落是指村落形成较早，拥有较丰富的传统资源，具有一定历史、文化、科学、艺术、社会、经济价值，应予以保护的村落。"2014 年，四部门联合出台的《住房城乡建设部 文化部 国家文物局 财政部关于切实加强中国传统村落保护的指导意见》(建村〔2014〕61 号)指出，各地要做好传统村落文化遗产详细调查，按照"一村一档"要求建立中国传统村落档案；要统一设置中国传统村落的保护标志，实行挂牌保护；要按照《中华人民共和国城乡规划法》以及《传统村落保护发展规划编制基本要求》(建村〔2013〕130 号)抓紧编制和审批传统村落保护发展规划；要加强建设管理、加大资金投入、做好技术指导、建立保护管理信息系统。到 2019 年，全国分五批共评选出 6 819 个"中国传统村落"。2018 年，中共中央、国务院印发的《乡村振兴战略规划(2018—2022 年)》提出，要"加强乡村生态保护与修复""传承乡村文化，留住乡愁记忆""划定乡村建设的历史文化保护线，保护好文物古迹、传统村落、民族村寨、传统建筑、农业遗迹、灌溉工程遗产""深挖历史古韵，弘扬人文之美"、挖掘培育乡土文化本土人才、发展壮大乡村产业、建设生态宜居的美丽乡村、健全现代乡村治理体系等多种战略措施，促进传统村落景观保护利用、生态修复振兴、文化繁荣发展以及现代生态宜居乡村建设。

---

　　① 王云才，石忆邵，陈田. 传统地域文化景观研究进展与展望[J]. 同济大学学报(社会科学版)，2009，20(01)：18-24. 张浩龙，陈静，周春山. 中国传统村落研究评述与展望[J]. 城市规划，2017，41 (04)：74-80.

　　② 冯悦. 温家宝与国务院参事冯骥才谈古村落保护[DB/OL]. https://news.sina.com.cn/c/2011-09-07/070023117827. shtml? source=1.

　　随着国家和社会各界对于传统村落的关注，传统村落景观研究得到迅速发展，学术界对传统村落景观研究的视角越来越宽泛，"人文"视角得到明显重视。虽然各学科在研究方法、研究重点与研究旨趣上不尽相同，但研究范式与研究方法明显体现了多学科交叉。纵观传统村落景观的研究进展，分析近年来传统村落景观的研究成果，可以发现，当代传统村落景观研究的热点与发展趋势主要包括如下内容：基于形成机理的传统村落形态发展演变的规律与影响因素研究，基于景观基因的传统村落景观文化的挖掘和基因图谱建构研究，基于可持续发展的乡村振兴策略与传统村落景观保护及开发利用研究，基于乡愁记忆的传统村落生态保护修复与文脉传承研究，基于人地关系的传统村落的空间特征、演变与优化重构研究，基于保护利用的传统村落建筑的重构与活化研究，基于绿色宜居的传统村落建筑技术创新研究，基于特色发展的传统村落非物质文化遗产的保护及其文化传承研究，基于发展转型的跨学科、多尺度、多维度的传统村落景观评价体系与发展路径研究，基于生态宜居和地方特色的美丽乡村建设研究，等等①。

　　目前，国内地域文化景观研究的重要特点是研究问题（对象）的本土化、多样化，研究范式与研究方法的国际化、时代化，突出体现在建筑学科与地理学科的景观研究中②。

---

① 户文月. 国内传统村落研究综述与展望[J]. 重庆文理学院学报（社会科学版），2022，41（02）：13-23. 赵印泉，伍婷玉，杨尽，胡丹. 中国乡村聚落研究热点演化与趋势[J]. 中国城市林业，2021，19（05）：89-93. 赵紫伶. 中国民居建筑研究历程及路径探索[D]. 广州：华南理工大学，2019. 屠爽爽，周星颖，龙花楼，等. 乡村聚落空间演变和优化研究进展与展望[J]. 经济地理，2019，39（11）：142-149.

② 赵辰. 面向跨学科的"中国问题"——"建筑人类学"特集组稿心路[J]. 建筑学报，2020（06）：1-4. 翁乃群，朱晓阳，单军，等. 访谈录：建筑学对话人类学[J]. 建筑创作，2020（02）：24-35. 河合洋尚. 人类学如何着眼景观？——景观人类学之新课题[J]. 风景园林，2021，28（03）：16-20.

第二章　湘江流域传统村落
景观的环境特点

第一节　自然地理环境

一、地理位置与气候特点

(一)地理位置

湖南省，因大部分地区在洞庭湖之南，故称湖南，又因境内湘江贯通南北而简称"湘"。境内四大水系：湘水、资水、沅水、澧水，均流注洞庭湖进入长江。

湘江是长江中游南岸重要的支流，地理坐标为北纬 $24°31'\sim29°$，东经 $111°30'\sim114°$，流经湖南省东南部地区，是湖南省境内最大的河流，在湖南省的流域面积占全省总面积的 40.3%，流经 17 县市，最后注入洞庭湖。其源头有两种说法：一是发源于广西壮族自治区东北部临川县的海洋山，主源海洋河，源出广西上临川县海洋乡的龙门界，全长 817km，通过灵渠与珠江相连；二是发源于湖南省永州市蓝山县的野狗山，上游称潇水，全长 948km。两种说法的源头都在南岭。

本书中的"湘江流域"按 2013 年国务院水利普查办和水利部认定的湖南省第一次水利普查成果中的说法，即上文的第二种说法，包括湘江干流及其支流所在的地区，含湘南的永州市、郴州市、衡阳市，湘中的长沙市、湘潭市、娄底市的娄星区、涟源市、双峰县，湘东的株洲市，湘东北的浏阳市和岳阳市。其中，郴州市南部的临武县、宜章县、汝城县和桂东县等地区离湘江干流较远，且临武县、宜章县在北江流域，但都在南岭以北的"马蹄形"盆地之中或边缘，历史上它们有时与长沙也属同一区划，如五代十国时，同属长沙府；两宋时，同属荆湖南路。可以说，本书研究的是泛"湘江流域"地区。

湘江是古代两湖与两广的重要交通运输通道，春秋战国时期即得到开发，也是一条重要的军事要道，具有重要的军事意义。《史记·南越列传》记载：汉武帝为讨伐"吕嘉、建德等反""元鼎五年秋，卫尉路博德为伏波将军，出桂阳，下汇水；主爵都尉杨仆为楼船将军，出豫章，下横浦；故归义越侯二人为戈船、下厉将军，出零陵，或下离水，或柢苍梧；使驰义侯因巴蜀罪人，发夜郎兵，下牂柯江：咸会番禺。"这里明确指出了经湖南到达南越的两条航道：西线溯湘江而上，经零陵、离水到达西江（郁水）；东线溯湘江出连江（汇水、涟水）或浈水，到达北江（秦水）。罗庆康先生在《长沙国研究》一书中指出："据考察，长沙国地区至少有四条陆路交通线：一为长沙—巴陵线……四为长沙—南越交通线，长沙国守卫南部边境，其兵员、粮饷的运送均通过此线。"[①]但罗先生在书中并未说明从长沙到南越的具体交通线路。实际上，自秦开通灵渠和两次开通攀越五岭的峤道之后，两汉时期曾有五次新修和改建南岭交通，岭南与内地的联系不断加强，具有流域特点的文化发展走廊逐渐形成[②]。已故著名民族学家、社会学家费孝通先生在其"中华民族多元一体格局"的思想中，曾五次将"南岭走廊"阐述为中国民族格局中的三大民族走廊之一。

（二）气候特点

湘江流域位于湖南省东南部，南岭以北，处在东南季风和西南季风相交绥的地带，属于典型的亚热带季风性湿润气候。日照充足，严寒期短，无霜期长，雨量丰沛。冬季北分，凛冽干寒，为期不长；夏季南风，高温多湿，暑热期长。多年平均气温为 17.4℃，多年平均蒸发量为 1 275.5mm，多年平均降雨量为 1 300～1 500mm。年内降雨量时间分配不均，降雨多集中在 4—6 月，占全年的

---

① 罗庆康. 长沙国研究[M]. 长沙：湖南人民出版社，1998：137.

② 王元林. 秦汉时期南岭交通的开发与南北交流[J]. 中国历史地理论丛，2008，23(04)：45-56.

40%～45%；且降雨量空间分布不均，年际变化较大，旱涝灾害发生频率高①。沿湘江的降雨量，南北多、中部少，南部地区暴雨多。南部地区受东亚季风环流（永州地区）和南亚热带气候（郴州地区）的影响较大，属亚热带大陆性季风湿润气候区，且南部山区有向南亚热带、热带过渡的特征，所以湘南地区气候类型多样，立体层次明显②。

二、地形地貌与水系特点

（一）地形地貌特点

湖南省处于云贵高原向江南丘陵和南岭山地向江汉平原的过渡地区，东、南、西三面被山地围绕，中部为丘陵、盆地，北部地势低平，为洞庭湖平原；地势向北倾斜而又西高东低，呈朝北开口、不对称的马蹄形。可分湘西山地、南岭山地、湘东山地、湘中丘陵、洞庭湖平原5个地形区③。省境内以山地、丘陵地形为主，山地、丘陵及岗地约占总面积的七成，水面约占一成，适合水稻生长的田地约占两成，俗称"七山一水二分田"。截至2020年底，全省森林覆盖率达59.96%，主要分布在湘西、湘南和湘东地区。

湘江流域地处南岭之北，东以幕阜山脉、罗霄山脉与鄱阳湖水系分界，西隔衡山山脉与资水毗邻，南自江华瑶族自治县以湘、珠分水岭与广西相接，北边尾闾区濒临洞庭湖。湘江流域大都为起伏不平的丘陵与河谷平原和盆地，地形特点为东、西、南较高，中部和北部低平。永州市零陵区萍岛以上为湘江上游段（称潇水），为高山—盆地地貌，流长354km，自然落差504m，河道曲折，水流湍急；零陵至衡阳为湘江中游段，为低山—丘陵地貌，河谷开阔，两岸阶地发育不对称，沿岸丘陵起伏，盆地错落其间，亦有峡谷；衡阳以下为湘江下游段，为丘陵—平原地貌，河谷开阔，河水平稳，两岸阶地发育，地势平坦，呈典型的河流堆积地貌。下游地区长沙以下的冲积平原范围较大，与资江、沅江、澧水的河口平原连成一片，成为全省最大的滨湖平原。

---

① 张剑明，黎祖贤，章新平. 近50年湘江流域干湿气候变化若干特点[J]. 灾害学，2009(04)：95-101.

② 张泽槐. 古今永州[M]. 长沙：湖南人民出版社，2003：26-28.

③ 陆大道. 中国国家地理（中南、西南）[M]. 郑州：大象出版社，2007：44.

(二)水系特点

湖南省内长度在 5 km 以上的河道有 5 341 条,总长度 9 万多千米,其中,100km 以上的有 50 条,500km 以上的有 7 条。全省境内河网密度为平均每平方千米河流长度 1.3km。除少数河道出流邻省外,绝大部分集结于湘水、资水、沅水、澧水,而后会注洞庭湖,构成一个沟通长江具扇形辐聚式的洞庭湖水系[①]。

按照前面的第二种说法,湘江流域面积为94 721km^2,沿途接纳大小支流众多,仅上游潇水段就有河长在 5 km 以上的大小支流 308 条。支流在湘江干流两岸呈不对称羽毛形态分布。

湘江主要支流自上而下左岸有永明河、海洋河、祁水、蒸水、涓水、涟水、靳江和沩水等;右岸有宁远河、白水、宜水、舂陵水、耒水、洣水、渌水、浏阳河和捞刀河等。湘江流域的海拔高度上下游相差不大,但起伏不平,加速了雨水的集流。各支流的上游多曲行于山地之中,表现出山溪河流的特征。湘江上游雨期多暴雨,河谷多呈"V"形,流经山区,谷窄、滩多、流短、水急;湘江中游盆地错落其间,河谷开阔,滩多水浅、水流平稳,河宽250~1 000m,常年可通航 15~200t 驳轮;下游河道蜿蜒曲折,河谷开阔,流量大,河水平稳,浅滩较多,沿河沙洲断续可见,河宽500~1 000m,常年可通航15~300t 驳轮;长沙以下为河口段,湖泊众多,常年可通航 50~500t 驳轮[②]。

第二节　人文地理环境

一、区域聚落遗址与早期民族集团

(一)区域聚落遗址与文化遗存

湖南是中国古代文明发达地区之一,经考古证实,早在二三十万年前就有

---

① 陆大道. 中国国家地理(中南、西南)[M]. 郑州:大象出版社,2007:48.
② 同上。

人类繁衍生息。石器时代，湖南的文化中心主要集中在环洞庭湖区域和湘南地区，多处早期聚落遗址的考古发现，成为地区人类文明发展的见证。

1. 城头山古城址

1979 年 7 月在澧县车溪乡南岳村发现的距今 6 500～7 000 年的新石器时代古城遗址——城头山古城址(图 2-2-1、图 2-2-2)，该城址为圆形，占地面积超过 150 000m²，由护城河、夯土城墙、房址、陶窑、祭台以及东、南、北三个城门等部分构成，保存有较完整的人祭坑、祭坛、建筑夯土台基群、墓葬区、制陶区、人工堰塘等。专家认为，它是我国目前所知年代最早的史前城址，被誉为"中国最早的城市"①。在城头山城址的东墙下发现有6 500年前的稻田和配套灌溉设施，文化分期属于汤家岗文化与大溪文化时期②。该遗址为国家级重点文物保护单位。

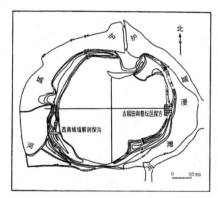

图 2-2-1　澧县城头山古城址

(来源：何介钧《澧县城头山古城址 1997—1998 年度发掘简报》，1999)

图 2-2-2　澧县城头山古城址航拍图

(来源：王力军《城头山遗址保护总体规划》，2004)

---

① 孙伟，杨庆山，刘捷. 尊重史实——城头山遗址展示设计构思[J]. 低温建筑技术，2011(01)：26-27.

② 湖南省文物考古研究所. 澧县城头山——新石器时代遗址发掘报告[M]. 北京：文物出版社，2007.

2. 彭头山古遗址

1986 年在澧县大坪乡孟坪村发现了距今 8 300~9 000 年的新石器时代早期古文化遗址——彭头山文化遗址。该遗址是一处高出四周地面约 4m 的圆形丘冈，面积约 10 000m²。遗址中有地面式和浅穴式建筑、灶坑、墓葬、灰坑等，出土陶器以夹炭红褐陶、夹砂红褐陶和泥质红陶为主，全部由原始的贴塑法制成，其纹饰有绳纹、刻划纹。器形有圜底罐，深腹钵、盆等。出土的石器以打制为主，另有少量石质装饰品等。彭头山出土的陶器中夹杂了大量的稻壳与谷粒，为确立长江中游地区在中国乃至世界稻作农业起源与发展中的历史地位奠定了基础。该遗址为国家级重点文物保护单位。

3. 八十垱古遗址

1996 年 1 月在澧县梦溪镇五福村发现了距今 7 500~8 500 年的彭头山文化时期的环壕聚落遗址——八十垱古遗址。该遗址面积超过 30 000m²，可分早、中、晚 3 期。遗址中出土了大量的 8 000~9 000 年前的古栽培稻谷和大米等[①]。1997 年 4 月在该遗址中，又发现了中国最早的环绕原始村落的壕沟和围墙，围墙南北长 120m，东西宽 110m，专家普遍认为这是古代"城"的雏形[②]。

八十垱遗址中村落三面有环壕与围墙，墙内发现有大量的居住房址，建筑形式有半地穴式、地面式和干栏式，以干栏式为主。有一处海星状土台基式遗迹，遗迹四角有犄角形坡道，立有中心柱，并发现有牛下颌骨，推测应为宗教祭祀遗迹。同时出土有大量的陶器、石器、骨器、木器和百余种植物杆茎与果核。八十垱遗址是长江流域发现最早的环壕聚落，遗址的发现与发掘，极大地丰富了彭头山文化的内涵，对研究稻作的起源、中国史前聚落的起源和形态及中国古代都城的起源都具有重要价值和意义。该遗址为国家级重点文物保护单位。

4. 零陵石棚

零陵石棚是湘南今永州地区至今发现的最为远古的人类活动遗迹之一，位于永州市零陵区城西 15km 的黄田铺镇中学内。石棚突兀在一个不规则梯形岩石

① 张文绪，裴安平. 澧县梦溪乡八十垱出土稻谷的研究[J]. 文物，1997(01)：36-41.

② 原载于 1997 年 4 月 22 日的《三湘都市报》，引自：罗庆康. 长沙国研究[M]. 长沙：湖南人民出版社，1998：133.

构成的两层台阶状基石上，基石台面平整，东西长 15m，南北宽 6m，四周平坦。整个石棚由四块大小不等的石灰岩石堆垒而成，顶石一，墙石三。顶石底面较平整，侧面九棱九面，整体似山峰状，峰顶嶙峋陡峭，又似一盆熊熊燃烧的烈火。三块墙石呈三角形立柱支撑顶石，墙石侧面规整，呈现出明显的人工选择或加工痕迹（图 2-2-3）。顶石及基石平台均留有人类雕琢磨研加工的痕迹。石棚整体高 3.06m，顶石高 1.92m，南北宽 2.22m，顶石重量在 10 000kg 以上，南向和东南向为较平整的"墙"面，其他各向凹凸起伏，人工加工痕迹明显；顶石在东北向和西南向有槽口，坐西南朝东北的东北向槽口最宽，为主槽口，宽 0.75m。三块墙石开口宽度各向不等，开口大小与顶石的槽口宽度相呼应，东北向墙石开口内侧宽 0.92m，外侧宽 2.1m；西南向墙石开口内侧宽 0.85m，外侧宽 1.29m。棚底较平整，高 1.14m，能暂避风雨。顶石西南向凹陷槽内"嵌"有一小石块，形式别致。

a）东北向　　　　　　　　　　b）西北向

c）北向　　　　　　　　　　d）东南向

图 2-2-3　零陵石棚(来源：作者自摄)

据专家考证，零陵石棚距今约 2 万年。从堆砌状态和朴拙的形制看，系旧石器晚期人类活动遗迹，堪称世界上最早的人类建筑，产生年代大致与北京山顶洞人相同，日本学者称之为"巨石文化"（megalithic culture）。1962 年，湖南省人民政府公布零陵石棚为湖南省文物保护单位。

零陵石棚的原始崇拜文化特点明显。时任永州市舜文化研究会副会长雷运富先生考察零陵石棚后认为零陵石棚主要具有三个方面的特性：方向标示性、原始崇拜性和南交南正的特殊性，反映了古人的生殖崇拜、火神崇拜和宗教祭祀文化特点[①]。

与一般资料记载零陵石棚主朝向为"坐东北朝西南""南面是正面朝向"等说法不同，笔者认为"石棚坐西南朝东北，似山峰嶙峋陡峭的东北向是主朝向"。地域民族文化的涵化过程是地域文化景观形成和发展的文化基础。古今中外"建筑"与图像、符号等，在象、数、理诸方面都有丰富的文化内涵。象是文化积淀和经验积累的印记，体现了人们的生活情趣、审美理想和价值取向，具有地域性、民族性和时代性等特征。基于石棚的环境特点、形制特点、各朝向的形态特点，尤其是东北向和西北向的本体形态与刻画造型，结合古代的生殖崇拜文化、宗教祭祀文化，以及古代"祀高禖"和"祭社"文化的特点，联系古代男女性生殖器的多种象征符号，笔者认为零陵石棚具有古代"祭社"文化的内涵；同时结合石棚整体形态和主向槽口上的形态与早期甲骨文中"火"字形态相似的特点，认为石棚体现了古人的太阳（火）崇拜特性。

5. 玉蟾岩遗址

玉蟾岩遗址位于道县西北 12km 的寿雁镇白石寨村，为岩洞遗址，遗址文化堆积主要分布在洞厅内（图 2-2-4）。1986 年被道县文物管理所首次发现。玉蟾岩遗址文化堆积厚 1.2～1.8m，地层保存基本完好。出土遗物主要为打制石器和骨、角、牙、蚌制品及大量的动物遗骸，没有磨制石器。计有打击石器近千件，植物果核 40 多种，哺乳动物残骸 28 种属，鸟类 27 种属，螺蚌类 33 种，鱼类 5 种，呈现出由旧石器文化向新石器文化过渡的面貌，时代约在 1 万年前。在 1993 年、1995 年和 2004 年的发掘中，均发现有古稻壳遗存，专家测定分析认为，这些稻谷壳距今 1.2 万多年，稻谷兼有野生稻、籼稻及粳稻的综合特征，

---

① 雷运富. 零陵黄田铺"巨石棚"有新发现[C]∥刘翼平，雷运富. 零陵论. 北京：中国和平出版社，2007：102-106.

是普通野生稻向栽培稻初期演化的最原始的古栽培稻类型，是目前世界上发现最早的人工栽培稻标本，刷新了人类最早栽培水稻的历史纪录，并被命名为"玉蟾岩古栽培稻"。中美联合考古队在对遗址中发现的陶片进行详细的碳年代测定分析后，初步确定陶器碎片的年代距今 1.8 万年，比世界其他任何地方发现的陶片都要早好几千年，意味着玉蟾岩人在旧石器时代晚期就已经懂得烧制陶器。美国《考古科学杂志》2009 年刊发文章认为，玉蟾岩陶器的出土，表明玉蟾岩遗址存在资源强化利用的现象，这是人类从定居走向农业生产的先兆。

a)外景　　　　　　　　　　　　　　　　　b)内景

图 2-2-4 道县玉蟾岩遗址（来源：作者自摄）

玉蟾岩遗址的考古学意义明显。现代考古学一般认为新石器时代有三个基本特征：一是开始制造和使用磨制石器，二是发明了陶器，三是出现了农业和家畜饲养业。磨制石器是适应农耕的需要而逐步发展起来的，陶器是适应炊煮谷物等食物的需要而逐步发展起来的。我国著名考古学家夏鼐认为，人类进入文明社会有四大标志：一是陶器及青铜器的发明，二是农业的产生和发展，三是城市的兴起和繁荣，四是文字的出现。

玉蟾岩稻作的发现刷新了人类最早栽培水稻的历史纪录，表明湘南地区是中国南方开发较早的地区之一，也是中国古代文明的重要发祥地之一。三次出土距今超过万年的有人工育化迹象的稻壳和陶器遗存，表现了其在新旧石器过渡方面的重要地位，反映了过渡时期的经济形态和人类生活面貌，在中华远古文明史和世界文明史上都有着独特而重要的作用。玉蟾岩遗址的古栽培稻标本比浙江省余姚市的河姆渡遗址的栽培稻要早 5 000～7 000 年，也使世界的水稻栽培史向前推进了 4 000 年以上（此前在印度发现了距今 8 700 多年的原始栽培稻谷）。出土的火候很低，质地疏松，外表呈黑褐色的陶片，与江西万年仙人洞等遗址出土的陶器均为中国已知最早的陶制品，对探讨中国制陶工艺的起源与发展有着重要价值。该遗址为国家级重点文物保护单位。

（二）早期民族构成

考古成果已经证明，商周时期湘、资流域与沅、澧流域分布着两个不同的民族集团。前者属百越集团，殆无异议；后者族属则聚讼纷纭。现代一般认为，沅、澧流域在上古时期的民族主要有濮族、巴族、九黎族，在商周时期生活着苗族集团[①]。

史载，九黎人是苗族的先祖。《尚书·正义》载"苗民九黎之后"。《国语·楚语》说"三苗，九黎之后也。"又称"三苗复九黎之德"。《礼记·衣疏·引甫刑·郑注》说："有苗，九黎之后。颛顼代少昊，诛九黎，分流其子孙，为居于西裔者三苗。"可见，苗族在文献典籍中有"苗民""三苗""有苗"等多种不同的表述。

今天的长沙，是古三苗国分布与活动的重要地域。《战国策·魏策》载："昔者，三苗之居，左彭蠡之波，右洞庭之水，汶山在其南，衡山在其北。"唐代杜佑的《通典·州郡十三》曰："潭州，古三苗之地。"后来，三苗部落与尧、舜、禹部落多次交战，失利后分崩瓦解，大部分逃入深山溪峒或向西南山林迁徙，成为后来"荆蛮"（周代称谓）、"长沙蛮""五溪蛮"（战国、秦、汉称谓）、"武陵蛮"（唐代称谓）和湖南以及云贵的苗、瑶、侗、畲等民族的祖先，同中原华夏文化发生较密切的联系。

在中原文化的影响下，湖南大约从商中叶开始进入青铜时代。至今在全省已经发现商周时期的文化遗址 1 500 多处，青铜器 300 多件，大多具有很高的工艺水平，富有鲜明的地方色彩和浓郁的越族风格。

如在 1986 年首次发现，2009 年 3 月发掘的距离零陵古城约 20km 的邺底乡邺底村望子岗遗址中，发现有新石器晚期至商周时期的四次明显的叠压生活界面、8 层文化层、21 座古墓葬群、多组建筑遗迹、丰富的陶器（釜、罐、豆、

---

① 童恩正. 从出土文物看楚文化与南方诸民族的关系[C]∥湖南考古辑刊第三辑，长沙：岳麓书社，1986.

鬶、甑等)与石器(石磨、石斧、石锛、石凿等),以及少量的青铜钺、矛、镞和玉玦、玉环等实物资料。望子岗遗址中的墓葬形制与古越人的极其类似,专家认为,望子岗遗址是湖南境内目前发现最早的古越人聚居地,也是首次在湘江流域发现的商周时期墓葬群。湖南省考古研究所研究员、所长郭伟民认为:"望子岗遗址新石器时代晚期至商周时代的大量墓葬群、建筑、陶器等实物资料的出土,再现了古代百越人(古越人)的起居生活,是百越文化的集中分布区,也说明古越人是湖南历史上土生土长的土著人。"[①]湖南省考古研究所研究员、发掘领队柴焕波认为,望子岗遗址叠压着的 4 次生活界面,向现代人揭示了古人的繁衍更迭,反映了南下的洞庭湖石家河文化和古越族文化的消长过程,为探索古越族文化的来源与历史进程提供了宝贵的实物资料。并认为:"这个遗址的发掘,对研究古越文化,对建立湘南地区商周考古的年代分期和文化谱系,具有重要价值。"[②]

再如永州市零陵区城北鹞子岭一带的 20 多座战国和大型西汉古墓群,遗址中出土的建筑、器物、随葬品,以及墓葬形制等实物资料表明,古代永州地区是百越文化的集中分布区,古越人是当地历史上土生土长的土著人。"鹞子岭战国墓无论是墓葬形制,还是出土器物,都表现出楚越两种文化因素共存,而且有强烈的对等性。"墓中越族人的墓葬占多数,出土的文物也以越文化因素占主导地位,专家认为,当时永州地区范围内并无成批或足以起社会生活之主导作用的楚人生活,即使有,也是少数统治者或商贾迁入,但越人接受楚国人的统治[③]。出土的随葬品表明,春秋战国时期永州地区的农业和手工业已经很发达。

罗庆康先生研究认为,汉代湘南地区居住的民族主要是越人,湘东、湘东北居住的越人也不少[④]。

　①　王子懿,赵荣学."潇湘上游商周遗址群"网上入围全国十大考古新发现[N].永州日报,2010-05-15.

　②　徐海瑞.庄稼地挖出新石器时代墓葬群[N].潇湘晨报,2009-05-14.湖南省文物考古研究所.坐果山与望子岗:潇湘上游商周遗址发掘报告[M].北京:科学出版社,2010.

　③　唐解国.试谈永州鹞子岭战国墓[J].江汉考古,2003(04):33-36

　④　罗庆康.长沙国研究[M].长沙:湖南人民出版社,1998:79

二、区域历史与文化沿革

(一)区域经济与文化发展

商、周以降，中原文化和楚文化沿洞庭湖东西两侧及湘水流域和资水流域源源不断地输入湖南。经过数百年的战争，楚人成为长沙居民的主体，长沙的社会面貌发生了巨大的变化，湖南湘、资流域的古越文化也被色彩斑斓、风格独特的楚文化所替代。楚人北来，传入中原和江汉地区先进的生产工具和生产经验，使长沙地区进入了铁器时代。至战国中期，全省均属楚国统辖。春秋战国时期，湘南属楚国南境，又与南粤山水相连，因而受到楚文化和百越文化的双重影响。

楚文化即荆楚文化，是周代至春秋时期在江汉流域兴起的一种地域文化，因楚国和楚人而得名，大体上以今湖北全境和湖南北部为中心，向周边扩展到一定的范围。

百越是古代对南方诸族的泛称，主要包括吴越、闽越、南越(南粤)、雒越(骆越)四个地区。公元前 206 年，秦朝灭亡后，赵佗于公元前 203 年起兵兼并桂林郡和象郡，在岭南地区建立南越国，自称"南越武王"。国都位于番禺(今广州市内)，疆域包括今天的广东、广西两省区的大部分地区，福建、湖南、贵州、云南的部分地区和越南的北部地区。南越国又称为南越或南粤，在越南又称为赵朝或前赵朝。南越国传国五世，历时 93 年，于公元前 111 年为汉武帝所灭。

湘楚文化作为一种独具风采的区域文化，成长于辽阔富饶的三湘大地，糅合了楚文化、蛮文化、中原文化与南越文化的芳馨神韵，因承传了先楚文化的主旨并形成于浩瀚楚域之湘资沅澧而得名[①]。

战国后期，楚臣屈原被流放湖南九年，遍历沅、湘，写下了《渔父》《怀沙》《离骚》《天问》《九歌》等伟大爱国优秀诗篇，体现了现实主义与浪漫主义高度结合的风格，产生了深刻的历史影响，谱写了湘楚文化的光辉序曲。

秦始皇统一中国后，实行郡县制，设长沙郡，范围包括了今岳阳、长沙、

---

① 湖南省住房和城乡建设厅. 湖南传统建筑[M]. 长沙：湖南大学出版社，2017：14.

湘潭、株洲、益阳、衡阳、邵阳、娄底、郴州、零陵等的部分地区或全部，以及鄂南、赣西北和广东的连州、广西的全州等地，面积几乎相当于今天的整个湖南省。汉高祖五年(前 202 年)改长沙郡为长沙国。随着灵渠、五岭峤道等水陆交通路线的开发，秦汉时期，湘江流域尤其是南部地区为进入桂、粤的重要通道和边防重地。从 1973 年长沙马王堆遗址出土的《长沙国南部地形图》《长沙国南部城邑图》《长沙国南部驻军图》上可以清楚地看出，今天的潇水流域是当时防区的关键部位①。马王堆汉墓所出土的帛书、帛画、丝织品、漆器等，说明湖南工艺和文化水平在楚国传统的基础上得到进一步发展。"汉代政治家贾谊，于汉文帝前元四年(前 176 年)谪居长沙 3 年，留有名篇，脍炙人口，后人辑为《新书》58 篇，不少写于长沙，上承楚辞，下启汉赋，'沾溉后人，其泽甚远'"②，影响深远。人称其为"贾长沙"。东汉桂阳郡人蔡伦总结前人的造纸经验，改进造纸术，制造出了世界上第一张多种植物纤维纸。

南北朝时，湖南"出现了'湘州之奥，人丰土闲'的景况。黄淮人口大量逃亡江南，自汉末关中'流入荆州者十余万家'；西晋时巴蜀流民 10 多万人移入荆湖，永嘉以后又有山西、河南流民一万多人涌入洞庭湖区西部；东晋在澧县设南义阳侨郡，安置河南等地流民。洞庭湖区在西汉时仅有 2 郡 6 县，至梁时已增至 7 郡 16 县，可见其开拓建设之速。"③

湘江流域和资江流域相对于沅江流域和澧水流域开发较早，总体来说，宋代以前湖南的发展，主要是集中在洞庭湖地区和湘江流域④。

唐代的湖南已是"地称沃壤"。五代马殷立国湖南，贸易发达，茶叶大量外销，闻名遐迩。但唐代的湖南，不少地方仍作为贬谪流放之所，被人视为畏途。如柳宗元(773—819 年)谪居永州(零陵)10 年间，写有 490 多篇(首)诗文，对永州地区的文学艺术影响很大。吴庆洲先生研究认为，柳宗元在永州开创了中国自然山水景观集称文化，"永州八记"应是中国自然山水景观集称文化之滥觞⑤。

---

① 何介钧，张维明. 马王堆汉墓[M]. 北京：文物出版社，1982：131-142.
② 杨慎初. 湖南传统建筑[M]. 长沙：湖南教育出版社，1993：5.
③ 同上。
④ 张伟然. 湖南历史文化地理研究[M]. 上海：复旦大学出版社，1995：17-18.
⑤ 吴庆洲. 建筑哲理、意匠与文化[M]. 北京：中国建筑工业出版社，2005：65.

受"永州八记"景观集称文化影响，明清时期，湘南尤其是永州地区的乡村景观建设，也多以"八景"集称形式命名①。

唐代中叶以前，湘江流域是"楚越通衢"的重要通道，且战略地位重要，所以发展较快。唐代将江南经济区划分为四个经济圈（或分区）：江淮经济圈、浙东经济圈、浙赣经济圈和荆湘经济圈。这四个经济圈都比较发达，尤以浙东及荆湘地区更是当时全国重要的产粮区。其中，荆湘经济圈中，以潭州（今长沙）为经济圈中心城，荆州、襄州、岳州、衡州、郴州、永州等为经济圈副中心城②。说明湘江流域在唐代的经济发展是较快的。

唐代中叶特别是南宋以后，随着"楚越通衢"重心东移至江西、福建等地，以及国家宏观政策和经济结构的调整、国家文化中心和政治中心的转移、城市职能的转变、对外贸易和航海事业的发展，湘江流域的交通优势逐渐减弱，发展速度也相对减慢。

但明清时期，湖南的发展速度大大加快，在全国的地位迅速上升。洞庭湖区和湘江流域水利事业发展，开始大量垦殖，发展农业生产，粮食产量日益增多。北宋末年，湖南人口增至570多万。虽然经过元末明初的战乱，但到清朝嘉庆二十一年（1816年），湖南人口已达 18 479 854 人③。明代已有"湖广熟，天下足"之说，到清乾隆时谚语则改为"湖南熟，天下足"。

与经济发展同步，文化教育也获长足发展，同时带动了地区的文化景观建设。据志书记载，唐代时湖南衡阳就有石鼓书院④。北宋开宝九年（976 年），潭州太守朱洞在僧人办学的基础上，正式创建岳麓书院，朱熹、张栻等著名学者曾在此讲学。据统计，南宋末年，湖南共有书院 51 所。明、清时湖南书院、学宫更为兴盛，入仕举子日益增多。以湘江上游永州地区为例，明代，永州的书院共有 17 所。到清光绪年间，永州境内各州县共有各类书院 46 所⑤。清雍正元

---

① 伍国正. 永州古城营建与景观发展特点研究［M］. 北京：中国建筑工业出版社，2018.

② 贺业钜. 中国古代城市规划史［M］. 北京：中国建筑工业出版社，1996：420-422

③ 毛况生. 中国人口·湖南分册［M］. 北京：中国财政经济出版社，1987：57

④ 朱熹在《石鼓书院记》中称："石鼓据烝湘之会，江流环带，最为一郡佳处，故有书院，起唐元和间，州人李宽之所为。"清《同治衡州府志》载"石鼓书院在石鼓山，旧为寻真观，唐刺史齐映建合江亭于山之右麓。元和间，士人李宽结庐读书其上，刺史吕温尝访之，有《同恭日题寻真观李宽中秀才书院诗》。"清末郭嵩焘在《新建金鹗书院记》中说："书院之始，当唐元和时，而莫先于衡州之石鼓。"

⑤ 张泽槐. 永州史话［M］. 桂林：漓江出版社，1997：100

年，与湖北分闱，湖南单独举办乡试。

(二)移民文化

湘江流域的历史文化景观建设自古受到楚、粤文化和中原文化等多种文化的影响，尤其是受到历史上多次移民的直接影响。移入湖南的外省人，五代以前大都来自北方，五代以后多来自东方；南宋以前，几尽是江西人，南宋以后，始多苏、豫、闽、皖等他省之人；清代以前，以江西移民为主，至清代，湖北、福建移民崛起有与江西并驾齐驱之势[①]。

移民有流徙移民、军事移民、经济移民、文化移民、民籍移民等多种形式。历史上规模较大的流徙移民入湘有多次。如南北朝时，湖南"出现了'湘州之奥，人丰土闲'的景况。黄淮人口大量逃亡江南，自汉末关中'流入荆州者十余万家'；西晋时巴蜀流民 10 多万人移入荆湖，永嘉以后又有山西、河南流民一万多人涌入洞庭湖区西部；东晋在澧县设南义阳侨郡，安置河南等地流民。"[②]

历史上，由于军事、文化等因素大规模移民入湘发生过四次，主要发生在湘中和湘北地区，其中湘江流域又是其重点区域。据史料记载，第一次和第二次分别为先秦时期和秦汉时期。先秦时期，湖南境内主要为濮、蛮、越等族人，后来，湖南并入楚国版图，楚人成为湖南的一个重要人群。

秦汉时期，北方中原人涌入湖南，而原来的湖南人则大量迁往湘西、湘南地区。公元前 217 年至前 214 年，秦始皇攻打南越，大批军队来到今永州一带。后来，这批军队中的一部分人留了下来，成为永州一带最早的中原移民，也是我们现在所说的最早移居永州的汉族。西汉长沙国的建立与发展可视为此时期的文化移民。长沙国分为吴氏(吴芮)长沙国和刘氏(刘发)长沙国，吴氏长沙国五代五传，历时 46 年(中间停置 3 年)；刘氏长沙国八代九传，历时 175 年。

元末明初，四年的长沙之战，使长沙田园荒芜，百姓亡散，庐舍为墟，许多地方渺无人烟。明王朝为巩固统治，实行民族融柔政策，就近从江西省大量移民入长沙地区，并允许"插标占地"，而将湖广省(当时湖北和湖南是一个省份，即湖广省)原有的居民移入四川省，即是历史上有名的"扯湖广填四川，扯

①　谭其骧. 中国内地移民·湖南篇[J]. 史学年报，1932：102-104.
②　杨慎初. 湖南传统建筑[M]. 长沙：湖南教育出版社，1993：5.

江西填湖广"之始。

明末清初，李自成、张献忠的农民起义军队先后在川陕交界地区与明军和清军鏖战，使本区人口损失惨重①，加上清初顺治四年（1647 年）的全省饥荒，以及康熙十六年（1677 年）清军与义军的交战，四川人口剧减。战争结束后，清政府即对陕西、四川等省采取招徕人口的措施，并下诏从江西、湖南、湖北等地迁出居民填入四川。因避免长途跋涉，江西南部之人大都移向湖南南部，江西北部之人大都移至湖南北部，而湖南、湖北的原有居民则迁至四川。

各类移民带来了各地先进的生产技术、生产工具和社会文化，促进了民族融合和经济、文化发展，也促进了地区的文化景观建设，加之在湖南"世居"的民族较多，所以湖南地区的历史文化景观形态类型与风格特点多样。

(三)区域文化特色

在湘江流域甚至湖南省的湘楚文化的历史发展中，尤其值得一提的有舜帝的伦理道德文化、周敦颐的理学文化和融于湖湘山水环境的道家文化。

1. 舜文化

儒家思想是中国整个封建社会占统治地位的思想。追根溯源，儒家思想的源头在舜。孔子最先举起舜文化大旗，把舜确立的伦理道德思想作为一种统治制度，即无为而治。"无为而治者，其舜也与。夫何为哉，恭己正南面而已矣。"（《论语·卫灵公》）后经孟子、韩非等人的称颂、补充和完善，舜帝的人格、作为及其伦理道德思想成了儒家思想的源头，也成为中华民族精神文明的源头。自汉武帝采纳董仲舒"罢黜百家，独尊儒术"的建议后，以舜文化为源头的儒家思想被尊为统治阶级的正统思想，儒学被正式列为官学。

湘江上游的永州自古有帝乡之称。史载公元前 2200 多年前，中华民族的人文始祖——舜帝曾在舜皇山至九嶷山一带"宣德重教"，死后葬于九嶷山。舜"践帝位三十九年，南巡狩，崩于苍梧之野，葬于江南九疑，是为零陵。"（《史记·五帝本纪》）司马迁说："天下明德自虞舜始。"夏商周三代在九嶷山即建有"大庙"

---

① 民国十九年《云阳涂氏族谱》卷十九《功亮公传》（第 153 页）载："四川经明季流贼之乱，杀戮惨酷，居人死亡殆尽。川东各属尤空旷，草蓬然然植立，弥山满谷，往往横亘数十里无人烟。"

祭祀舜帝[1]。舜作为中华民族的人文始祖，在中华民族发展史上处于十分重要的地位，有着十分重要的作用，历代帝王无不推崇。自夏代开始，历朝历代都有帝王拜祭九嶷，而且逐渐形成了拜祭制度。为了"法先王"，历代帝王或在都城遥祭舜帝，或遣使到九嶷山朝拜舜帝。今永州地区及周边各地的祭舜遗迹和舜庙遗址，充分说明舜文化对本区域的影响至深至广。

目前经考古发掘证实，在全国尚属首次发现的时代最早的舜帝陵庙遗址，位于永州市宁远县城东南约34km处九嶷山核心区北部玉琯岩的山间盆地中，为秦汉至宋元时期祭祀舜帝陵庙遗址[2]，遗址占地超过32 000m²（图2-2-5）。

图2-2-5　宁远县玉琯岩秦汉至宋元舜帝陵庙遗址

（来源：朱永华等《九嶷山发现舜帝陵庙遗址》，2004）

孔子与司马迁等人对舜帝的记述，客观上也加强了儒家思想对古代永州和周边地区的影响。舜帝的伦理道德观念、清明政治思想、爱民勤政行为、和睦礼让情操，以及自强不息、不断追求、宽容仁慈、乐于助人的精神，影响当地人民逐步形成了勤劳古朴、心地善良、知书好学、和睦礼让、热情好客的气质特征。如唐刘禹锡的《送周鲁儒序》说："潇湘间无土山，无浊水，民乘是气，往

---

① （清）吴祖传撰《九嶷山志》云："舜庙在太阳溪白鹤观前，盖三代时祀于此，土人呼为大庙，土坑犹存。秦时迁于九嶷山中，立于玉官岩前百步。洪武四年（1371），翰林院编修雷燧奉旨祭祀，迁于舜源峰下。"

② 经专家们推断，整个舜帝遗址正殿在不同时代总是在同一个地方，正殿建筑基址与后殿建筑基址呈"吕"字状，面积5 142m²。但不同时代的面积和方位都不太一样，三国到两晋间，正殿坐南朝北，唐宋时期，正殿坐东朝西。目前初步勘测发现，在舜帝陵庙遗址中，唐宋时期的正殿现存面积最广，达到了1 500m²，现存部分长43.8m，宽29.8m，规模可与北京故宫太和殿相媲美。

往清慧而文";柳宗元的《道州庙学记》说,永州"人无争讼";《宋史·地理志》称,永州"人多淳朴"。宋编《太平寰宇记》载今湘江流域各地"有舜之遗风,人多淳朴";南宋诗人杨万里在《曹中永州谢表》中称永州:"家娴礼义而化易孚,地足渔樵而民乐业""视中州无所与逊"。清李逢时在《东安县志序》中说,东安"民雍容而好礼"。

2. 理学文化

北宋以后,继承与发展儒家思想而形成的理学迅速兴起。理学的主要创始人之一周敦颐是今道县楼田村人。他所创办的理学和濂溪书堂,对当时和后世的书院建设影响很大,促进了书院教育的发展。周敦颐哲学体系的核心是"立人极"的人性论,认为做人就要力做"圣人",做官先做人[1]。他说:"圣希天,贤希圣,士希贤。"(《通书·志第十》,即"圣人仰慕上天,贤人仰慕圣人,士人仰慕贤人"。)"圣,诚而已矣。诚,五常之本,百行之原也。"(《通书·诚下第二》)认为士、贤、圣为教学目标的三个等级,可以通过学习和修养逐级提高。可以说,周敦颐所创立的理学与他的书院教育实践,从宏观上看,开辟了书院发展的新时期[2]。元代吴澄在《鳌溪书院记》中说,北宋中叶以前,地方教育很多是由私家书院承担;北宋中叶以后,由于书院与理学结合,所以地方官学(州学、县学)兴起;宋室南迁之后,书院逐渐增多,是因为时人"讲求为己有用之学",以表异于当时郡邑之学,有补于官学之不足[3]。

周敦颐大力办学兴学思想经后人(如胡安国与胡宏父子)的传播和实践,促进了湖湘教育的兴盛与发展。周敦颐的学说对湘南,尤其是对永、道二州的影响同样至深至广,之后的永、道二州官学、私学多塑周敦颐像以供顶礼膜拜;州县所立书院,也多以"濂溪书院"命名。今湘南各地承袭"濂溪"文化,在原来旧址上维修、重修有多处濂溪书院,如郴州市汝城县城西郊桂枝岭麓的濂溪书

---

① 张官妹. 浅说周敦颐与湖湘文化的关系[J]. 湖南科技学院学报,2005(03):29-31.
② 李才栋. 周敦颐在书院史上的地位[J]. 江西教育学院学报,1993,14(03):64-65.
③ (元)吴澄《鳌溪书院记》载:"宋至中叶,文治浸盛,学校大修。远郡偏邑,莫不建学。士既各有群居肄业之所,似不赖乎私家之书院矣。宋南迁而书院日多,何也?盖自舂陵之周,共城之邵,关西之张,河南之程,数大儒相继特起,得孔圣不传之道于千五百年之后。有志之士获闻其说,始知记诵词章之学为末学,科举之坏人心。而郡邑之间,设官养士,所习不出乎此。于是新安之朱、广汉之张、东莱之吕、临川之陆,暨夫志同道合之人,讲求为己有用之学,则又立书院,以表异于当时郡邑之学专习科举之业者。此宋以后之书院也。"

院始建于宋宁宗嘉定十三年（1220年），现存濂溪书院是清嘉庆九年（1804年）所建，为仿宋式建筑，2001年修缮，古色古香，2002年被湖南省人民政府公布为省级文物保护单位（图2-2-6）。今道县教委所在地的原道州濂溪书院（濂溪祠）始建于宋高宗绍兴二十九年（1159年），2010年重建；永州零陵潇湘二水合流处的蘋洲岛上的蘋洲书院于清光绪十年

图 2-2-6　汝城县城西濂溪书院
（来源：黄靖淇摄）

（1884年）修建，2010年重建。理学的盛行，在湘南培养了一批有理学造诣的儒生，同时，理学的研究也推动了湘南乃至湖南省其他哲学思想的研究。

作为历代封建统治阶级正统思想的儒家思想和宋明理学，在中国古代思想史上占有极为重要的地位，结合宗法制度、科举制度和任官制度等，对于推动地方文化景观建设，尤其是学校（包括文庙）建筑景观建设产生了重要影响。

3．道家文化

一般认为，中国土生土长的道教，始于老子（李耳）的《道德经》。道家崇尚自然、见素抱朴、无为安命、重生恶死，宣扬行善积德，倡导"阴阳五行"等思想。神仙总是与长生久视联系在一起。东汉经学家、训诂学家刘熙的《释名·释长幼》曰："老而不死曰仙。仙，迁也，迁入山也。故其制字人旁作山也。"隐修山林，以求"长生久视，得道成仙"是道教修炼的最高境界。

《汉书·地理志》云："（楚地）信巫鬼，重淫祀。"方吉杰、刘绪义等人认为："道家思想文化诞生的土壤就是巫风盛行的楚国。"①随着楚人北来，楚地巫教文化与方仙道家思想在湖湘大地得以广泛传播，同时，整个湖湘大地的山水环境也为道家思想的生长和发展提供了良好的土壤。史志记载表明，古代湖南地区是道教传播和活动的重要地区。据明代《衡岳志》记载，早在道教创始期，东汉末年创建五斗米道的天师张道陵，"尝自天目山游南岳，谒青

---

① 方吉杰，刘绪义. 湖湘文化讲演录［M］.北京：人民出版社，2008：171.

玉、光天二坛,礼祝融君之祠。"①东晋大兴年间(318—321年),著名女道姑魏华存,在衡山黄庭观潜心修道16年,宣讲上清经录,被奉为上清派开派祖师,被封为南岳夫人,人称魏夫人。此后,道教在湖南地区广为传播。

唐代,由于李唐王朝的大力提倡,道教得以迅速发展,在湖南也获得长足发展。当时全国道教活动地址,逐步有三山五岳、三十六洞天、七十二福地之称。其中,湖南分别占有一"岳"、六"洞天"和十二"福地"。明代,由于统治者特别是明成祖对玄天上帝的推崇,道教在全国的发展速度加快,各地建有很多道观庵庙。唐初武德元年(816年),在南岳集贤峰下建庙祭祀魏夫人,五代时名魏阁,宋徽宗赐名"黄庭观",至今,是中国道教史上最早的"上清祖庭"。历元、明、清各朝,屡有修建。现存建筑为清宣统元年(1909年)重修,凡三进,是湖南省重点文物保护单位之一。中轴线上依次为山门(图2-2-7)、憩凉亭(路亭)、慈航殿(过殿)、魏元君殿(正殿)。

图 2-2-7　南岳黄庭观山门

(来源:作者自摄)

明清时期,湖南境内此起彼伏的山水环境和悠久的人文环境,使得讲求心灵的独立与清静,主张"齐物""逍遥",推崇"自然无为",与世无争的道家思想获得鼎盛发展。明代,湖南道教多为武当道教的继承和传播者,各地多建有供奉真武大帝神像的"祖师殿"。张泽槐②先生统计表明,清康熙年间,湘江上游的永州各地寺观庵庙发展到306处,其中寺127处,观93处,庵56处,庙30处,大部分都处在城市及其周边地区,仅永州城内的寺观庵庙就有36处。到清光绪年间,永州境内的寺庵发展到476座,道观发展到500余座。

①　(清)朱衮修,袁奂纂.衡岳志(卷三·仙释)[M].清康熙三年(1664年)九仙灵台之馆刻本.
②　张泽槐.永州史话[M].桂林:漓江出版社,1997:93

道家文化注重人与自然的"和合"，不仅主张以平等、平和的态度对待外部自然存在，与一切自然存在和谐共处，同时也主张将这种原则应用于社会人生，提倡一切顺其自然。其诸神崇拜、科仪道术、崇尚自然、见素抱朴、无为安命、重生恶死和行善积德等哲理和教化思想深深影响了湖南的民间信仰、民俗、文学艺术、绘画艺术、雕刻艺术、建筑艺术的产生和发展，甚至给宋明理学也留下了烙记。

儒家、道家思想在中国古代社会发展中起到了重要作用，对于巩固国家和民族的统一，维护封建统治秩序，促进封建经济、文化的发展，都产生过重要影响。南怀瑾先生说："中国历史上，每逢变乱的时候，拨乱反正，都属道家思想之功；天下太平了，则用孔孟儒家的思想。这是我们中国历史非常重要的关键。"①自汉武帝"罢黜百家，独尊儒术"之后，以舜文化为源头的儒家思想被尊为国家的主流意识形态，儒学正式被列为官学，各地纷纷建孔庙以祀儒学创始人孔子。孔子仙逝后第二年（前478年），鲁哀公将曲阜孔子故居三间房屋辟为孔庙，"岁时奉祀"。《礼记·文王世子》载："凡始立学者，必释奠于先圣先师。"唐代，孔庙与官学结合，在全国得到较大发展，并逐渐形成了一套完备的定制，孔庙演变成文庙，又称学庙或学宫。

据《湖南通志》记载，湖南文庙始建于唐代。湘江流域现存较好的文庙有10座：岳州文庙、浏阳文庙、湘阴文庙、醴陵文庙、岳麓书院文庙、湘潭文庙、湘乡文庙、零陵文庙、宁远文庙、新田文庙。前9座都始建于宋代，只有新田文庙始建于明代。

4. 信仰习俗

如今，湖南省有50余个民族，少数民族中世居人口比较多的有土家族、苗族、侗族、瑶族、白族、回族、壮族、维吾尔族、满族、蒙古族和畲族等11个。人口在100万以上的有土家族、苗族，人口在10万以上的有侗族、瑶族、白族。土家族、苗族、侗族、白族主要分布在湘西地区，瑶族主要分布在湘南地区。历史上，湘江流域主要以汉族为主，人口较多的少数民族主要有瑶族、壮族、回族等。其中，瑶族是流域内少数民族人口最多的民族，主

---

① 南怀瑾. 论语别裁[M]. 上海：复旦大学出版社，2005：2.

要居住在湘南、湘东等地区，尤以永州地区最多。壮族古为"百越"的一支，全省的壮族主要分布在永州南部地区，尤以江华瑶族自治县的清塘壮族乡为主。湖南的回族主要是明初从南京和北京迁来的，湘江流域的回族主要散居在岳阳、长沙、株洲、湘潭、衡阳等地区。

湘江流域除南部地区因为与百越文化交流多，"俗参百越"①外，其他地区随着楚人北来、西汉初年长沙国的建立和历代移民，生活习惯和民俗风情较多体现的是楚文化和中原文化的特征。

和全国其他地区一样，湖南古代的民俗风情也浓抹着一层浓厚的宗教色彩，反映着古代人们生活中的信仰观念和崇拜心理。从原始崇拜到儒释道三大"宗教"、天、神、鬼、怪、菩萨，各种观念应有尽有，不可捉摸但却顺其自然。如对祖先和神的供奉和崇拜，对"龙凤"的崇拜，过年"驱鬼"的爆竹，建房择地相"风水"，遵循阴阳互补的环境观念，等等。

1949 年长沙陈家大山楚墓出土的战国时期的一幅人物龙凤帛画为一幅"龙凤引魂升天图"，画面上龙飞凤舞，一贵妇双手合十，双脚立于大地之上，作升天状，是古代人死后"魂归天为神"宗教思想的体现（图 2-2-8）。1973 年长沙子弹库楚墓出土的"人物御龙帛画"，画中一中年男子，头戴高冠，身穿宽袖深衣，腰佩长剑，手挽缰绳立于龙舟之上，其龙头高昂，也俨然是一幅御龙升天图（图 2-2-9）。1972 年马王堆一号汉墓出土的"T"形帛画，更是场面盛大，奇幻瑰丽，将天上与人间、虚幻与现实串贯一体，表现了一个比较完整的宗教世界观（图 2-2-10）。

---

① 柳宗元称永州："此州地极三湘，俗参百越"（《代韦永州谢上表》），"潇湘参百越之俗"（《谢李吉甫相公示手札启》）。

图 2-2-8　陈家大山楚墓出土的帛画摹本

（来源：熊传新《对照新旧摹本谈楚国人物龙凤帛画》，1981）

图 2-2-9　长沙子弹库楚墓出土的帛画摹本

（来源：熊远帆《楚文物稀世珍宝下月惊艳省博》，2009）

图 2-2-10　马王堆一号汉墓出土的帛画摹本

（来源：安志敏《长沙新发现的西汉帛画试探》，1973）

历史上，楚地巫教文化对湖湘大地影响很大。《隋书·地理志·十四》也说："江南之俗，火耕水耨，食鱼与稻，以渔猎为业……其俗信鬼神，好淫祀，父子或异居，此大抵然也。"巫教文化正是楚俗多神信仰文化。受楚文化影响，湖南境内的祭礼习俗特色明显，具有古代楚俗多神信仰文化特点。

楚之先民以凤鸟为图腾，认为凤是其始祖火神"祝融"的化身，既是祝融的精灵，也是火与日的象征，故尊崇日中之乌——火鸟（凤）。在大量的古楚国文物中都有凤鸟图案，屈原《离骚》中对凤凰鸟多有赞歌。1972年长沙马王堆一号西汉墓出土的大型张挂帛画最上右方的大红日中绘有金鸟——火鸟（太阳鸟）。

人类最原始的宗教形式为自然崇拜，古人将天、地、日、月、山、水、风、雨、雪、雷、火等自然物和自然力视作与人类本身一样具有生命、意志和巨大能力，从而作为崇拜对象加以崇拜。万物有灵思想就是在自然崇拜的基础上发展起来的。《礼记·祭法》曰："山林川谷丘陵，能出云为风雨，见鬼怪，皆曰神。"

旧时长沙有对各种鬼神的信仰和祭祀。诸如日神、月神、火神①、雷神②、财神③、水神④、祖宗神⑤及山神、土地神等。湘南一带有"中元节"祭祖和祭野鬼的习俗⑥。楚地有许多对付鬼的活动，如"正月一日，是三元之日也……鸡鸣而起，先于庭前爆竹，以辟山臊恶鬼"。"贴画鸡户上，悬苇索于其上，插桃符其傍，百鬼畏云。""正月末日夜，芦苣火照井厕中，则百鬼走。"可

---

①　火神，即祝融神，其庙宇在南岳山顶峰。湖南有南岳进香的习俗，流行于全省各地，民间认为祝融神乃湖湘地方保护神，善男善女遇有疾病灾难，或男女信士求其庇佑时，则往许愿还香。为表示虔诚，往往徒步，虽距著百里亦不辞其疲劳。出发前斋戒沐浴，头扎红巾，身穿青衣，胸戴绣着"南岳进香"的胸兜，身背香袋，口唱《朝拜歌》，一唱众和，前往进香。此俗沿袭至今。

②　谚云："雷打十世恶，蛇咬三世冤""忤逆不孝，雷打火烧"。

③　财神敬放在摆祖先牌位的神龛之中，虔诚供奉，祈求庇佑。

④　水神乃"水母娘娘"，民间有求"水母娘娘"神保佑航行一路顺风，安全驶达的信仰，流行于全省，尤其是洞庭湖区船民之中。

⑤　流行于全省各地，尤以农村最甚。1949年以前，中国民间堂屋中大多立有神龛，神龛上用红纸书写"天地君亲师之神位"，长年祭祀。"天地"二字写得很宽，取天宽地阔之意；"君"字下面的口字必须封严，不能留口，谓君子一言九鼎，不能乱开；"亲"（原作親）字的目字不能封严，谓亲不闭目；师（師）字不写左边上方之短撇，谓师不当撇（撇开），反映出民间对五者神圣的崇拜。民国以后，中国君主制度废除，民间遂将君字改为"国"字，成为"天地国亲师"。

⑥　一般在七月十四日和七月十五日，在神龛的祖先牌位前摆设三牲、时鲜果品、糖果点心，焚香、烧纸、点烛，燃放鞭炮拜祭祖宗。在三岔路口拜祭野鬼，这些神开天辟地，赐福降祸，无事不能，无所不为。

见人们对鬼神除崇拜、祈祷外，更多的是惧怕，是驱逐。正如费孝通先生在解释中国人的信仰特征时说，我们对鬼神也很实际，供奉他们为的是风调雨顺和免灾逃祸；我们祭祀鬼神很有点像请客、疏通、贿赂；我们向鬼神祈祷是许愿、哀乞；鬼神在我们是权力和财源，不是理想，也不是公道 。①

长沙人尚乐，浏阳文庙所藏古乐器和长沙咸嘉湖西汉王室墓出土的"五弦筑"都是"全国仅存之物"。古俗信鬼神而好祭祀，凡祭祀必歌舞。汉人王逸的《楚辞章句·九歌》记载："昔楚国南郢之邑，沅湘之间，其俗信鬼而好祠，其祠必作歌乐鼓舞以乐诸神。"屈原见"歌舞之乐其词鄙陋，因作《九歌》之曲"。可见屈原的《九歌》乃祭祀鬼神之词。

祭祀祖先是古代宗族重大而神圣的活动。祠堂是中国古代社会宗族制度的产物，起源于原始社会末期的神灵信仰和祖先崇拜，诞生于西周的宗庙，继承于汉晋墓祠，唐宋时期发展为家庙。南宋朱熹在其《家礼》中开篇明义，把士庶祭祀祖先的建筑称为"祠堂"。荆楚大地，建祠祭祖文化历史悠久。东汉王逸注《天问》云："《天问》者，屈原之作也。何不言问天？天尊不可问，故曰天问也。屈原放逐，忧心愁悴，彷徨山泽，经历陵陆，嗟号旻昊，仰天叹息。见楚有先王之庙及公卿祠堂，图画天地山川神灵，琦玮谲诡，及古贤圣怪物行事。"这里不仅说明在战国末期荆楚大地已有"祠堂"，同时表明了当时祠堂中图画的内容和风格特点。明清时期，朝廷诏令促进了民间建祠祭祖活动的开放，全国各地尤其是长江流域及其以南地区，各家族为"慕宗追远、敬祖睦族"而大量兴建家族祠堂。

古人认为农业的丰歉也是神的支配。谷有谷神，蚕有蚕神，风有风伯，雨有雨师，山有山神，水有水神。为了求得好的收成，人们极尽自己的能事，定期或不定期举行各种祭祀仪式，形成种种不同的禁忌和习俗，以示对神的恭顺与敬畏。在收获之后，无论收成多少，都要拿出相当数量的产品来祭祀神明，以谢天意并祈祷来年的丰收。楚地对土地神的祭祀有春社、秋社之祭②。

祭祀水神是湘江流域历史时期普遍存在的民俗文化。历史上湘江流域水

---

① 费孝通. 美国与美国人[M]. 北京：三联书店，1985：110.
② 即在立春、立秋后的第五个戊日祭祀土地神，祭祀时杀鸡宰羊，煮酒蒸糖，热闹非凡。

神祠庙众多，具有明显的时空特性。唐代以前，由于屈原的《湘夫人》和《湘君》等文化传播的影响，在湘江流域乃至洞庭湖区民众信仰的水神中，古帝舜二妃——娥皇、女英是主要的祭祀对象，并形成了下游岳州和上游永州为中心的两个湘水神祭祀圈。"但从祠庙遗存的情况来看，湘江流域水神信仰中洞庭湖神的信仰地域多集中于湘江中下游地区，上游则以湘水神信仰为多。"[1]岳阳市君山东侧古有祭祀虞舜二妃娥皇、女英的湘妃祠（湘君庙），志书多有记载。明清时期永州城内外均有潇湘庙，城内潇湘庙是李茵《永州旧事》中记述的"永州八庙"之一[2]。清道光八年（1828年）《永州府志·秩祀志》增补康熙九年城外潇湘庙志曰："潇湘庙旧在潇湘西岸……国朝因之，春秋官祭其庙，士民相继修葺，规模壮丽。嘉庆壬申（1812年）重修。"现存永州潇湘庙距永州古城约5km，位于零陵区湘江东岸老埠头古镇（五代时称潇湘镇）的浅山上，坐东朝西，与永州八景之一的"萍洲春涨"隔河相望，为清代修建，由踏步漫道、门楼、祭殿、正殿组成，建筑面积近700m²，2003年被公布为永州市文物保护单位。山墙带墀头雕塑，梁枋木雕刻精美，具有较浓厚的永州地方神庙建筑的布局特色和装饰艺术风格（图2-2-11、图2-2-12）。庙内有23方碑刻，正殿地面有33cm的石台，上施彩绘，供二妃神像。

图 2-2-11　老埠头潇湘庙后殿梁架

（来源：永州市文物管理处）

①　李娟. 唐宋时期湘江流域交通与民俗文化变迁研究[D]. 广州：暨南大学，2010：50-51.
②　李茵. 永州旧事[M]. 北京：东方出版社，2005：17.

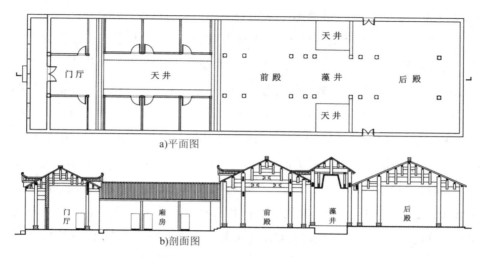

a)平面图

b)剖面图

图 2-2-12　**老埠头潇湘庙平面图与剖面图**（来源：永州市文物管理处）

对于天文星象的观测，长沙有着悠久的历史。在长沙先人看来，日月星辰的运转都受天神的控制。马王堆汉墓出土的帛书《五星占》，认为木、金、火、土、水五大行星为五神，分管五方，各司其职："东方木，其神上为岁星""西方金，其神上为太白""南方火，其神上为荧惑""中央土，其神上为填星""北方水，其神上为辰星"。1942 年长沙出土的楚帛书《月令》把全年分为12 个月，每月都有神主管，并用朱、绛、青 3 色绘制了 12 位神仙的图像。如四月神名"余取女"，为一头双体之龙。古人常把天象的运行与人事的变化联系在一起。长沙楚帛书《天象》篇云，"明星辰，乱逆其行""卉木亡常""天地作殃""山陵其丧"。认为天象出现混乱，会使地上出现异常现象，并影响到人和事，因此祭祀天神成为习俗也就顺理成章了。民居堂屋神龛上常书"天地君亲师"之神位，长年祭祀。

随着科学技术的进步，现代的湖南人也逐渐抛弃了对宗教鬼神的迷信。

三、瑶族历史与文化概况

瑶族的名称，最早见于唐初姚思廉的《梁书·张缵传》："零陵、衡阳等郡有莫徭蛮者，依山险为居，历政不宾服"。唐长孙无忌的《隋书·地理志》说："长沙郡又杂有夷蜒，名曰莫徭，自云其先祖有功，常免徭役，故以为名。"

《宋史·蛮夷列传》说："蛮徭者，居山谷间……不事赋役，谓之徭人。"

瑶族的先人，传说是古代东方"九黎"中的一支，后往湖北、湖南方向迁徙。湖南瑶族在秦汉时期，先民以长沙、武陵或五溪等地为居住中心，在汉文史料中，瑶族与其他少数民族合称"武陵蛮""五溪蛮"。在魏晋南北朝时期，以零陵、衡阳等郡为居住中心，部分瑶族被称为"莫徭蛮""莫徭"。隋唐时期，瑶族主要分布在今天的湖南南部、广西东北部和广东北部山区。所谓"南岭无山不有瑶"的俗语大体上概括了瑶族人民当时山居的特点。宋元时期，迫于战争的压力，湘南瑶族向两广南迁，不断地深入两广腹地。到了明代，两广成为瑶族的主要分布区。到了清代，永州各县都有瑶族人民居住，聚居地称为"峒"，清道光年间，永州境内有瑶峒 120 处，分布状况大致与现在相同。

湖南省的瑶族人民主要分布在永州市的江华瑶族自治县、江永县、蓝山县、宁远县、道县县、新田县，郴州市的汝城县、北湖区、资兴县、桂阳县、宜章县，邵阳市的隆回县、洞口县、新宁县，怀化市的通道县、辰溪县、洪江市、中方县，衡阳市的塔山乡以及株洲市的炎陵县。根据 2010 年第六次全国人口普查统计，瑶族人口约占湖南省少数民族人口的 10.89%，在全国瑶族人口地区分布中仅次于广西壮族自治区。瑶族是湘江流域内少数民族人口最多的民族。永州地区是湖南省瑶族主要聚居地之一，江华瑶族自治县是全国瑶族人口最多、面积最大的瑶族自治县。2010 年第六次全国人口普查资料显示，永州市瑶族人口有 51.38 万，占全省瑶族人口的 72.82%。

瑶族有 28 种自称，近 100 种他称。其中以自称"勉""金门"的居多。永州境内的瑶族，因其起源传说、居住环境、生产方式、日常用语，以及服饰的差异，有多种自称或他称，多数自称为"勉""尤勉""谷岗尤"等。另外，还有清溪瑶、古调瑶、扶灵瑶、勾兰瑶、盘瑶、过山瑶、平地瑶等不同称呼。其中，前四个为永州地区四大民瑶。尽管瑶族的自称或他称不同，甚至语言也不一样，但由于在长期的历史发展过程中，他们有着共同的命运和心理素质，因而"瑶"始终是其民族的共称①。

湘南瑶族村寨中的文学艺术遗产丰富，既有大量的民间口头文学，如著

---

① 张泽槐.永州史话[M].桂林：漓江出版社，1997.

名的创世史诗《密洛陀》《水淹天》和《盘王大歌》等，也有大量的民族历史文献，如记叙民族起源、历史迁徙等重要信息的《过山榜》《祖图来历》《千家峒源流记》等，它们是瑶族文化发展重要的历史见证[①]。

瑶族宗教文化也具有多神崇拜的特点。大型瑶寨中一般都有祭祀盘王的场所——盘王庙（图 2-2-13、图 2-2-14），建筑特色明显（图 2-2-15）。

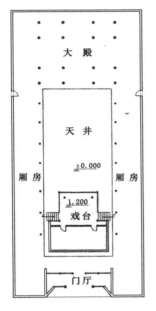

图 2-2-13　江永县兰溪村入口处盘王
庙平面图（来源：永州市文物管理处）

图 2-2-14　江永县兰溪村入口处的盘王庙
（来源：作者自摄）

图 2-2-15　江永县千家峒瑶族集市入口门
楼上的"龙犬"雕塑（来源：作者自摄）

瑶族以农业为主，清初的"改土归流"之后，瑶族汉化的程度不断提高。虽然瑶族在日常生活、生产、语言以及服饰等方面与汉族存在诸多差异，但在长期的交流过程中，瑶族文化在社会价值、观念体系、宗教信仰、建筑特

---

①　黄大维，卢健. 瑶族村寨文化景观遗产的历史文化价值[N]. 中国旅游报，2012-09-14.

点等方面也表现出与汉族文化有诸多的相似性，如村落布局、建筑形态、建筑空间、建筑材料、施工做法、装饰图案等，都与当地汉族村落和民居有许多相同之处。

第三节　湘江流域传统村落空间分布与选址环境特点

一、湘江流域传统村落区域分布特点与主要原因

在住房和城乡建设部、文化和旅游部、国家文物局、财政部等六部门公布的五批"中国传统村落名录"中，湖南省共有 658 个。其中，湘江流域共有222 个（含 13 个国家级历史文化名村），主要分布在湘南郴州地区和永州地区，衡阳地区较多，其他地区很少（表 2-3-1）。

表 2-3-1　湘江流域传统村落区域分布概况

市域名称	村落数量（个）	市域名称	村落数量（个）	市域名称	村落数量（个）	市域名称	村落数量（个）
岳阳市	4	湘潭市	3	娄底市	5	郴州市	90
长沙市	3	株洲市	4	衡阳市	28	永州市	85

湘江流域传统村落区域分布明显不均的主要原因，可以从地区历史移民情况等方面进行分析。

明清时期，湖南民籍移民主要发生在湘中和湘北地区。如民国二十一年贵州省《平坝县志》民生志·第一·人口篇载："明洪武二十三年，以宣德侯长子金镇袭指挥职，于时苗夷远窜，地广人稀。诏以湖广、长沙等处余丁，三户抽一，以实其地，分隶五所，列五十屯。平坝卫屯军原额五千四百户……自此以后，友朋亲戚，招致援引，汉人之来居者源源不绝矣。"民国十九年四川省云阳县《云阳涂氏族谱》卷首·序载："清雍、乾年间，湖南北人率溯江西上，徙家受田不数，传蔚为大姓巨室者，所在皆有。"张国雄等人研究指出，

在明清时期的"湖广填四川"移民运动中，两湖向外移民主要在长江流域东西方向上进行，具有明显的长江流域内由东向西移动的特点；从自然地理区看迁出地的分布，两湖向外移民主要来自鄂东低山丘陵和沿江平原、湘中丘陵盆地（包括涟邵石灰岩丘陵盆地）、江汉—洞庭平原这样一些以江西为主的外省人迁入时间早、数量多，而且经济发展水平高的地区；在湖南省内，常德、长沙、衡州、宝庆、永州（主要是北部丘陵地区）五府为主要的迁出地；岳州、郴州和永州南部山区等地迁出人口较少①。谭其骧、曹树基等人研究指出，在明清时期的"江西填湖广"的移民运动中，移入湘北地区的氏族主要来自南昌府；移入长沙地区的氏族主要来自吉安府，来自南昌府的次之；移入湘中地区的氏族主要来自吉安府。明洪武时期，从湖南全区的情况看，由江西吉安府移入湖南的氏族数占所有江西省移民入湘氏族数一半以上，主要进入湖南宝庆府和常德府，由南昌府移入湖南的氏族数却只有吉安府移民入湘的二分之一，主要进入长沙府②。石泉、张国雄研究指出，明清时期由江西移民入湘存在明确的三条路线：修水—平江、袁州（今宜春）—醴陵、吉安—茶陵，这三条路线由北向南呈东西向排列：赣北移民主要迁入湘北，赣南移民主要迁入湘南。另外，有部分移民借助船只溯长江而上，经洞庭湖进入湖南。这四条路线的分布，是塑造江西移民迁入湖南、湖北呈不同地理特征的基础③。

　　总体上说，在元、明、清时期的湖南民籍移民中，湘中低山—丘陵盆地、湘北丘陵—平原的迁出和迁入的人口数量最多。以元末明初（洪武年间）湖南外来移民的氏族数和人口占比为例，在移入湖南地区的853个氏族中，湘北地区有38个（占地区总人口的10%），湘南地区有56个（占地区总人口的18.3%），湘西地区有94个（占地区总人口的25.1%），湘中地区（长沙府、常德府、宝庆府）有665个（占地区总人口的42.5%），其中长沙府外来移民占地区总人口的51%，常德府外来移民占地区总人口的29.7%，宝庆府外来移民

　　① 张国雄，梅莉. 明清时期两湖移民的地理特征[J]. 中国历史地理论丛，1991(04)：77-109. 张国雄. 明清时期的两湖移民[M]. 西安：陕西人民教育出版社，1995：68.
　　② 谭其骧. 中国内地移民·湖南篇[J]. 史学年报，1932：102-104. 曹树基. 中国移民史（第五卷：明时期）[M]. 福州：福建人民出版社，1997：126-127.
　　③ 石泉，张国雄. 明清时期两湖移民研究[J]. 文献，1994(01)：70-81.

占地区总人口的 25.2%①。

　　湘中和湘北地区是湘江流域在元、明、清时期"移民入湘"的重点区域，移民对地区居民家族文化的影响是不同的。居民的迁出和迁入，致使该地区的居民构成发生巨大变化，宗族体系处于不断重建之中。移入的居民家族结构简单，家族文化发展较慢。而湘南和湘东地区，尤其是湘南山区，大面积的集中移民量相对较小，"世居"的居民较多，聚族而居的大家族较多，村落规模较大，家族文化发展较好。加之由于地处山区交通不便，过去与外界的交流较少，改革开放后经济发展较慢，所以保留的传统村落较多。可以说，历史时期的移民运动对湘江流域内的区域居民家族结构和宗族体系的不同影响，以及后期地区经济发展的不平衡是湘江流域现存传统村落区域分布明显不均的主要原因。湖南地区民间建祠祭祖本已历史悠久，到明清时期已盛行，所以传统村落中现存传统祠堂建筑也较多。

二、湘江流域传统村落选址的环境类型与特点

　　湘江流域地形地貌的基本特点是上游段为高山—盆地地貌，中游段为低山—丘陵地貌，下游段为丘陵—平原地貌。根据村落所处位置的地形地貌，可以将湘江流域传统村落的选址环境类型分为平地村落、坡地村落和山地村落三种类型（表 2-3-2）。

表 2-3-2　湘江流域传统村落选址环境类型及其特点

类型	平地村落	坡地村落	山地村落
地形特征	以平地为主，地势较平坦	以坡地为主，沟壑较多	以山地为主，地形起伏大
村落规模	较大	较小	小
村落形态	规整	局部规整	沿山坡散点分布
生活条件	较好，交通方便	较好，交通较方便	艰苦，交通不便

---

　　① 曹树基. 中国移民史（第五卷：明时期）[M]. 福州：福建人民出版社，1997：125-126.

(一)平地村落

平地村落广泛分布于湘江流域,根据村落周边的山、水环境特点,又分为四周田垌式、依山傍水式和沿水沿路拓展式三种类型。村落中街巷平直,祠堂等公共建筑位于村落中间或村落前方。

①四周田垌式村落数量相对较少,村落地势较平坦,村落整体形态较为规整,四周较为开阔,对外交通方便。如岳阳市平江县虹桥镇平安村冠军大屋、上塔市镇黄桥村黄泥湾叶家大屋,株洲市炎陵县三河镇霍家村,郴州市宜章县黄沙镇五甲村、资兴市程水镇石鼓村程氏大屋、三都镇辰冈岭村木瓜塘组、汝城县卢阳镇东溪上水东"十八栋"村、土桥镇广安所村、土桥村、香垣村、金山村、苏仙区栖凤渡镇朱家湾村,衡阳市衡东县荣桓镇南湾村、衡南县宝盖镇宝盖村、耒阳市仁义镇罗渡村,永州市祁阳县羊角塘镇泉口村、大忠桥镇蔗塘村、进宝塘镇枫梓塘村、潘市镇侧树坪村、道县清塘镇土墙村、江永县粗石江镇城下村、宁远县天堂镇大阳洞张村、新田县三井乡谈文溪村郑家大院,娄底市涟源市杨市镇建新村师善堂与存厚堂、孙水河村云桂堂等(图2-3-1～图2-3-14)。

图 2-3-1　平江县平安村冠军大屋俯视图

（来源：平江县住建局）

图 2-3-2　宜章县五甲村鸟瞰图

（来源：作者自摄）

图 2-3-3　资兴市石鼓程氏大屋俯视图

（来源：李力夫摄）

图 2-3-4　资兴市冈岭村木瓜塘组俯视图

（来源：李力夫摄）

图 2-3-5　汝城县广安所村俯视图

（来源：作者自摄）

图 2-3-6　汝城县土桥村

（来源：作者自摄）

a）俯视图

b）总平面图

图 2-3-7　苏仙区朱家湾村

（来源：苏仙区住建局）

图 2-3-8　衡东县南湾村俯视图

（来源：衡东县住建局）

图 2-3-9　衡南县宝盖村局部俯视图

（来源：王立言摄）

图 2-3-10　祁阳县泉口村俯视图

（来源：祁阳县住建局）

图 2-3-11　祁阳县枫梓塘村

（来源：祁阳县住建局）

图 2-3-12　祁阳县侧树坪村鸟瞰图

（来源：祁阳县住建局）

图 2-3-13　道县土墙村

（来源：道县住建局）

图 2-3-14　江永县城下村

（来源：江永县住建局）

　　②依山傍水式村落数量相对较多，村落多选址于山脚地形较为平整的地段，环山而筑，村前有河流、溪流或较大水塘，形成"门前良田屋后树，村头小溪村后山"的村落空间格局。村落主体形态较为规整，对外交通方便。如长

沙市浏阳市龙伏镇新开村沈家大屋、金刚镇清江村桃树湾刘家大屋、大围山镇东门村锦绶堂涂家大屋、郴州市汝城县马桥镇高村、苏仙区坳上镇坳上村、苏仙区良田镇两湾洞村、宜章县莽山乡黄家塝村、黄沙镇千家岸村、白沙圩乡才口村、资兴市程水镇星塘村、三都镇辰冈岭村黄昌岭组与三元组、临武县汾市镇南福村、衡阳市常宁市罗桥镇下冲村、耒阳市上架乡珊钿上湾村、衡东县甘溪镇夏浦村、永州市东安县横塘镇横塘村、祁阳县白水镇竹山村灰冲王家大院、宁远县湾井镇久安背村、路亭村、江永县夏层铺镇上甘棠村、上江圩镇桐口村、道县乐福堂乡龙村、新田县金盆圩乡河三岩村等（图 2-3-15～图 2-3-23）。

图 2-3-15 浏阳市东门村涂家大屋俯视图
（来源：作者自摄）

图 2-3-16 汝城县高村俯视图
（来源：作者自摄）

图 2-3-17 郴州市良田镇两湾洞村俯视图
（来源：郴州市住建局村）

图 2-3-18 宜章县千家岸村俯视图
（来源：作者自摄）

图 2-3-19 临武县南福村

（来源：临武县住建局）

a) 俯视图

b) 李氏宗祠

图 2-3-20 宁远县久安背村与李氏宗祠（来源：永州市文物管理处）

a) 远观

b) 王氏宗祠

图 2-3-21 宁远县路亭村与王氏宗祠（来源：作者自摄）

图 2-3-22　江永县桐口村

（来源：江永县住建局）

图 2-3-23　新田县河三岩村

（来源：李力夫摄）

　　③沿水沿路拓展的村落多在过去的水陆交通线附近，村落沿水沿路带状发展，对外交通方便。如衡阳市常宁市白沙镇上洲村、衡东县草市镇草市村、永州市道县祥霖铺镇田广洞村、祁阳县潘市镇柏家村、道县桥头镇庄村、宁远县湾井镇下灌村和清水桥镇平田村，郴州市永兴县油麻乡柏树村，岳阳市汨罗市长乐镇长新村等（图 2-3-24～图 2-3-31）。上洲村地势较平坦，东部紧邻春陵河（北注湘江），广州至湘北的茶马古道从村中穿过，自古为湘南通往各地的重要关隘。草市村位于洣水南岸，东北为永乐江、洣水及草市河三江交汇处。田广洞村地势较平坦，呈团状分布，村前是通往道州和江永县的古道（湘桂古道）。庄村东侧紧邻㳟水河，古驿道穿村而过。下灌村东、西、南三面环山，建在船形台地上，南高北低，沿冷江河呈带状分布村落过去是中原到湖南后通往九嶷山（之后可再往广东）的必经之地，村前冷江河与村后灌溪（东江）河在下游交汇，有沐溪穿村而过。平田村地势较平坦，呈团状分布，村前有

图 2-3-24　常宁市上洲村俯视图

（来源：常宁市住建局）

图 2-3-25　祁阳县柏家村俯视图

（来源：祁阳县住建局）

图 2-3-26　道县庄村俯视图（来源：道县住建局）

图 2-3-27　宁远县平田村 2015 年测绘图（来源：宁远县住建局）

图 2-3-28　宁远县平田村俯视图

（来源：宁远县住建局）

图 2-3-29　永兴县柏树村俯视图

（来源：永兴县住建局）

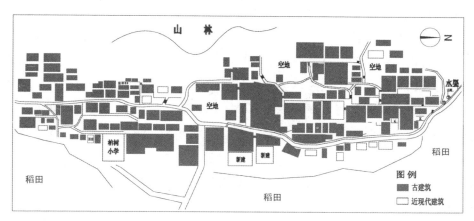

图 2-3-30　永兴县柏树村 2015 年测绘图（来源：永兴县住建局）

图 2-3-31　汨罗市长新村俯视图（来源：汨罗市住建局）

春河和永州之宁远的古道。柏家村南侧紧邻湘江。柏树村建在山脚台地上，南高北低，村前曲水相绕，村中的穿村大道过去为古驿道。长新村南侧为汩水，古驿道穿村而过，古驿道与众多街巷组成了"丰字"形村落道路骨架。

(二)坡地村落

坡地村落主要分布于湘南山区次级台地上，村落沿坡地等高线自下往上布局，村前为水塘(或河流)、田垌，适应地区气候特点，村落主体空间形态多为行列式，交通较方便。如株洲市茶陵县桃坑乡双元村，郴州市北湖区安和街道新田岭村、北湖区鲁塘镇陂副村、苏仙区栖凤渡镇正源村、永兴县的金龟镇牛头村、马田镇邝家村、高亭乡板梁村、桂阳县正和镇阳山村、洋市镇庙下村、黄沙坪镇大溪村、龙潭街道昭金魏家村溪里组、汝城县马桥镇外沙村、宜章县黄沙镇沙坪村、里田镇龙溪村、杨梅山镇月梅村、资兴市清江乡加田村老屋组，衡阳市耒阳市余庆街道办事处水口村，永州市道县祥林铺镇田达头山村、零陵区大庆坪乡芬香村、宁远县禾亭镇小桃源村、太平镇城盘岭村、中和镇岭头村、冷水镇骆家村、禾亭镇琵琶岗村、双牌县五里牌镇塘基上村胡家大院、祁阳县潘市镇龙溪村李家大院、江永县松柏瑶族乡建新村、兰溪瑶族乡新桥村和棠下村、潇浦镇何家湾村、桃川镇大地坪村、夏层铺镇高家村、新田县石羊镇乐大晚村、厦源村，娄底市涟源市三甲乡铜盆村(世业堂、务三庄、步三庄三处建筑群)等(图2-3-32～图2-3-55)。

图2-3-32　茶陵县双元村俯视图　　　图2-3-33　北湖区新田岭村俯视图

（来源：北湖区住建局）　　　　　（来源：北湖区住建局）

a）鸟瞰图（来源：作者自摄）　　　　　　b）俯视图（来源：北湖区住建局）

图 2-3-34　北湖区陂副村

图 2-3-35　永兴县板梁村俯视图（来源：作者自摄）

图 2-3-36　桂阳县阳山村俯视图　　　　　图 2-3-37　桂阳县庙下村俯视图

（来源：作者自摄）　　　　　　　　（来源：湖南省住建厅）

a)俯视图   b)骆氏宗祠内戏台

图 2-3-38   桂阳县大溪村与骆氏宗祠内戏台(来源：作者自摄)

图 2-3-39   桂阳县昭金魏家村溪里组俯视图(来源：作者自摄)

a)鸟瞰图   b)朱氏家庙

图 2-3-40   汝城县外沙村与朱氏家庙(来源：作者自摄)

a)俯视图

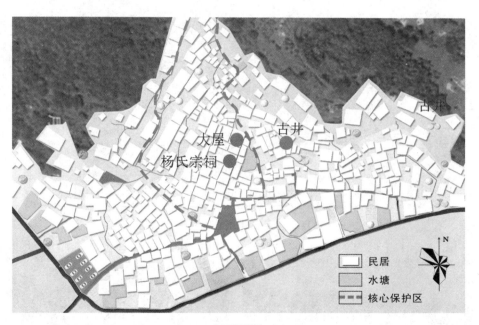

b)平面图

图 2-3-41　**宜章县月梅村**（来源：宜章县住建局）

图 2-3-42　资兴市加田村老屋组

（来源：作者自摄）

图 2-3-43　耒阳市水口村俯视图

（来源：北湖区住建局）

图 2-3-44　道县田达头山村俯视图（来源：道县住建局）

图 2-3-45　永州零陵区芬香村俯视图

（来源：零陵区住建局）

图 2-3-46　宁远县小桃源村俯视图

（来源：作者自摄）

图 2-3-47　宁远县盘岭村俯视图

（来源：宁远县住建局）

图 2-3-48　宁远县岭头村俯视图

（来源：宁远县住建局）

图 2-3-49　宁远县琵琶岗村俯视图

（来源：作者自摄）

图 2-3-50　双牌县塘基上村胡家大院

（来源：作者自摄）

图 2-3-51　江永县棠下村俯视图

（来源：江永县住建局）

图 2-3-52 江永县何家湾村俯视图

（来源：江永县住建局）

图 2-3-53 江永县高家村俯视图

（来源：江永县住建局）

图 2-3-54　新田县厦源村俯视图

（来源：新田县住建局）

图 2-3-55　涟源市铜盆村世业堂组

（来源：涟源市住建局）

(三）山地村落

湘江流域现存山地村落较少，分布于湘南与湘东地区。湘南尤其是永州地区，过去多居深山大岭中的瑶族人民，在中华人民共和国成立后逐渐搬迁到山下或山外定居。山地村落规模相对较小，分布较为散落，无特别显著的规律，总体上呈现出"大分散、小集聚"的分布特征，对外交通极为不便。如永州市宁远县九嶷山瑶族乡牛亚岭村（图 2-3-56～图 2-3-59）、永兴县高亭乡东冲村（图 2-3-60），株洲市醴陵市东堡乡沩山村谢家湾组、荷莲组与钟鼓塘组（图 2-3-61）等。

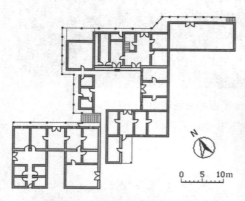

图 2-3-56　牛亚岭瑶寨平面图

（来源：永州市文物管理处）

图 2-3-57　牛亚岭瑶寨局部远景

（来源：作者自摄）

图 2-3-58　牛亚岭瑶寨局部近景

（来源：作者自摄）

图 2-3-59　牛亚岭瑶寨内院与树皮屋

（来源：作者自摄）

图 2-3-60 永兴县东冲村局部图   图 2-3-61 醴陵市沩山村钟鼓塘组

（来源：作者自摄）   （来源：醴陵市住建局）

　　另外，有的村落位于山谷之中，四周环山，耕地面积很少，对外交通极为不便。如醴陵市东堡乡沩山村月形湾与卢家湾组（图 2-3-62）、祁阳县七里桥镇云腾村（图 2-3-63）等。

图 2-3-62 醴陵市沩山村卢家湾组   图 2-3-63 祁阳县云腾村

（来源：醴陵市住建局）   （来源：醴陵市住建局）

三、湘江流域传统村落选址的风水环境特点

（一）中国传统建筑选址风水环境的基本特点

1. 山川形胜，形意契合

　　中国自古就十分注重城乡与自然山水要素的亲和与共生关系，选址时多关注周围山水的自然形态特征，称山川地貌、地形地势优越，便于进行军事防御的山水环境格局为"形胜"。《荀子·强国》云："其固塞险，形势便，山林川谷美，天材之利多，是形胜也。"即将"形胜"环境特征归结为地势险要，交

通便利，林水资源充沛，山川风景优美等。"形胜"在 1980 年版的《辞源》中解释为："一是地势优越便利，二是风景优美"；在 2009 年版的《辞海》中解释为："地理形势优越……亦指山川胜迹"；在 2019 年版的《现代汉语词典》中解释为："地势优越"。与传统"相土"思想相比，"形胜"思想已将其对地理环境的考察，进一步扩大到宏观的山川形势，并强调形与意的契合境界①。

中国古代城乡选址多强调有形美境胜的天然山水环境作为凭恃。古人创建都邑，必取乎形胜，先论形胜而后叙山川。"天时不如地利。"《周易》说："天险，不可升也。地险，山川丘陵也。王公设险，以守其国。"《孙子兵法·计篇》云："天者，阴阳、寒暑、时制也。地者，远近、险易、广狭、生死也。"其《孙子兵法·地形篇》又云："夫地形者，兵之助也。"形胜的山水环境格局为城乡的生态安全提供了"天然屏障"，使城乡的军事、生产与生活，以及对胁迫（如自然灾害）的恢复力得以维持。

先秦的"形胜"思想对后世影响很大。秦列名"战国七雄"，东逼六国，正是因其居关中形胜之地。西汉建都长安，除了考虑关中沃野千里，物产丰富和交通便利等条件外，主要就是看中了"秦地被山带河，四塞以为固""可与守近，利以攻远"的军事地理条件。魏晋以后，"形胜"思想与从传统的堪舆、形法中独立成型的风水思想一道，影响了城市和村落的选址与建设，"枕山，环水，面屏"是中国古代城市和村落选址的基本模式。历史上，长安、洛阳与南京等城市的选址与建设，均是这一模式选择的结果。

2. 崇尚自然，风水格局

中国传统民居总是和环境合为一体的，现存传统村落的居住环境是先民们追求自然与生态环境意向的集中体现。民居建筑"或临河沿路，或依山傍水……可以说，民居建筑是最早的一种强调人与环境的和谐一致的建筑类型。中国传统民居所追求的环境意向以崇尚自然和追求真趣为最高目标，以得体合宜为根本原则，以巧于因借为创造手法。"②

中国的先民们早就注意到"天时、地利、人和"的协调统一。崇尚自然，

---

① 单霁翔. 浅析城市类文化景观遗产保护[J]. 中国文化遗产，2010(02)：8-21.
② 陆元鼎. 中国民居建筑(上)[M]. 广州：华南理工大学出版社，2003：74.

喜爱自然，视人和天地万物紧密相联，不可分割，是中国自古以来的传统。古代聚落选址重视环境，注重人与自然的和谐发展，是中国传统建筑文化的独特表现。无论是《周易·乾卦》的"夫大人者，与天地合其德，与日月合其明，与四时合其序，与鬼神合其吉凶。先天而天弗违，后天而奉天时。"还是儒家的"天人合一""上下与天地同流"（《孟子·尽心》），或者是道家的"自然无为""人法地，地法天，天法道，道法自然"（《道德经·道经第二十五章》），"天地与我并生，而万物与我为一"（《庄子·齐物论》）等，都以人与大自然之间的亲和、协调意识作为哲学基础[①]。表现在建筑上，则是聚落选址背山面水；建筑布局结合自然，负阴抱阳，自然发展。水在中国哲学中代表生命和好运，代表财富，能洗涤邪恶和晦气，带来永恒的力量，是吉祥的象征。

　　"风水术"或"堪舆学"，是中国古代先人对环境的感应和优化选择。讲究风水是中国古代城市和建筑选址与布局的重要思想，是中国传统建筑文化的独特表现，对城市和建筑的选址与布局影响深刻。中国传统"建筑"风水学大体分形势派和理气派，两者都遵循如下三大原则：天地人合一原则、阴阳平衡原则和五行相生相克原则。形势派注重觅龙、察砂、观水、点穴和取向五大形势法（即风水学选址的五大步骤），认为在风水格局中，龙要真、砂要秀、穴要的、水要抱、向要吉。在形势派的所有环绕风水穴的山体中，所谓的"四神砂"最为重要，按风水穴的四个不同方位，分别以青龙、白虎、朱雀和玄武四象与之对应（图2-3-64）。而理气派注重阴阳、五行、干支和九宫八卦等相生相克理论，《内经》中的"九宫八风"（图2-3-65）是其理论依据。形势派和理气派对"建筑"场中的"穴"都讲究有山环水抱之势，认为"山环水抱必有气""山环水抱必有大发者"。

---

　　① 周维权. 回顾与展望[C]//顾孟潮，张在元. 中国建筑评析与展望. 天津：天津科学技术出版社，1989：213-215.

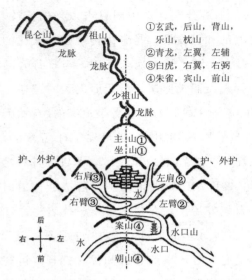

昆仑山
祖山
龙脉
龙脉
少祖山
龙脉
主山①
坐山①
护、外护
护、外护
右肩③
左肩②
水
右臂③
左臂②
后
右
左
前
案山④
水口山
水
水口
朝山④
①玄武，后山，背山，乐山，枕山
②青龙，左翼，左辅
③白虎，右翼，右弼
④朱雀，宾山，前山

图 2-3-64　**风水格局中城乡建筑最佳选址**

（来源：于希贤《法天象地》，2006）

东南
巽
阴洛宫
弱风
立夏
四
南
离
上天宫
大弱风
夏至
九
西南
坤
谋风
玄委宫
立秋
二
震
仓门宫
东
婴儿风
春分
三
中央
招摇宫
五
兑
刚风
仓果宫
西
秋分
七
八
艮
天留宫
凶风
立春
东北
一
坎
叶蛰宫
大刚风
冬至
北
六
乾
折风
新洛宫
立冬
西北

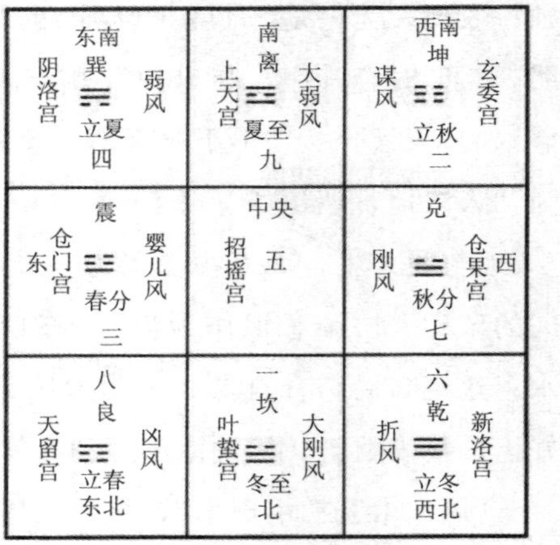

图 2-3-65　**“九宫八风”图**

（来源：于希贤《法天象地》，2006）

《水龙经·气机妙运》云：“气者，水之母；水者，气之子。”东晋郭璞的《葬经》曰：“气乘风则散，界水则止。……风水之法，得水为上，藏风次之。”藏风得水是风水环境模式的两个关键性的要求。古人认为，藏风能聚气，气蕴于水中，气随水走，水为生气之源，得水能生气。《管子·水地》曰：“水者，何也？万物之本原也。”“水者，地之血气，如盘脉之流通也，故曰水具材也”。《葬经》曰：“葬者，藏也，乘生气也。夫阴阳之气，噫而为风，升而为云，降而为雨，行于地中而为生气”（图 2-3-66、图 2-3-67）。这种理想的人居环境主要由山和水构成。《管氏地理指蒙》曰：“水随山而行，山界水而止。其界分域，止其逾越，聚其气而施耳。水无山则气散而不附，山无水则气寒而不理。……山为实气，水为虚气。土愈高其气愈厚，水愈深其气愈大。土薄则气微，水浅则气弱。”历代风水理论都认为“地理之道，山水而已”“吉地不可无水”，所以“寻龙择地须仔细，先须观水势”“未看山，先看水，有山无水休寻地，有水无山料可载。”（《三元地理水法》）这种风水环境观，体现在中国传统城市和建筑的选址布局、土地利用、空间结构、营建技术、地理环境等各个方面，体现了中国古代朴素的生态精神，体现了传统哲学观念和生态观念的有机统一。

自古以来，中国东、南地区的建房择地选址，对风水的讲究尤为突出，以山为"龙脉"，以水来"聚气"，枕山襟水是其风水模式之一。

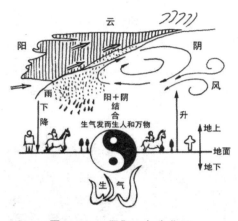

图 2-3-66　阴阳二气变化图

（来源：于希贤《法天象地》，2006）

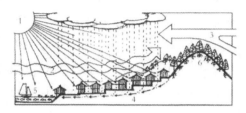

1. 良好日照；2. 接收夏日凉风；

3. 屏挡冬日寒流；4. 良好排水；

5. 便于水上联系；

6. 水土保持调节小气候

图 2-3-67　建筑朝向的生态效应

（来源：王其亨《风水理论研究》，1992）

（二）湘江流域汉族传统村落的风水环境实例

湘江流域传统村落和大屋民居选址非常讲究风水，尤其是传统大屋民居建筑，重视山川形胜和风水环境，注重人与自然的和谐发展，生态环境优美，人居环境与自然环境共生、共存，和谐发展。这里以湘北的张谷英村、黄泥湾叶家大屋，以及湘南的上甘棠村和干岩头村为例。

1. 张谷英村的风水环境

张谷英村建筑群位于岳阳县张谷英镇东侧，距岳阳县城 52km。古建筑群自明洪武四年（1371 年），由始祖张谷英起造，经明清两代多次续建而成，至今保持着明清传统建筑的风貌。张谷英大屋由当大门、王家塅、上新屋三大群体组成。现为中国历史文化名村，国家重点文物保护单位。

张谷英大屋整体坐北朝南，四面环山，负阴抱阳，呈围合之势，形成天然屏障。地势北高而南低，山川形胜，属于"四灵地"："（左）青龙蜿蜒，（右）白虎顺伏，（前）朱雀翔舞，（后）玄武昂首。后山（即玄武）'龙形山'，来脉远接'盘亘湘、鄂、赣周围五百里'的幕阜山，雄阔壮美，气韵悠远。站在村口，极目四望，只见：左山（即青龙）蜿蜒盘旋，时而视线为山丘所阻，时而隐约一鳞半爪，于树林掩映之中'神龙不见首尾'；右山（即白虎）有一股雄性的力量之美，高大壮阔，线条圆浑简练，若以象形观之，确有猛虎蛰伏金牛下海之相；前山（即朱雀）当文昌笔架山，挺拔俏丽，树木葱茏，晨光夕照之中，宛若孔雀开屏。并且前面山脚有一条笔直的大路直通峰间，酷似一支如椽巨笔直搁在笔架山上，笔架山下有一四方湖泊（即桐木水库）象征着'砚池'。前人诗云：'山当笔架紫云开，天然湖泊作砚台。子孙挥动如椽笔，唤得文昌武运来。'"①四周的山峰，像四片大花瓣，簇拥着这片建筑，很适于"藏风聚气"（图2-3-68～图2-3-70）。

图 2-3-68　鳞次栉比的张谷英村古建筑群及屋前环境

（来源：作者自摄）

图 2-3-69　张谷英村全貌

（来源：湖南省住房和城乡建设厅《湖南传统建筑》，2017）

---

①　孙伯初. 天下第一村［M］. 长沙：湖南文艺出版社，2003：10.

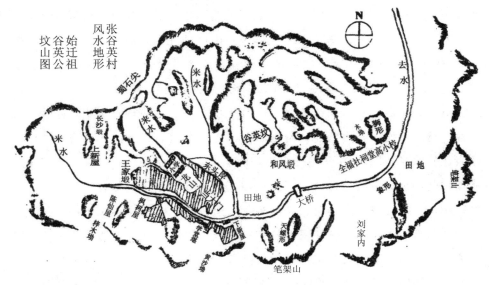

图 2-3-70　张谷英村地形略图

（来源：《张谷英族谱》）

大屋背依"龙身"，正屋当大门处在"龙头"前面，门前是开阔平整的庄稼地。有渭洞河水横贯全村，俗称"金带环抱"，河上原有石桥58座。当大门正对的中堂朝向前面群山的开口，与当大门不在同一轴线上。"当大门正堂屋的大门稍稍往东侧出一个角度朝向东南方向的桐木坳（风水要求'坟对山头户当坳'谓之聚风聚气）。"①

　2. 黄泥湾叶家大屋的风水环境

　黄泥湾叶家大屋位于岳阳市平江县上塔市镇黄桥村，距岳阳张谷英大屋约50km。整个黄桥村300余户全都姓叶。据《叶氏族谱》记载，明清此地已称为叶家洞，始祖于明洪武25年（1392年）始迁平江县，择居燕额岭，世代之创建。现存的黄泥湾叶家大屋据说始建于清嘉庆二十二年（1817年），当时占地约5 000m²，现存主体建筑占地3 000m²左右，目前仍有近20间主卧与厢房保存基本完好。

　黄泥湾叶家大屋所在黄桥村生态环境很似张谷英大屋。黄桥村坐落在冬

---

① 张灿中. 江南民居瑰宝——张谷英大屋[M]. 长春：吉林大学出版社，2004：86.

桃山下，对望张师山，三面群山环绕，呈瓶颈状，易守难攻。村域内水源丰富，是汨罗江支流发源地之一。大屋坐东南朝西北，背山面水。《叶氏族谱》云："先祖度山川之锦绣，选风俗之纯良而卜基，故洞中胜景万千，古迹尤多。幕阜山二十五洞天圣地，红花尖即为余脉。昌江水三十里，流声不响，白沙岭是其泽源。东观山排紫气，南眺土出黄泥，右是坳背虎踞，左为游家龙盘。塝上无塝，只因屋连；洞里非洞，皆属车通。界头面邻北省（湖北省，笔者注），楼房不少，桥头地处中心，店铺尤多，大屋更大，新屋仍新，五马奔槽。羡柳金之富有，莲花活现，观巉上之风光，龟形蛇形，惟妙惟肖。拱桥松柏，古色古香。太子桥、斑鸠桥，旧痕仍在。石马庙、关帝庙，遗迹可寻。公路沿溪水而上，有如银色彩带；学校伴拱桥而立，形似泼墨丹青。傅家岭松涛滚滚，国华丘稻浪滔滔。山林果盛，水库鱼肥。又竹垅仙拇，石马寒湫。古神仙之遗迹，蜈蚣折口，狮子昂头，大自然之朽成。更如燕岩若燕、狮岩如狮、马踏尖之蹄印、豪头岭之凉亭，天然合人工一色，新创与古迹相辉，胜景如画，赞前人择地之优良，锦上添花，志后代创业之艰辛，乡土可爱。"由此可见，整个黄桥村和黄泥湾叶家大屋的选址山川形胜，风水格局良好（图 2-3-71～图 2-3-73）。

图 2-3-71　平江县黄桥村的地形环境

（来源：作者自摄）

图 2-3-72　叶家大屋早期俯视图

（来源：平江县住建局）

图 2-3-73　叶家大屋现状俯视图

（来源：作者自摄）

3. 上甘棠村的风水环境

上甘棠村位于江永县城西南 25km 的夏层铺镇，始建于唐太和二年（827年），是湖南省目前为止发现的年代最为久远的古村落之一。全村除少数人家是 1949 年后迁入该村的异姓外，其他都是周氏族人。现存古民居 200 多栋，其中清代民居有 68 栋，400 多年的古民居还有七八栋。现为中国历史文化名村，国家重点文物保护单位。

上甘棠村聚族而居，民居屋场选址依山傍水，坐东朝西，四周青山环绕，负阴抱阳呈围合之势，建筑与自然阴阳和谐，体现了屋主对自然山水的热爱。村后是逶迤远去的屏峰山脉（滑油山），村左是挺拔翠绿的将军山、造型小巧别致的步瀛桥和庄重高耸的文昌阁，村右有峻峭毓秀的昂山，村前是由东向西曲流而下的谢沐河（谢水与沐水汇合），河的对岸是大片的沃野良田（图 2-3-74）。周氏宗祠位于村落左侧入口处。

a）村前俯视图   b）村后俯视图

图 2-3-74   上甘棠村俯视图（来源：作者自摄）

    村后滑油山下，汉武帝元鼎六年（前 111 年）至随开皇九年（589 年）的古苍梧郡谢沐县县衙遗址今天还清晰可见。20 世纪 80 年代，在这里发现大量汉代砖瓦、陶瓷及其他古遗址。

    村左将军山脚下的月陂亭相传为唐代征南大元帅周如锡读书处，亭旁石壁上刻有文天祥的行书"忠孝廉節"四个大字，共有记载历史变迁的摩崖石刻 27 方。文昌阁始建于宋代，重修于明万历四十八年（1620 年），坐南朝北，历史上其东侧曾建有濂溪书院，左侧是前芳寺，右侧是龙凤庵，前有戏台，后有旧时湘南通往两广的驿道、凉亭（图 2-3-75）。文昌阁前的步瀛桥始建于南宋靖康元年（1126 年），桥现残存长 30m、宽 4.5m，跨度 9.5m，拱净高 5m，是湖南省目前发现的唯一的一座宋代石拱桥（图 2-3-76）。

图 2-3-75   上甘棠村古驿道上的寿萱亭   图 2-3-76   上甘棠村南札门、步瀛桥、文昌阁
        （来源：作者自摄）   （来源：作者自摄）

上甘棠村风水环境优美，整个村庄形状颇似一幅阴阳太极图，文昌阁与昂山正好构成了太极图中的阴阳两个"鱼眼"。

4. 干岩头村的风水环境

干岩头村原名涧岩头，位于永州市零陵区富家桥镇。宋代理学鼻祖周敦颐后裔于明中期迁移至此繁衍生息，故命名周家大院。周家大院始建于明代宗景泰年间（1450—1456 年），建成于清光绪三十年（1904 年）。村落占地近100 亩，总建筑面积达 35000m²，由红门楼、黑门楼、四大家院、老院子、新院子和子岩府（后人称为翰林府第、周崇傅故居）六大院组成，规模庞大。六个院落相隔 50～100m，互不相通，自成一体（图 2-3-77、图 2-3-78）。现为中国历史文化名村，国家重点文物保护单位。

图 2-3-77　干岩头村周家大院居住环境

（来源：湖南省住房和城乡建设厅《湖南传统村落（第一卷）》，2017）

a)红门楼、黑门楼、四大家院片区　　　　　b)子岩府、老院子、新院子片区

图 2-3-78　干岩头村周家大院俯视图(来源：作者自摄)

干岩头村山水环境阴阳合德，刚柔相济，静动相乘相生，典型地体现了古代建筑的风水思想：村落整体坐南朝北，依山傍水，三面环山，前景开阔。村后的龙头山，又称"锯齿岭"，岿然屹立，峰峦起伏，青翠层叠，宛若"锯齿朝天"；东边的鹰嘴岭和凤鸟岭，嵯峨抚天，状若东升之旭日，被誉为"丹凤朝阳"；西侧的青石岭，连亘起伏，自然延伸；北面开阔，为沃野良田。进水南注，贤水东来，恰如两条绿色玉带飘绕而至于村前汇合，形同"二龙相会"，尔后西流而去。村落整体平面呈北斗形状分布，子岩府位于整体布局北斗星座的"斗勺"位置上，四大家院位于"斗柄"的尾部[①]。

(三)湘江流域瑶族传统村落的风水环境实例

1. 清溪村的风水环境

清溪村位于永州市江永县城西南约 50km 的源口瑶族乡，是清溪瑶的聚居地。清溪村瑶是最早接受汉儒文化、最先学习汉农耕技术的一支瑶族队伍。唐天佑年间(926—930 年)周、蒋、田等姓的瑶族群众先后迁入清溪定居，是一个古老的千年古瑶村落。明洪武二十九年，清溪瑶接受招安，编入户籍，官授瑶田瑶户，承纳瑶粮，把守关隘，设立瑶长、瑶目管理地方事务。

清溪村在建村选址上讲究风水格局，村落四周山环水抱，环境领域感强。村落坐南朝北，南面背倚萌渚岭支脉石龙山(又名燕子山)，北向面对都庞岭，

---

① 王衡生. 周家古韵[M]. 北京：中国文史出版社，2009：5-6.

东有珠江水源"清溪源"，西有小古源，村前是一片开阔的旷野田畴（图 2-3-79），清溪村因燕子山岭间流淌出来的小溪穿村而过而得名。清澈的两源在都庞岭与桃川河交汇，转向西南，出龙虎关，注入广西西江，最后汇入珠江。

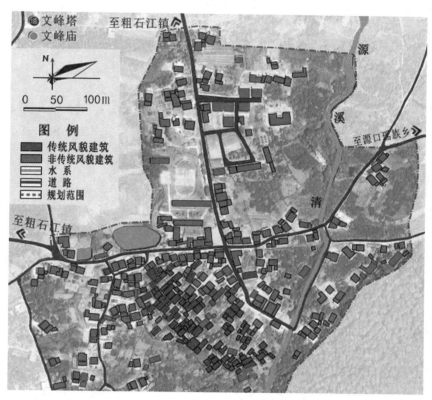

图 2-3-79　江永县清溪村总平面图

（来源：永州市文物管理处）

清溪村古村落风貌保留基本完好，村中有三坊：村东"上阁坊"，建有田家祠堂（孝友堂）；村中"围里坊"，建有蒋家祠堂；村西"下阁坊"，建有蒋氏祠堂，围里坊门楼保存完好。现有 600 余户，2 000 多人，传统民居、宗祠、亭台、池榭、书院、戏台以及寨墙、寨门、碑刻等保存较好，民居多为二层（图 2-3-80）。现存 50 余栋较为完好的清末古民居，大多采用三合天井院式空间。建筑构件装饰集中在天井两侧和堂屋前的槅扇门窗、亮子、挂落、挑枋等处，木刻内容丰富，形态逼真，惟妙惟肖，如诗书耕读、进京赶考、喜鹊登梅、农夫砍柴、闺秀探郎、鹊桥相会、姜太公钓鱼等，汇集了阳雕阴刻、浮刻镂雕等多种雕刻技艺，图案精美，形象栩栩如生。现存的木刻、碑刻、彩绘、史志等文字资料，以及宗教信仰和建筑特点表明，清溪瑶对汉文化的吸收无处不在，与汉族文化有诸多的相似性。

图 2-3-80　江永县清溪村后山俯视村落

（来源：永州市文物管理处）

为了镇风水、旺文风、启智利学业，瑶族群众于乾隆四十六年(1781 年)在村旁建造了"文峰寺"和"文峰塔"。建筑群总体占地 1 500m²，是清溪瑶读书和进行儒教、佛教的活动中心。文峰寺坐北朝南，塔寺供奉孔夫子、徐夫子，是瑶族尊孔、追崇儒家、佛教的活动场所，充分体现了居民对儒家文化、佛教文化的借鉴和吸收，是地区族群文化互动与共生的具体实例。文峰塔七级八面，总高 36m，塔身底层直径 10m，周长 33.2m，为砖石塔，内部砖砌阶梯盘旋至塔顶，相传塔身由 10 种不同的砖块砌筑。文峰塔气势宏伟，堪称"中国瑶族第一塔"。清溪村建有瑶族民俗文史馆一座。

2. 沙洲村的风水环境

沙洲村位于汝城县城西 50km 外的文明镇，村落坐东朝西，依山傍水，风景秀丽，传统风貌保存良好。村落后靠云遮雾绕的寒山高峰，左依雄奇伟岸的百丈岭，右抚险峻挺拔的雪公寨，前望俊美秀丽的笔架山，门前环流潺水河。2010 年沙洲村被评为省级生态村，现为中国历史文化名村和红色文化旅游景区。

沙洲村现保留有 41 栋古民居，以朱氏宗祠为中心，整体布局呈"行列"式，巷道、沟渠为村落的基本骨架，按照"前栋不能高于后栋，最高不能超过祠堂"的习俗建造。村落主要由祠堂、民居、古桥、古井、古庙、古巷道等构成。古民居建筑外形以"一明两暗"三开间，青砖"金包银"硬山顶为主；体量以面宽 11m，进深 8.9m 为主；巷道和排水沟用青石板、河卵石铺砌，巷道宽度多为 1.5m。民居建筑就地取材，结构简单，装饰素雅淡秀；灰墙黛瓦，屋角高起的墙头异彩纷呈；檐下饰彩绘、石雕、砖雕等，山水、人物、花鸟栩栩如生；雕花格窗与门簪等随处可见（图 2-3-81～图 2-3-84）。

图 2-3-81　汝城县沙洲村俯视图

（来源：李力夫 摄）

图 2-3-82　沙洲村民居堂屋内的神龛

（来源：作者自摄）

图 2-3-83　沙洲村祠堂与局部民居

（来源：作者自摄）

图 2-3-84　沙洲村民居居装饰组图

（来源：作者自摄）

与汉族民居村落一样，沙洲村中的祠堂等公共建筑是村落中最重要的公
共活动中心和精神中心，井台、朝门、广场是人们日常交往的活动空间，庙
宇、楣杆石等是文化旌表性物质载体。沙洲村古民居建筑在建筑空间布局、
建筑形态、建筑构造做法、建筑装饰图案、民俗文化等方面与地区汉族文化
亦有诸多的相似性，也是地区族群文化互动与共生的具体实例。

3. 井头湾村的风水环境

井头湾村位于江华瑶族自治县沱江城南约 42km 的大石桥乡，村落东枕
南北走向的"S"形龙虎山，四面青山绵延，山间田峒广阔，地沃、林茂、水
秀，宜耕、宜种、宜居。清康熙年间，蒋汝新携子蒋宗文、蒋宗易在井头湾
溪边落户。之后人丁兴旺，遂成规模。村落由老屋地、井头湾古建筑群、现
代民居等组成，占地 260 余亩，规模庞大，气势恢宏。全村 1 500 余人，全部
姓蒋，为瑶族族居村落。蒋氏先祖原住老屋地，有"十二户人家十三个顶子"
之传说。现存完好古民居 50 余栋（图 2-3-85、图 2-3-86）。

图 2-3-85　**井头湾村主体建筑局部俯视图一**

（来源：江华县住建局）

图 2-3-86　**井头湾村主体建筑局部俯视图二**

（来源：江华县住建局）

　　井头湾村位于潇贺古道上，因村南面山脚有天成之井头泉井而得名，此井水源清爽，水流量大，汩流不断，分三流成溪，蜿蜒流经全村，村庄因溪而布局，井溪时而伴建筑而流，时而穿建筑而过（图 2-3-87）。

　　井头湾村的主要民族为瑶族，村中建筑以四合院格局为主，青砖灰瓦，错落有致，为湘南地区少有的建于水面之上的独体民居群。与山区的高山瑶建筑中的吊脚楼、半边楼不同，井头湾村的民居风格是典型的平地瑶建筑，主体建筑与徽派建筑风格相似。整个村落依着水势比邻而居，是一个既有瑶族文化特色,又有江南水乡特点的古老村落。古建筑群是瑶族地区瑶汉杂居民居的典范,其建筑风格集江华平地瑶文化与广西梧州瑶文化为一体。

井头湾古民居分为两个部分,即宗文族部分和宗易族部分。宗文族部分由上屋顶民居及门楼组成,宗易族部分由三进天井屋和上下屋民居及八字门文昌楼组成(图2-3-88~图2-3-90)。三进天井屋创建于1830年至1832年,分上、中、下三座。上、下两座民居于1843年建成。两大宅院比邻而建,门庭严谨,高墙耸立,青石铺地,天井相间。宅院的梁枋、门窗、石墩、柱础、墙头等部位大多采用精湛的传统木石雕刻工艺装饰。松竹梅兰、龙凤戏珠、麒麟游宫、鲤跃龙门、喜鹊、祥云、仙鹤、仙桃、花鸟等图案,神形兼备,栩栩如生。

图2-3-87　井头湾村的榭楼

(来源:江华县住建局)

图2-3-88　井头湾村三进屋内景

(来源:江华县住建局)

图2-3-89　井头湾村的上门楼

(来源:江华县住建局)

图2-3-90　井头湾村的下门楼

(来源:黄璞 摄)

第三章 湘江流域传统村落 空间结构形态特点

受地区自然地理环境、生产和生活方式、社会经济状况、传统礼制思想、风水观念、聚居伦理等因素的影响，村落在营建过程中呈现出不同的空间形态。湖南地区很多大屋民居自成村落。根据不同的分类标准，传统村落的类型不同。考察湘江流域现存较好的传统村落的总体布局空间结构形态，我们将其划分为"丰"字式、"街巷"式、"四方印"式、"行列"式、"王"字式、"曲扇"式和"围寨"式等七种主要类型。实际上，它们之间又有交叉，有很多相同之处，如所有村落及大屋民居都以巷道地段划分聚居单位，以天井（或院落）为中心组成住宅单元；"王"字式近似"行列"式；"曲扇"式、"围寨"式等村落的内部结构也具有"街巷"式或"行列"式的特点；"街巷"式村落内部有时也体现"行列"式特点；等等。

第一节 "丰"字式

一、总体特点

"丰"字式多为大屋民居，内部空间存在明显的纵横轴线。建筑群以纵轴线的一组正堂屋为主干，横轴线上的侧堂屋为分支。正堂屋相对高大、空旷，为家族长辈使用，横轴上的侧堂屋由分支的各房晚辈使用。纵轴一般由三至五进堂屋组成。每组侧堂屋即为家族的一个分支，而一组侧堂屋中的每一间堂屋及两边的厢房即为一个家庭居所。各进堂屋之间由天井和屏门隔开，回廊与巷道将数十栋房屋连成一个整体。

"丰"字式大屋民居建筑布局主从明确、阴阳有序；空间寄寓伦理、和谐发展；建筑群组以家为单位，以堂屋为中心；强调中正与均衡。

湖南现存"丰"字式民居主要分布在湘东北和湘中丘陵地区，如岳阳县的张谷英大屋、浏阳市的沈家大屋、平江县的虹桥镇平安村冠军大屋（图 2-3-1）和上塔市镇黄桥村黄泥湾叶家大屋（图 2-3-72、图 2-3-73）、娄底市双峰县甘棠镇香花村朱家大院伟训堂（图 3-1-1）、涟源市杨市镇孙水河洄水村彭家云桂堂（图 3-1-2）等，都有明显的"丰"字式特点。以张谷英大屋为典型代表。

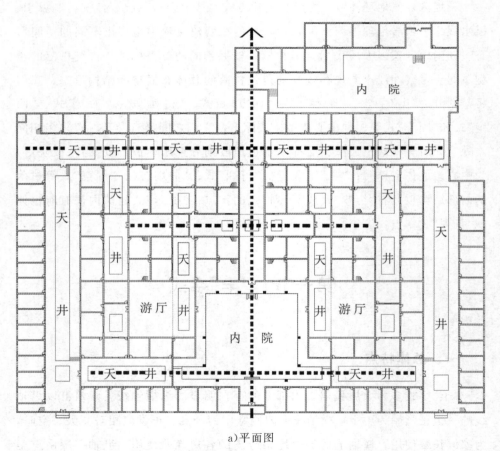

a) 平面图

图 3-1-1 双峰县香花村伟训堂（来源：双峰县住建局）

b）远观

图 3-1-1　双峰县香花村伟训堂（来源：双峰县住建局）(续)

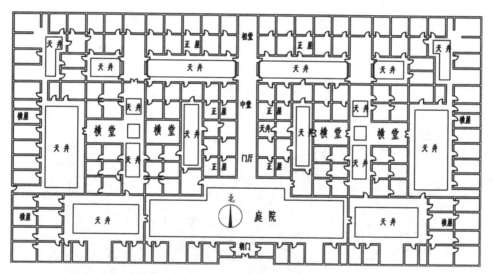

图 3-1-2　涟源市孙水河涧水村彭家云桂堂平面图（来源：王立言绘）

二、实例

（一）岳阳县张谷英大屋

岳阳县张谷英大屋的空间结构形态是典型的"丰"字式，其建设历史与建筑环境在第二章第三节已经介绍过，这里主要介绍其空间结构形态及建造特点。

聚族而居的张谷英村古建筑群由当大门、王家塅、上新屋三大群体组成，至今保持着明清传统建筑风貌。当大门是大宅的正门，正门左前方 300 多米处过去是张氏祠堂和文塔，均毁于 20 世纪 60 年代。大屋坐北朝南，占地 5 万多平方米，先后建成房屋 1 732 间，厅堂 237 个，天井 206 个，共有巷道 62 条，最长的巷道有 153m。砖木石混合结构，小青瓦屋面。

张谷英大屋总体布局体现了中国传统的礼乐精神和宗法伦理思想。张谷英大屋总体布局依地形采取纵横向轴线，呈"干支式"结构，内部按长幼划分家支("血缘关系")用房。纵轴为主干，分长幼，主轴的尽端为祖堂或上堂，横轴为分支，同一平行方向为同辈不同支的家庭用房。利用纵横交错的内部巷道联结主干和支干，巷道具有交通、防火和通风的功能，是建筑群的脉络。主堂与横堂皆以天井为中心组成单元，分则自成庭院，合则贯为一体，你中有我，我中有你，独立、完整而宁静。穿行其间，"晴不曝日，雨不湿鞋"（图 3-1-3～图 3-1-5）。

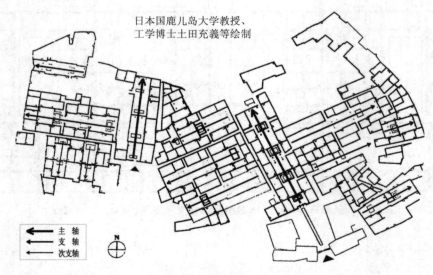

日本国鹿儿岛大学教授、
工学博士土田充义等绘制

主 轴
支 轴
次支轴

图 3-1-3　张谷英村当大门、西头岸、东头岸平面图

（来源：肖自力《古村风韵——张谷英大屋漫步》，1997）

肖自力先生称，张谷英大屋"丰"字式的布局，曲折环绕的巷道，玄妙的天井，鳞次栉比的屋顶，目不暇接的雕画，雅而不奢的用材，合理通达、从不涝渍的排水系统，堪称江南古建筑"七绝"①。

a）厅堂　　　　　　　　　　　b）天井与阁楼

图 3-1-4　张谷英大屋当大门纵轴上的厅堂与天井（来源：作者自摄）

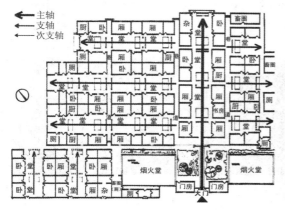

图 3-1-5　张谷英村王家塅平面图

（来源：杨慎初《湖南传统建筑》，1993）

图 3-1-6　张谷英村渭洞河与畔溪走廊

（来源：作者自摄）

　　张谷英村有渭洞河穿村而过，俗称"金带环抱"，河的两岸分别是建筑群和青石路街，河上原有石桥58座。傍渭洞河建有一条青石道长廊（名叫畔溪走廊）——渭洞街，全长500余米，临河一侧设有供休息用的吊脚栏杆、美人靠等（图3-1-6）。这里不仅是古代商贾云集的街市，还是联系江西和岳州的古驿道。青石路街和长廊古道是村中主要的外部通道，沿途可进入大屋中各个巷道和各家门户。可见，张谷英大屋的空间结构形态也具有鲜明的城市街巷

────────────────

① 肖自力. 古村风韵[M]. 长沙：湖南文艺出版社，1997.

式布局的特点。

张谷英大屋是典型的明清江南庄园式建筑群，建造技艺精湛。如王家塅入口第二道大门的左右山墙与上新屋的沿街山墙都设置金字山墙，采用形似岳阳楼盔顶式的双曲线弓子形，谓之"双龙摆尾"，具有浓厚的地方色彩（图3-1-7、图3-1-8）。内部装饰赋予情趣，题材丰富。屋场内木雕、石雕、砖雕、堆塑、彩画等装饰比比皆是，令人目不暇接。雕刻字迹、线条清晰，图纹多样，栩栩如生；彩画生动自然，能够反映生活。梁枋、门窗、隔扇、屏风、家具及一切陈设，皆是精雕细画。题材如鲤鱼跳龙门、八骏图、八仙图、蝴蝶戏金瓜、五子登科、鸿雁传书、松鹤遐龄、竹报平安、喜鹊衔梅、龙凤捧日、麒麟送子、四星拱照、喜同（桐）万年、花开富贵、松鹤祥云、太极、八卦、禹帝耕田、菊竹梅兰、琴棋书画，以及诗词歌赋、周文王渭水访贤、俞伯牙摔琴谢知音等等，雕刻精细，反映了人畜风情，绝少有权力和金钱的象征，而是洋溢着丰收、祥和、欢歌的太平景象，民族风格极浓，具有很高的艺术研究价值（图3-1-9、图3-1-10）。

图3-1-7　张谷英村王家塅入口处立面　　　　图3-1-8　张谷英村上新屋外景
　　　（来源：作者自摄）　　　　　　　　　　　（来源：作者自摄）

图3-1-9　张谷英大屋屋檐斜撑(葡孙万代)　图3-1-10　张谷英大屋内家具雕刻(周文王访贤)
　　　（来源：作者自摄）　　　　　　　　　　（来源：作者自摄）

"丰"字式大屋民居建筑规模大，对场地的要求较高，它的形成与地形、气候和民族文化传统有关。湘东北地区整体上为丘陵地貌，气候夏热冬冷。民居建筑整体布局，节约了用地。天井院落式布局有利于形成室内良好的气候环境。此地居民多为明清时期的江西移民，他们带来了"江南"和中原地区的文化和营造技术。明清时期此地战乱频繁，大屋聚族而居适应了地区社会形势的发展。

(二)浏阳市沈家大屋

1. 历史与建筑环境

沈家大屋位于浏阳市城区西北部约 50km 处的龙伏镇新开村捞刀河畔西岸，距长沙约 60km，距龙伏镇政府 3km，交通便利。

元末，当地人随陈友谅起义，沈氏祖先义重功高，以沈九郎最为英烈，被千秋纪念。由此，沈氏家族开始壮大、繁荣。据沈氏族谱记载，沈抟九祖孙三代有四人曾被诰赠为奉政大夫(正五品)，两人为奉直大夫(从五品)，是当地非常有影响的一个大户人家。

沈家大屋主体建筑保存基本完好，主体建筑永庆堂建成于清同治四年(1865 年)，大屋槽门右墙的烟砖上有"同治四年""木匠焦以成"等字刻，至今清晰可辨。

沈家大屋四周依山傍水，环境优美，其槽门前坪北侧距捞刀河 220 余米，四面皆是青山环绕，地势前低而后高，负阴抱阳呈围合之势(图 3-1-11、图 3-1-12)，南侧池塘岸边有古樟树三棵，名曰"三代樟"。在风水学的影响下，沈家大屋的建造极其注意建筑的方位以及与大自然

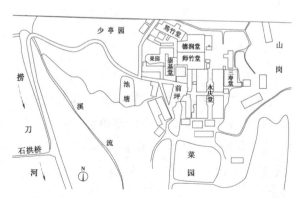

图 3-1-11　沈家大屋总平面图

(来源：廖静绘)

之间的和谐关系，例如，屋主在建造永庆堂槽门时，将其偏北 14°朝向捞刀河上游，谓"进水槽门"，寓意招财进宝(图 3-1-13、图 3-1-14)。

图 3-1-12 沈家大屋侧向俯视图(来源：作者自摄)

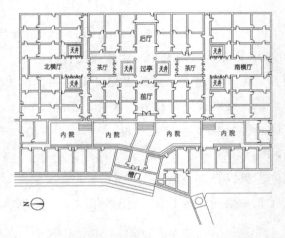

图 3-1-13 沈家大屋永庆堂平面图(来源：廖静绘)

2. 建筑布局及建造特点

(1)建筑布局特点

沈家大屋坐东朝西，清光绪年间沈抟九漆下的六个儿子筹资续建有三寿堂、师竹堂、德润堂、筠竹堂和崇基堂等，形成了一个有 17 间厅堂、20 口天井、30 多条长短巷道、20 多栋楼房、200 余间大小房屋的互相连通的古建筑群(图 3-1-15)。据传，"屋内曾一次宴客 300 桌，走兵时，足足驻下一个团。"[①]

沈家大屋占地面积超过 13 550m²，建筑面积为 8 265m²(包括已倒塌面积 576m²，计 23 间)。气势恢宏，布局严谨，屋宇相叠，廊道回环，庭院错落，

---

① 佚名. 月光下的沈家大屋[N]. 长沙晚报，2008-10-03.

"丰"字式空间结构特点明显。中轴线上的永庆堂是整个建筑群的中心，是大屋的主堂所在，依次为前厅、过亭、后厅，两侧对称地伸出一个横向分支，即横堂。主堂、横堂均由多个单元组成，同构同律（图3-1-15）。每个建筑单元，是家族的每个小家庭的住所，以房廊和巷道相联系。

图 3-1-14　**沈家大屋永庆堂过亭与后厅**

（来源：作者自摄）

图 3-1-15　**沈家大屋永庆堂过亭边天井与茶堂**

（来源：作者自摄）

（2）建造特点

沈家大屋为砖木石混合结构，小青瓦屋面。墙基由当地开采的红沙石、青砖砌成，墙体为厚实的土砖。

因为屋主经常在外做生意，所以建筑借鉴了一些苏州园林风格。大屋内的隔扇门窗等木雕装饰精美，天井照壁上中西结合的泥塑彩绘艺术精湛，民俗风格浑厚（图3-1-16～图3-1-18）。正厅高达9m，其他房屋也在8m以上。屋内正厅、横厅、十字厅、巷道、走廊等所占面积很大，而且左右对称。整体风格既区别于江浙地区文人雅士的苏州园林模式，

图 3-1-16　**沈家大屋德润堂隔扇窗**

（来源：作者自摄）

又不同于官宦士大夫深宅大院式的建筑风格，集中体现了我国古代农耕社会"家大业大，源远流长"的建筑思想，给人以空阔舒适之感。

图 3-1-17　沈家大屋永庆堂过亭枋上木刻　　　图 3-1-18　沈家大德润堂厅前门罩

（来源：作者自摄）　　　　　　　　　（来源：作者自摄）

第二节　"街巷"式

"街巷"式布局是宋代以后城市聚落空间变化的一大特点，它反映了街巷从满足城市交通功能向体现居住者人文功能的转变；反映了聚居制度从以社会政治功能为基础向以社会经济功能为基础的转变[①]。

一、中国城市聚居制度与街巷空间发展概况

据有关历史资料记载和研究文献论述，城市聚落在早期表现为以商业手工业为主要构成和散居特征的附城邑寨——城市聚居区。随着阶级分化和等级制度的加强，这种"散居型中心聚落的附城邑寨转化为等级分化的集聚型中心聚落内的里坊。在这一过程中……附城邑寨衍变成了城内的里坊；寨门、寨墙就自然地转变为坊门、坊墙"[②]。

里坊是中国封建社会城市聚居组织的基本单位，为居民居处之所，起源于秦汉，到魏晋南北朝时最终形成，并盛行于隋唐。里坊制度是古代城市的

---

①　伍国正，吴越. 传统村落形态与里坊、坊巷、街巷：以湖南省传统村落为例[J]. 华中建筑，2007，25(04)：90-92.

②　王鲁民，韦峰. 从中国的聚落形态演进看里坊的产生[J]. 城市规划汇刊，2002(02)：50-53.

营建制度，也是统治阶级为了更有效地统治城内居民而采取的管理制度。由于经济、社会的发展，唐代末期，里坊制度开始瓦解。

北宋时，取消了里坊制，城市居住区以街巷来划分空间，里坊制发展为坊巷制。"北宋晚年至南宋，在东京、平江、杭州等城市相继产生了一种新的聚居制度——坊巷制，这是一种以社会的经济功能为基础的聚居制度。所谓坊巷制，就是以街巷地段来划分聚居单位，每个坊巷内不仅有居民宅邸，还有市肆店铺，除此之外，'乡校、家塾、会馆、书会，每一里巷一二所'（《都城纪胜》）。坊巷入口处，叠立坊牌，上书坊名，坊巷内的道路与城市干道相连通，坊巷之间可以自由来往，这种坊巷按照城市居民的日常生活需要来规划功能结构以及配置服务设施。"①

元朝，城市居住区沿用了两宋的街巷式布局。以元大都为例，"城中的主要干道，都通向城门。主要干道之间有纵横交错的街巷，寺庙、衙署和商店、住宅分布在各街巷之间。"②明清的北京城在元大都的基础上进一步发展，形如栉比的胡同分散在城市大街两侧，在胡同和胡同之间配以经纬相交的城市次要街道，大小街道上散布着各种各样的商业和手工业，胡同小巷则是市民居住区。明清时期，中国城镇普遍采用街巷式布局。

二、总体特点及其适应性

湘江流域"街巷"式传统村落主要分布于湘粤和湘桂古道上，我们总结其共同特点是：①村落中有一条主街，主街一侧或两侧有市肆店铺，满足了居民的文化生活需求，街坊景观丰富。②主街一侧或两侧有支巷（主巷道）或门楼（坊门），次巷道横跨主巷道，布局紧凑，节约用地。③内部按"血缘关系"设"坊"，以巷道地段划分聚居单位（家庭用房），分区明确。④主要利用天井和巷道采光、通风，以天井为中心组成单元，邻里关系良好。⑤宗祠一般位于村落之前（入口处），宗祠前有较大的广场，满足了家族祭祀、宴请等公共活动的要求。⑥村落依地形而建，向外比邻扩展，适应了发展需要。⑦村落

---

① 刘临安. 中国古代城市中聚居制度的演变及特点[J]. 西安建筑科技大学学报，1996，28(01)：24-27.

② 刘敦桢. 中国古代建筑史(第二版)[M]. 北京：中国建筑工业出版社，1984：268.

整体上为敞开式，便于生产和生活，反映了社会经济功能的加强。

传统乡村聚落形成与发展的因子是多方面的，其"街巷"式空间结构形态的形成与发展是中国传统聚居制度与聚居形态发展的结果。村落"街巷"式布局，一方面体现了建筑的社会适应性，体现了当时社会政治、经济的发展特点，体现了文化的传承性和村落空间结构功能的进步性。另一方面也体现了建筑的自然适应性和人文适应性，是它们的综合表现。

三、实例

(一)江永县上甘棠村

上甘棠村的建设历史与建筑环境在第二章第三节已经介绍过，这里主要介绍其空间结构形态及建造特点。

上甘棠村村落空间形态具有明显的城市"坊巷"式和"街巷"式的特点。村落背山面水，街巷幽深，防御性好，外围无坊墙(图3-2-1)。沿谢沐河是建于明嘉靖十年(1531年)的石板路街道(图3-2-2)，街道在南北两端及中间位置分设南札门、北札门、中札门。街道两边过去有酒肆店铺和防洪墙，遗迹犹存。村的东西方向分成若干条主巷道，主巷道与街道连接，直通村后山脚，众多的小巷道横跨主巷道，与主巷道一起形成棋盘格局，组成民居内的交通网，形如八卦状(图3-2-3)。每条主巷道与街道连接处都建有门楼——坊门，现在主巷道上尚存四座门楼。坊门作为族人的主要公共建筑及交通口，内架设条石凳供族人歇息或小型聚会，比较讲究，也很有特色。现保存较好的四单坊门为明代建筑，门楼的抱鼓石及梁枋均明确记载"大明弘治六年(1493年)修"(图3-2-4)，五单坊门的莲花瓣状驼峰呈明代早期建筑特征，一单坊楼于清代重修，九单坊门存有一对宋代石鼓，门楼于20世纪"文化大革命"后重修。周氏族人以"血缘关系"设"坊"，按"坊"聚族而居，全村分10族布局，曲巷幽深，最窄的小巷仅容一人通行。每个岔路口立有石碑，上书"泰山石敢当"。这样以山、河为障，以街、巷交通，较好地解决了全村的安全防范问题。

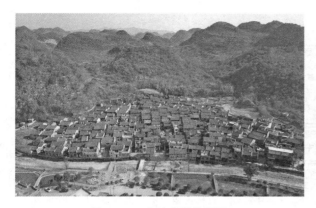

图 3-2-1　上甘棠村俯视图

（来源：作者自摄）

图 3-2-2　上甘棠村沿河商业大街

（来源：作者自摄）

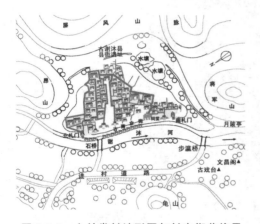

图 3-2-3　上甘棠村地形图与村内街巷格局

（来源：上甘棠村周腾云先生提供）

图 3-2-4　上甘棠村四单坊门

（来源：作者自摄）

　　上甘棠村现存古民居 200 多栋，其中清代民居有 68 栋，400 多年的古民居还有七八栋。一家一户为一单元，以天井为中心纵深布置各类生活用房（图 3-2-5）。建筑大都为楼房，墙体均以眠砖砌筑，配以起伏变化的白色腰带。封火山墙错落有致，檐饰彩绘或砖雕形成对比强烈、清新明快的格调，具有很强的城镇住宅特色。门庐、隔扇门窗和漏窗等雕刻的图案丰富（图 3-2-6）。上甘棠村同时具有建筑、商业、书院、宗教等文化特色，专家认为，上甘棠村为我们提供了从普通自然人与社会人的角度研究历史的完整资料。

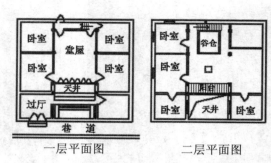

一层平面图　　　　　二层平面图

图 3-2-5　上甘棠村 132 号住宅

（来源：作者自测）

图 3-2-6　上甘棠村 132 号住宅堂屋前的隔扇门窗

（来源：作者自摄）

(二)道县龙村

1. 历史与建筑环境

永州市道县乐福堂乡龙村现有蒋、柏两姓，都是明末清初定居于此，为姻亲关系。村南蒋姓 1 400 多人，村北柏姓 400 多人。村里原有熊姓、罗姓、邓姓，后来逐渐搬出龙村另求发展。

龙村总体上坐东朝西，四周山水环绕（图 3-2-7、图 3-2-8）。村落西对鸡冠寨岭，背靠天子岭（又名祝山），天子岭下溪水环绕如龙，故取名龙溪河，村子也因此依溪名叫龙村（清宣统二年《蒋氏族谱》）。龙溪河由北向南，从祝山脚下绕村后而过。村中有一条从龙溪河上游分出的小溪，也取名龙溪沟。龙溪沟东、西两边原为村中的大街及店铺，故龙溪沟又名铺沟。铺前大街是古代北通双牌、零陵，南达道州城的湘桂古道的一部分（当地居民称为广西大道），为青石板路或鹅卵石路面。龙溪水贯村而过，不仅暗合了风水文化，还解决了村中的排水、防火、洗衣、洗菜、吃水等生活需要。至今，铺沟边沿还有多处旧时的生活水井。

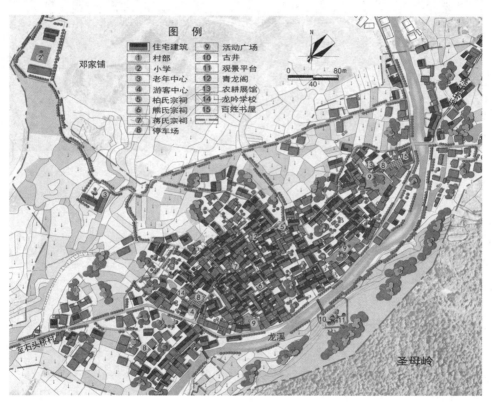

图 3-2-7　道县龙村规划总平面图

（来源：道县住建局）

图 3-2-8　道县龙村前侧向俯视图

（来源：道县住建局）

2. 建筑布局及建造特点

龙村中传统建筑保存基本完好，据统计，总面积达 61 775m²，50％以上为明代建筑，35％为清代建筑，15％为民国时期重修建筑。

龙村中的建筑布局和上甘棠村非常相似。村落以铺沟为中轴线，两旁房屋呈东西对开式对称分布。村中东西方向的十几条主巷道与铺沟两侧的铺前大街连接，众多的小巷道与主巷道一起形成棋盘格局，组成村落内的交通网，网格内是各家各户的住宅，庭院深深，井然有序，但主巷道与街道连接处不见有门楼。村落中的主巷道为青石板路面，其他巷道、庭院几乎都是用卵石铺地。

村中建有青龙阁（凉亭），高两层，横跨在大街和龙溪沟上，为村落中心，建成于民国六年，比周围的住宅高得多，重点装饰，色彩醒目，是柏、蒋两姓的分界点（图 3-2-9）。青龙阁南北各有一个祠堂，分别为蒋姓祠堂和柏氏祠堂，祠堂前都竖立有数对旗杆石，其中蒋姓祠堂保存得更好，旗杆石前的古井清澈见底（图 3-2-10）。两座祠堂均以一左一右两井构成一个整体布局。

图 3-2-9　龙村中大街和龙溪沟上的休息亭

（来源：作者自摄）

图 3-2-10　龙村龙溪沟边的祠堂与水井

（来源：作者自摄）

　　龙村传统建筑大多为砖木石混合结构，小青瓦屋面，分两大类，一类为公共建筑，如祠堂、学堂、凉亭、庙宇、门楼等；另一类为私人庭院，主要有商铺、作坊、住房等。公共建筑体量都比较大，二进、三进都有，以抬梁式结构为主，各种构件雕刻精美。私人住房建筑中，一类为牲畜圈所及长工雇工住所，另一类为主人家居之所，一般体量较小，一进二层居多，少见二进，不见三进建筑。私人建筑结构和装饰都较简单，一般在门窗、墙头等部位做重点装饰（图 3-2-11），从进大门开始，设照壁，照壁后多为天井（或院落）、左右厢房，再往后为大厅、正房。

图 3-2-11　龙村民居隔扇门窗

（来源：作者自摄）

　　铺沟两侧的商铺一般为两层，一楼为商店，二楼为住房。龙村中民居建筑以金字山墙为主。因为建村久远，且大部分为明代起建，因此虽然部分建筑为封火山墙，但少有高大者，翘角亦不明显。封火山墙上多彩绘，彩绘一般为龙、凤、卍字、喜鹊登梅等内容。蒋、柏两姓虽住同一个村子，说话却不相同，蒋姓说土话，柏姓不会说土话，但柏姓能听懂蒋姓说的土话，他们之间的来往或与人交往说道县官话。

　　（三）宁远县下灌村

　　1. 历史与建筑环境

　　永州市宁远县湾井镇下灌村是总称，由泠江村、下灌村、状元楼村和新屋里村四个行政村组成（图 3-2-12），位于宁远县城西南方向约 30km。下灌村历史上真正的辉煌时期是唐、宋两朝，当朝状元李郃和乐雷华皆出于此，武将开村的荣耀逐渐被书香墨韵取代，"江南第一村"的来历更多也是源于此。《中国历代状元录》载：唐代李郃（807—873 年），延唐（今宁远县）人，唐大和元年（827 年）状元，是今湖南境内在唐代唯一的状元，也是两湖、两广地区的第一个状元[①]。今天的下灌村还保存有纪念李郃的状元楼（图 3-2-13），为四方

――――――――――

　　① 湖北、广东、广西等地最早的状元为：湖北杜陟唐大和五年（831 年）状元及第；广东莫宣卿唐大中五年（851 年）钦点状元；广西赵观文唐乾宁二年（895 年）考中状元。见：康学伟，王志刚，苏君. 中国历代状元录[M]. 沈阳：沈阳出版社，1993.

十六柱全木结构，重檐歇山顶，四檐饰卷棚，中间装方形藻井（图 3-2-14）。
现存的状元楼为清代风格，建于何时已无文字可考。

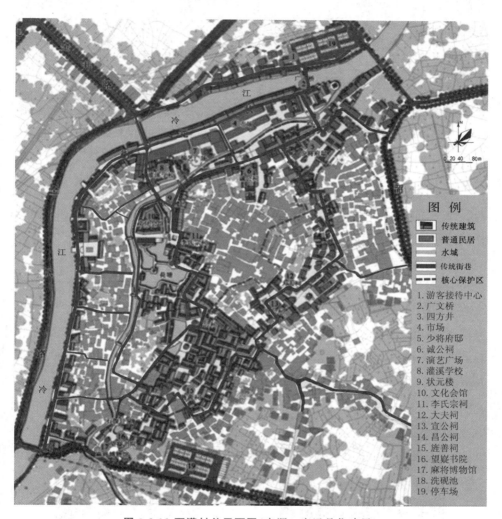

图 3-2-12 下灌村总平面图（来源：宁远县住建局）

图 3-2-13　下灌村的状元楼

（来源：作者自摄）

图 3-2-14　下灌村状元楼藻井

（来源：作者自摄）

　　下灌村建在船形台地上，整个村落南高北低，沿河呈带状分布。村落东、西、南三面环山，村前冷江河与村后灌溪（东江）河在村下游交汇，有沐溪穿村而过。

　　2. 建筑布局及建造特点

　　下灌村的布局与上甘棠村相似，沿冷江河旧时的主街道和商铺至今犹存。主巷道与街道连接，直通村后，众多的小巷道依地势与主巷道相连，各户的大门开于小巷道上，利用巷道和天井采光、通风（图 3-2-15、图 3-2-16）。主次巷道前均无坊门，且整个村落外围没有围墙，反映了此地后期的社会与经济发展状况。

图 3-2-15　下灌村沿河大街

（来源：作者自摄）

图 3-2-16　下灌村的次巷道

（来源：作者自摄）

村内现存民居建筑大部分为砖木石混合结构，小青瓦屋面，且多为"金字"式硬山和封火山墙。村内砖、木、石三雕艺术精湛，山水人物、飞禽走兽、神话故事、锦文图案等无不精致细腻，栩栩如生（图3-2-17、图3-2-18）。大宅内青石铺地，木雕门窗，彩绘壁画随处可见。

图3-2-17　下灌村柱头檐枋　　　　图3-2-18　下灌村门上的横披雕刻
（来源：作者自摄）　　　　　　　　　（来源：作者自摄）

村中有李氏宗祠（图3-2-19）、诚公祠（图3-2-20）、昌公祠（图3-2-21）、豪公祠、旌善祠五座。李氏宗祠最大，为主祠堂，位于村子的中心。李氏宗祠始建于明弘治十年（1497年），后有多次重修，咸丰丙辰年（1856年）因火灾烧毁，同年重建，同治九年（1870年）重修。现建筑为清末所建，正面保持西洋风格。宗祠入口后侧有戏台，上座内有神龛，供奉李氏先祖李道辨、唐状元李郃等神像。李氏宗祠对研究南方宗祠建筑风格有较高的科学价值。

a）正面　　　　　　　　　　　　　　b）戏台

图3-2-19　下灌村李氏宗祠（来源：作者自摄）

a) 正殿　　　　　　　　　　　　　　　　b) 戏台

图 3-2-20　下灌村诚公祠

（来源：宁远县住建局）

下灌村前冷江河的下游不远处的西山上建有文星塔（图 3-2-22）。该塔原建于 1766 年，后倒塌。清咸丰三年（1853 年）重建，为五级八面楼阁式，青石基座，二层以上为青砖砌筑，高约 20m。

图 3-2-21　下灌村昌公祠　　　　　　图 3-2-22　下灌村西山文星塔

（来源：永州市文物管理处）　　　　　（来源：永州市文物管理处）

(四) 道县田广洞村

1. 历史与建筑环境

永州市道县祥霖铺镇田广洞村始建于明洪武初年，坐东朝西，周边群山环抱（图 3-2-23、图 3-2-24）。村子南面是高峻的铜山岭，南面高山及其余脉所形成座座山岭与村后、村北小山连成一线，趋环绕之势。村前是田垌，村子正对山口，山口南北相向蜿蜒的山脉像两条戏耍的巨龙。村北为一大片原始松林，四季常青，环境优美。全村保存有 7 栋明代建筑，200 多座清朝的房屋建筑。2016年12月田广洞村入选第四批中国传统村落名录。

图 3-2-23 道县田广洞村俯视图

（来源：李力夫摄）

图 3-2-24 田广洞村远景

（来源：道县住建局）

2. 建筑布局及建造特点

田广洞古民居建筑群外围环绕有高约2m的寨墙，寨墙之外是护村壕沟。两条纵巷道环绕全村，十多条横巷道连通南北。全村有陈、郑、义、范、郭5姓，在各个不同方位的巷道口建有一族或一姓的门楼6座。街巷都按象形八卦纹排列，纵横交错，如同迷宫。

古民居建筑群占地56 750m²，基本上是砖、石、木结构，建筑布局整体保存状况较好。民居院落布局紧凑，错落有致。建筑外墙均以青砖砌墙，多为两层楼房，小青瓦盖屋面，以金子山墙为主（图3-2-25）。外墙高处均有外窄内宽的枪眼。石材墙基、柱础、门枕和天井。泥塑、木雕、石雕、彩绘等工艺精湛，雕刻题材宽泛，栩栩如生。屋内地面、巷道等处一般以青砖铺墁，室外巷道用青石铺墁（图3-2-26）。

a)门楼　　　　　　　　　　　　　　b)商铺

图 3-2-25 田广洞村中门楼与商铺（来源：李力夫摄）

道县田广洞村位于过去的湘桂古道上，村中及周边文物众多。其中位于村南 1km 处的鬼崽岭近万尊形态各异石人像的来历及其功用至今尚未明确。

考察湘江流域"街巷"式传统乡村聚落，其选址一般都位于过去的地区交通要道上，如岳阳市汨罗市长乐镇长新村南侧为汨水，旧时驿道穿村而过。永州市江永县夏层铺镇上甘棠村位于旧时湘南通往两广的驿道上。宁远县天堂镇大阳洞村位于九嶷河南岸，过去曾是到九嶷山途中重要的商铺要道（图 3-2-27～图 3-2-29）；湾井镇下灌村是过去中原到湖南后通往九嶷山（之后可再往广东）的必经

图 3-2-26　田广洞村民居檐枋组图
（来源：张港 摄）

之地，村前冷江河与村后灌溪（东江）河在村下游交汇。道县祥林铺镇田广洞村前是通往道州和江永县的古道（湘桂古道）；福堂乡龙村中的铺街过去是北通双牌、零陵，南达道州城再往广西的湘桂古道的一部分。宁远县清水桥镇平

图 3-2-27　宁远县大阳洞村俯视图

（来源：李力夫摄）

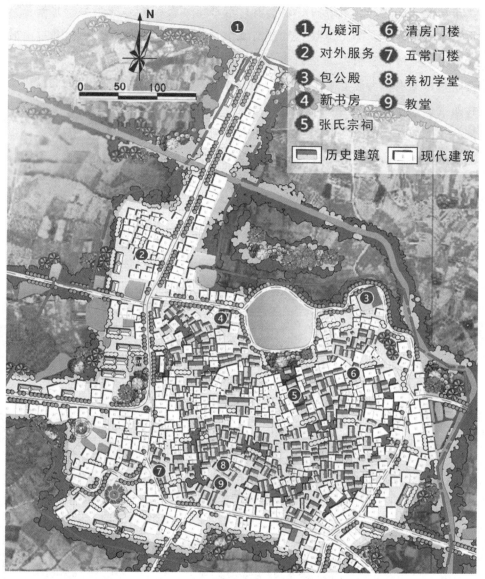

图 3-2-28　宁远县大阳洞村总平面图

（来源：宁远县住建局）

田村前有春河和永州到宁远的古道。衡阳市耒阳市新市镇新建村位于耒水东岸（图 3-2-30）；衡东县草市镇草市村位于洣水南岸，东北为永乐江、洣水及草市河的交汇处；常宁市白沙镇上洲村东部紧邻春陵河，广州至湘北的茶马古道从村中穿过。郴州市临武县汾市镇南福村地处武水河畔（图 3-2-31）；宜章县梅田镇樟树下村前为石内河（图 3-2-32）；永兴县油麻乡柏树村前曲水相绕，村中的穿村大道过去亦为古驿道（图 2-3-30、图 2-3-31、图 3-2-33）。由于村落选址在地域的交通要道上，以及生产与商业的发展，村落中都有较宽阔的街道和商铺，通过与街道相连的主巷道进入，次巷道再与主巷道相交，形成交通网，居民从次巷道进入宅院，具有较好的安全防范性。

图 3-2-29　宁远县大阳洞村沿街铺面　　　　图 3-2-30　耒阳市新建村

（来源：李力夫摄）　　　　　　　　　（来源：耒阳市住建局）

图 3-2-31　临武县南福村俯视图（来源：临武县住建局）

a)远景

图 3-2-32　**宜章县樟树下村**（来源：宜章县住建局）

b)局部俯视图　　　　　　　　　　c)村内巷道

图 3-2-32　**宜章县樟树下村**（来源：宜章县住建局）（续）

a)局部俯视图　　　　　　　　　　b)村内巷道

图 3-2-33　**永兴县柏树村**（来源：永兴县住建局）

第三节 "四方印"式

一、总体特点

"四方印"式是湘南传统村落布局方式之一，即是以四合院为原型，左右前后加建，形成几进几横的方形庭院格局，一般为一组正屋、两组横屋或一组正屋、三（或四）组横屋的布局结构。建筑群轴线突出，居中的正屋为一组正厅、正堂屋，是主体建筑，高大，统帅横屋，用于长辈住居和供奉家族祖先牌位。两侧横屋稍低，与正屋垂直，用于家族中各支房住居和供奉各支房祖先牌位。每栋横屋的住宅布局多为"四方三厢"式，即中间一间为"横堂屋"，左右各一间叫"子房"，用作卧室、书房和厨房等（大户人家的"子房"较多）。房屋四周院落有时用高大院墙与外界隔绝。

"四方印"式整体布局以院落、天井组织空间，对外封闭，通过外廊、巷道和过亭联系；既各自独立成小家小院，又相互和谐成大家大院；向中呼应，有强烈的向心力，是传统儒家"合中"意识和世俗伦理观念的体现；建筑空间注重人与生活、人与自然的和谐关系，是传统文化中"天人合一"的审美理想与人生追求的具体体现，也是传统"四方"观念、"九宫"图式和"中和"思想的体现。

二、实例

（一）零陵区干岩头村

1. 历史与建筑环境

永州市零陵区富家桥镇干岩头村周家大院原名涧岩头村，村落始建于明代宗景泰年间，建成于清光绪三十年，由红门楼、黑门楼、四大家院、老院子、新院子和子岩府（后人称为翰林府第、周崇傅故居）六大院组成，规模庞大。干岩头村的风水环境特点见第二章第三节。

村落整体平面呈北斗形状分布，建筑规模庞大，占地近 100 亩，总建筑面积达 35 000m²。六个院落相隔 50～100m，互不相通，自成一体（图 2-3-78）。有各个时期的正、横屋 180 多栋，大小房间 1 300 多间，游亭 36 座，天井 136 个，其间有回廊、巷道①。目前，六大院保存较好的有新院子、红门楼、周崇傅故居、四大家院。老院子和黑门楼基本上已经毁废。

2. 建筑布局及建造特点

六座大院虽不是同一时期建造，但布局相似，都为"四方印"式庭院结构。建筑四周院墙高大，外侧院墙上开设有瞭望口，据说是当年的枪眼。建筑群目前保留有明清及民国时期的建筑样式，属典型的明清时期湘南民居大院风格。六大院的主体建筑为三山式或五山式封火山墙，其余横屋多数为悬山式，少数为硬山式。主轴线上的空间高大空旷，且两侧厢房多为木板墙，如四大家院中轴线厅堂两侧的厢房及其"尚书府"两侧的厢房（图 3-3-1、图 3-3-2）。门框、挑檐、瓜柱、驼峰、梁枋、木柱、石墩、石鼓、石凳、隔扇门窗等构件雕刻或绘制有各类代表吉祥富贵的动植物图案，以及历史人物故事等，工艺精湛（图 3-3-3）。

图 3-3-1　四大家院主轴线上的厅堂空间

（来源：作者自摄）

图 3-3-2　四大家院中的隔扇门窗

（来源：作者自摄）

---

① 王衡生. 周家古韵[M]. 北京：中国文史出版社，2009：5-6.

图 3-3-3　四大家院厅堂屋架

（来源：作者自摄）

图 3-3-4　四大家院"尚书府"堂屋

（来源：作者自摄）

　　位于整体布局北斗星座"斗柄"尾部的四大家院中的"尚书府"是六大院中最有名的院落，为时任南京户部尚书周希圣（1551—1635 年）所建。周希圣曾官至南京户部尚书。尚书府的堂屋为重檐硬山式，两端为五山式封火山墙（图3-3-4）。民间居屋采用重檐式在全国是少见的，可见主人当时不一般的地位和身份。如今的"尚书府"只保存了门楼和一进旧堂屋。

　　子岩府是目前保存得最好的院落，位于整体布局北斗星座的"斗勺"位置上。现存建筑为四进正屋，西边是三排横屋四栋，东边是二排横屋三栋和菜园，东西外墙长 120m，南北纵深 100m。三排横屋之间用走廊和游亭连接（图3-3-5、图 3-3-6）。

图 3-3-5　子岩府现状俯视图

（来源：作者自摄）

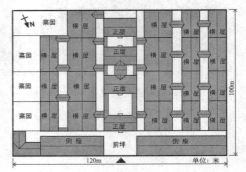

图 3-3-6　子岩府平面图

（来源：作者自绘）

（二）零陵区蒋家大院

1. 历史与建筑环境

蒋家大院位于距离永州市零陵城区 30km 的梳子铺乡金花村，占地面积为 1 700m²，坐西北朝东南，西靠山丘，南联村落（金花村），东为一片开阔的田垌。据蒋氏家谱推测，蒋家大院始建于明天启年间（1621—1627 年）。蒋家大院整体建筑保存基本完整，由门屋（倒座）、三个天井、三排正屋及左右各一排横屋组成，属于一正屋、两横屋的"四方印式"空间结构（图 3-3-7）。

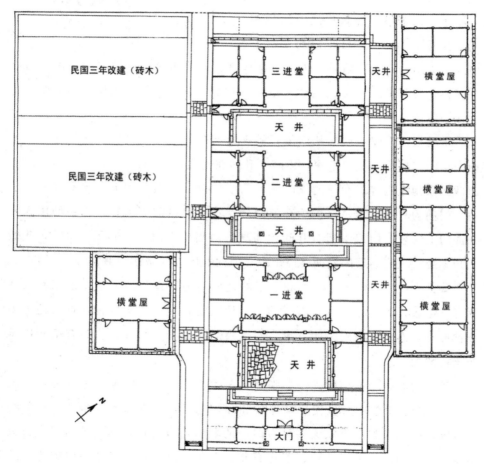

图 3-3-7　金花村蒋家大院总平面图

（来源：永州市文物管理处）

2. 建筑布局及建造特点

蒋家大院为中轴线对称布局，砖木结构，小青瓦屋面（图 3-3-8）。民国三年南侧两间后横屋改建、扩建后，建筑朝向与正屋相同。门屋和后面的三排正屋都为五开间，面阔相同，但进深不同。两侧横屋均为三栋，"四方三厢"式：三开间，中间为堂屋，两侧为厢房。每栋横屋建筑格局及面积相同，为悬山屋面。三排正屋两端为五

图 3-3-8　蒋家大院现状俯视图
（来源：永州市文物管理处）

山式封火山墙，正屋前天井两侧均有耳房。正屋和横屋通过房前走廊和过亭相连，正屋和横屋前均设走廊，各正屋前走廊两端设券门，过券门为联系正屋和横屋的过亭。

中轴线上的建筑地基从门屋开始逐渐向后抬高，所以后栋建筑逐一高于前一栋。门屋为三柱二进深，中间三开间在前面设门廊，大门开在中柱位置，门两侧均为木板墙。大门的石门墩和门槛较高，门槛前廊下有莲花青石凳一对，门前为青石甬道。门屋为金字山墙，且山墙在前面出耳，墀头处用青砖叠涩向上起翘。门屋中间三开间屋面高出两端屋面约 0.4m（图 3-3-9），此做法与零陵柳子庙前厅的屋面略高出东、西两厢屋面的做法相似。

蒋家大院中，堂屋、走廊和过亭的地面均为四方青砖铺垫，走廊和天井用青石镶边，天井亦均为青石板铺垫。柱础有青石和木头两种，青石柱础为覆盆形，素面。木柱础为四方形，底部镂空雕刻卷云纹饰。柱头有用斗栱承托梁枋的做法。

蒋家大院中的梁架构件，如雀替、斜撑、斗栱、檐枋等均进行艺术加工（图 3-3-10）。大院中大量使用高浮雕和圆雕艺术，尽管雕刻线条简洁，但线条清晰，生动自如。蒋家大院具有典型的湘南建筑特色，其建筑格局、封火山墙、青砖地面、木板墙壁、莲花石凳、木雕斜撑斗栱、多样的柱础等建筑构件，体现了明代的建筑风格及建筑艺术特点，具有较高的历史、艺术、科学价值。

图 3-3-9　蒋家大院的门屋

（来源：永州市文物管理处）

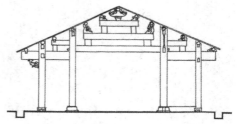

图 3-3-10　蒋家大院二进厅明间梁架

（来源：永州市文物管理处）

　　另外，浏阳市金刚镇丹桂村青山组桃树湾刘家大屋、大围山镇东门村锦绶堂涂家大屋，郴州市资兴市的三都镇流华湾村、辰冈岭村三元组与黄昌岭组、程水镇石鼓村程氏大屋、兴宁镇岭脚村，衡南县宝盖镇宝盖村、衡南县栗江镇上家村宁家大宅、耒阳市导子镇导子社区上大屋与下大屋、太义乡东坪村周家大屋、上架乡珊钿村上湾组、公平圩镇石湾村曾家大院，永州市蓝山县古城村与石磻村和祁阳市大忠桥镇双凤村郭家大院、蔗塘村李家大院、观音滩镇八尺村的刘家大院与胡家大院、白水镇竹山村灰冲王家大院、潘市镇陈朝村刘家大院、八角岭村李家大院、柏家村、羊角塘镇泉口村，宁远县黄家大屋，娄底市涟源市杨市镇孙水河建新村的师善堂和存厚堂、双峰县荷叶镇曾国藩故居——富圫村富厚堂和天坪村白玉堂、涟源市杨市镇孙水河建新村刘家师善堂等（图 3-3-11～图 3-3-27），也都有"四方印"式结构形态特点。

图 3-3-11　桃树湾刘家大屋

（来源：作者自摄）

图 3-3-12　锦绶堂涂家大屋

（来源：湖南省住建厅《湖南传统村落》，2017）

图 3-3-13　资兴市流华湾村

（来源：作者自摄）

图 3-3-14　资兴市辰冈岭村黄昌岭组

（来源：作者自摄）

图 3-3-15　资兴市岭脚村俯视图

（来源：资兴市住建局）

图 3-3-16　耒阳市导子社区下大屋俯视图

（来源：耒阳市住建局）

图 3-3-17　耒阳市珊钿村上湾组

（来源：耒阳市住建局）

图 3-3-18　祁阳县双凤村郭家大院

（来源：祁阳县住建局）

图 3-3-19　祁阳县蔗塘村李家大院后方俯视图

（来源：祁阳县住建局）

图 3-3-20　祁阳县八尺村胡家大院

（来源：祁阳县住建局）

图 3-3-21　祁阳县陈朝村刘家大院

（来源：祁阳县住建局）

图 3-3-22　祁阳县八角岭李家大院鸟瞰图

（来源：祁阳县住建局）

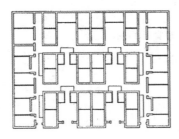

图 3-3-23　宁远黄家大屋平面图

（来源：魏欣韵《湘南民居：传统聚

落研究及其保护与开发》，2003）

图 3-3-24　宁远黄家大屋外立面

（来源：作者自摄）

富厚堂   白玉堂

图 3-3-25 曾国藩故居

（来源：王萌摄）

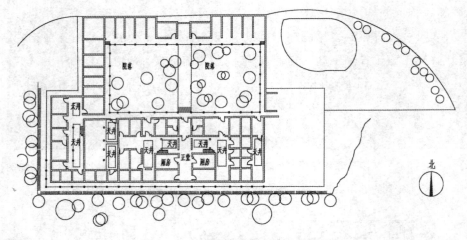

图 3-3-26 曾国藩故居富厚堂平面图

（来源：王立言绘）

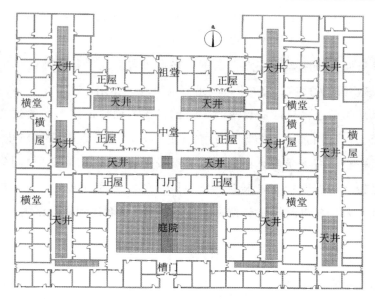

图 3-3-27 涟源市孙水河建新村刘家师善堂平面

（来源：谭绥亨绘）

第四节 "行列"式

一、总体特点及其适应性

湘江流域"行列"式传统村落主要集中在衡阳、永州、郴州等南部地区，其空间结构特点是民居建筑（尤其是主体建筑）沿纵轴方向成行排列，每列建筑之间宽度较大的巷道是进入村落的主要入口，为主巷道，横向次巷道与主巷道垂直相交，巷道宽度多为1～2m。由于地形条件（如前后地形存在较大高差）和建设年代不同，有的村落也存在横向较宽的通道。村内民居建筑空间多为天井（院落）式；独立的单户，有的大门侧面开向主巷道。为防盗和御敌，巷道入口处往往设门庐。村前有敞坪和水塘，能够满足生产和生活需要。

湘南传统村落采用"行列"式布局，适应了地区炎热潮湿的气候特点。一方面，它保证了村中每户都有良好的朝向，户内能够接纳较多的阳光照射；另一方面，它又能够让村中形成了良好的通风环境。当村落的主要巷道与夏季的主导风向平行时，在正常情况下，来自田野、池塘和树林的凉风就能通过天井或敞开的大门吹进室内[①]；巷道有通风疏导作用，相对于村落的封闭空间，当风从村前或村后吹向村落时，受到村落界面墙的阻挡，通过巷道的风速就会增大，从而加大了村落内的空气流动，可以带走更多的热量；同时，由于巷道较窄，白天受阳光照射少，温度较低，而天井（院落）空间较大，受太阳辐射较多，温度较高，根据热压通风原理，常风情况下，当天井（院落）内热空气上升，巷道内的冷空气就会补充进来，从而达到降温作用[②]。

二、实例

（一）常宁市下冲村

1. 历史与建筑环境

衡阳常宁市罗桥镇下冲村新屋袁家古村落，处于大义山脉西坡，村前为潭水支流汤河，村后有三座横兀小山形如虎头上的"王"字，前与猪形岭对峙如古屏风，左右被书房岭、茶叶山诸峰环绕，形如虎爪。整个村子建设在虎形山卧虎的虎穴之中，并随大义山脉对面的自庙前金龙岩逶迤而来的龙脉山势而建。其三个正公厅屋（各房的堂屋袁氏称为公厅屋）的中厅屋正对大义山主峰牛迹（踩）石，面南的厅屋"德馨第"正对白埠岭主峰侧的笔架山坳。远观古村，三山环合，山如怀抱，村如心房，村后山峦重叠，树木参天；村前视野开阔，地势平坦，左右田垌舒展。三房公厅屋前有一半月形明塘（图3-4-1）。

新屋袁家古村落始建于清康熙年间（袁氏族谱记载："后裔永权公即星缠公于康熙57年购汤姓地基大兴土木另建袁氏新宅"），清乾隆初年已颇具规模。整个古村为"袁氏"同姓聚居，占地面积达 20 800m²。目前保存良好的有祠堂3座、民宅12栋、古书房1栋、古井1口、古巷道25条，还有古树、古桥等。三房公厅屋纵向整齐向外排列（主体三纵二横）（图3-4-2）。

①　陆元鼎，魏彦钧. 广东民居［M］. 北京：中国建筑工业出版社，1990：22.

②　陆琦. 中国民居建筑丛书：广东民居［M］. 北京：中国建筑工业出版社，2008：250-251.

图 3-4-1　下冲村新屋袁家民居俯视图

（来源：李力夫摄）

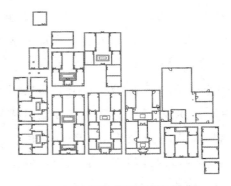

图 3-4-2　下冲村新屋袁家古村

主体建筑现状平面图

（来源：常宁市住建局）

2. 建筑布局及建造特点

在整体规划上，新屋袁家古村呈"反 L 形"，其主体建筑坐西北朝东南，民居群规划整齐。民居建筑整体依山势，地基按院落层次向后梯次升高。此设计有利于通风、防洪与排水；村前有敞坪、古井和月塘，平时用于晾晒作物、饮水和洗漱，遇火灾可就近取水。民居建筑均为砖木结构，外部为青砖墙体，内部主要梁架为穿斗式，厢房、厨房与过厅多以木板相隔。

单栋建筑为两层、三开间三进天井式，由门厅、中厅、正厅、左右厢房、厨房、杂房、储存间、耳室组成（图 3-4-3）。门厅为过道，左右用木板墙分为杂物间和厨房。中厅有的设有中门，为待客场所。正厅高大宽敞，均设木质神龛祖先牌位，是聚会及祭奠场所。

图 3-4-3　下冲村新屋袁家边座公厅

（来源：作者自摄）

屋场内具有完整的排水系统。每进长方形天井居中，上纳四水归堂，周边设回廊。天井采用青石铺筑，纳水口均为钱字纹，寓意"纳天下之财，收天下之福"。古村院落之间各自独立，又相互联系，巷道墙体均设有窄箭窗，是为防盗、观察、攻敌之防御功用，夜间则有照明之功能。

建筑入口处为单坡顶，对内坡向天井。入口处外墙只做檐口叠涩出挑，无檐无廊（图 3-4-4）；石质门框、门墩，门头上方均有砖雕门楼装饰，外形朴实大方，是其特色之一。主体建筑屋面双坡瓦顶，但檐口设计前低后高，是其特色之二。

图 3-4-4　下冲村新屋袁家新屋外观
（来源：作者自摄）

室内多为三合土地面，装饰多体现在窗户、屏风门雕花木板、檐柱头、石柱础等部位，装饰图案如拐子龙、宝相花（又称宝仙花、宝莲花）、莲花、民间故事、瑞兽等，工艺多为明雕。建筑以直棂窗为主，但三房公厅屋轴线两侧，如梁架木屏、正厅（堂屋）两侧或对面的阁楼处，多见有回字纹和菱格纹窗户。石柱础有六边形、八边形、圆形、腰鼓形、覆盆形等形式，侧面雕刻的动植物装饰图案丰富。

（二）汝城县上水东村"十八栋"

郴州市汝城县卢阳镇东溪上水东村位于县城南 2km 处，始建于清乾隆年间，现有古民居建筑面积 4 800m²，另有祠堂、学堂、武校等，建筑面积超过500m²，是汝城县保存较完整的古民居群之一。村落四周青山环绕，风景清幽，美丽如画。

上水东村朱家大宅主体建筑有 18 栋，包括住宅 17 栋，祠堂 1 座，俗称"十八栋"。十八栋建筑同时奠基窖脚，占地约 8 亩。主体建筑正院坐西朝东，为纵深五进四排正栋，正院纵向三轴线，对称布局，共 12 栋（图 3-4-5）。祠堂位于中间轴线的顶端，后面原辟有花园。前面朝门对称平行于后面的正院建筑，原为六柱牌楼式，据说是南楚名家肖三四勘定的汝城县"三条半"朝门之一，主文运[①]。朝门有联云："水国神龙现，东方彩凤飞"，联首两字将"水东嵌入其中"。朝门前原有一半月形明塘，远处是低缓的山丘林地，呈环抱之势。

---

① 上水东古民居群保护碑刻简介。

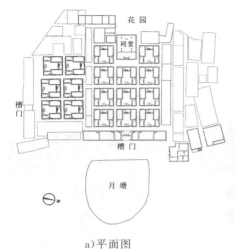

a)平面图　　　　　　　　　　　　b)俯视图

图 3-4-5　汝城县东溪上水东村"十八栋"（来源：作者自绘自摄）

正院南侧有两排跨院，坐北朝南，垂直于正院，共 6 栋。跨院前另有一侧向朝门，为"一字"门斗式。正院和跨院各以墙亘回廊包绕，内部用巷道联系。

由于"同时奠基窖脚"，17 栋住宅建筑在平面布局、立面形式和开间尺寸等方面全部一致。每栋均为"一明两暗"的三开间格局，平面尺寸均为 10.8m×10.5m，楼梯设在堂屋后面的退堂内。砖木混合结构，硬山墙，小青瓦屋面。每栋对外大门不辟在正中间，而是偏在一侧。进门为天井空间。与其他民居的天井不同，17 栋住宅天井的采光口均位于堂屋对面的照墙一侧，照墙对外不开窗，塑中堂对联。天井两侧分别为厨房和储物间，用雕花隔扇门窗通过天井采光。

上水东村民居建筑装饰装修精美（图 3-4-6），尤其是十八栋正院的左右两排住房和清末举人（曾任工部主事）朱炳元的旧居，在门窗、藻井、梁枋及隔扇等处，均饰以寓意文运、修身养性、吉祥富贵的花鸟、

图 3-4-6　上水东村十八栋祠堂檐枋

（来源：作者自摄）

人物、故事寓言、格言等，并采用浮雕、透雕、镂雕、圆雕成型，构图严谨，形态逼真。圆木门簪正面常雕刻有八卦图、太极图或八卦太极图。

（三）郴州市长冲村

1. 历史与建筑环境

郴州市苏仙区东南部望仙镇（塘溪乡）长冲村，距离郴州市区 18km。村中古民居群始建于清雍正年间，坐西北朝东南，现存民居 48 幢，保存较好，总建筑面积约 10 000m²，居住近百户，400 余人。

长冲村坐落在山水相间处，四周是绵延于此的五岭余脉，丘陵地貌特征明显。古民居建筑群背靠青山，前有小河，其余三面为田垌旷野，体现了古人"择水而居"的选址理念。村中现存古桥一座，古井一口，还有古树等。

2. 建筑布局及建造特点

长冲村现存主体建筑为三纵五横十三栋，以三进式为主，内置天井、走廊。整个古民居建筑格局统一，历史风貌保存完整、规划整齐、结构紧凑。建筑群内部通过青石板巷道联系，主巷道对外出口处设门庐，夜晚可关闭（图3-4-7、图3-4-8）。

图 3-4-7　郴州苏仙区长冲村俯视图
（来源：苏仙区住建局）

图 3-4-8　郴州市长冲村巷道
（来源：作者自摄）

整个民居建筑湘南特色明显，都是外为砖墙，房间面向内院（天井）处为木构架隔板墙，主轴线上厅堂空间开敞，小青瓦屋面，以金字山墙为主，局部有三山式封火山墙，飞檐翘角，檐口和墙头多用青砖叠涩出挑。壁檐彩绘、木雕、石雕、砖雕、泥塑有各种形态的人物、动物和花卉，隔扇门窗雕刻图案丰富，工艺精湛（图 3-4-9、图 3-4-10）。明沟、暗沟设计合理，排水系统完善。

图 3-4-9　郴州市长冲村民居厅堂　　　　图 3-4-10　郴州市长冲村民居檐枋

（来源：作者自摄）　　　　　　　　　　（来源：作者自摄）

（四）东安县横塘村

1. 历史与建筑环境

永州市东安县横塘镇横塘村北距东安县 42km，村后面青山叠翠，阿公山、金字岭、尖峰岭、寨岭此起彼伏，村前田垌开阔。因其地形独特，史称"睡牛地"。周氏族人借自然之山水、森林、溪岸，配合自身的村居建设，构筑了一个先天睡牛意象的格局。

横塘村周家大院始建于明末清初，一直都是周氏族人居住，规模宏大（图3-4-11）。大院坐西朝东，占地面积 46 000m²，建筑面积 22 000m²，八条青石板巷道自东向西深入，把整个大院分成九纵。过去七纵建筑前各有一口池塘，七口池塘横列于村前，也许这是横塘村名的由来①。村北不远处是村里的戏楼、文昌阁所在地，现已倒塌，只剩断壁残垣。村落主要的饮水源为村北的一口水井。

---

① 胡功田，张官妹. 永州古村落[M]. 北京：中国文史出版社，2006：10.

a)整体俯视图　　　　　　　　　　b)局部俯视图

图 3-4-11　东安县横塘村俯视图（来源：东安县住建局）

2. 建筑布局及建造特点

周家大院为砖木结构，小青瓦屋面。主体建筑均为封火山墙，饰以白色腰带，在阳光下熠熠生辉。整个大院有九纵十八栋：每纵分前后两栋，每栋有四进四个天井，后面的天井为家庭的后院空间，用后照墙与外面隔开。横塘村有大小房间 320 余间。每栋房屋之间由巷道隔开，所有巷道由青石板铺成，纵横交错。有的建筑外墙阳角用 1m 以上麻石护角。

周家大院是湘南边陲古代民居建筑的代表作之一。每栋房屋雕梁画栋，整个大院重楼翘檐，门窗、檐枋、墙壁上刻有福、禄、八仙、花鸟、龙凤、狮子、麒麟等各种不同的图案，神态逼真，各具特色（图 3-4-12）。地面用三合土夯实，院落呈长方形，用青石板铺筑的天井内，看不见明显的下水道，说明其排水系统非常巧妙科学。每个正屋的大门均为青石门框，石门框下表面常雕刻有八卦太极图。

图 3-4-12　东安县横塘村民居装饰组图（来源：东安县住建局）

因为周氏祖先是明朝大官，清末又有人考取进士，在广州南海县（现为佛山市南海区）做县丞，所以从这里经过的大小官员都得"文官下轿，武官下马"。院内现留有拴马石柱数根。2016年12月横塘村入选第四批中国传统村落名录。

（五）双牌县板桥村

1. 历史与建筑环境

永州市双牌县理家坪乡板桥村吴家大院，北距双牌县城35km。大院后为风景秀丽的后龙山，前临坦水河，面对高大雄伟的将军岭，门前有较宽阔平坦的绿野良田千亩。

吴家大院居民均为吴姓，是南宋淳佑年间的特科状元吴必达的后裔，明末从道县石下渡迁来此地居住，繁衍至今。自明末吴家祖辈学神公选址于后龙山下，吴家宅院即依时代先后自西向东发展。

吴家大院的房屋布局均坐西朝东，东西长、南北窄。大院前有敞坪，坪前是半圆形荷塘，用青石护坡，岸上建有石栏。荷塘既给吴家大院增添了灵气，又是消防水源。建筑外围有用卵石砌成的围墙，开南北两门。现存主体建筑全为清代建筑，由于村民的新建住房大部分都在老宅外围，所以吴家大院保存得十分完好，传统建筑风貌破坏较少。

2. 建筑布局及建造特点

吴家大院古建筑群布局完整统一，纵横有序，错落有致，占地40余亩，建筑面积超过4 000m²（图3-4-13）。其中，律尊齐辉1 500m²，拔萃轩1 200m²，中院350m²，后院古屋800m²，厢房150m²。清嘉庆年间，吴景云在后院古屋（祖宅）前建前院拔萃轩与律尊齐辉等建筑（图3-4-14～图3-4-16）。拔萃轩与后院古屋形成前后两院。吴景云曾官至府台，其父吴学神为嘉庆处士，伯父吴学庆为嘉庆贡生。吴景云育有三子：吴俊魁、吴乃武、吴俊伟。清咸丰七年（1857年）至咸丰九年，次子吴乃武及长子吴俊魁高中举人后分别在院前立石碑、石柱、拴马桩，并在石柱上分别刻文记载。后院大厅堂上挂有"风清古稀"匾一块，是由翰林院编修提督湖南全省学政在嘉庆二十四年（1819年）奉皇命为贡生吴学庆之母七旬华诞所送。

a)村前俯视图　　　　　　　　　b)村后俯视图

图 3-4-13 板桥村俯视图（来源：永州市文物管理处）

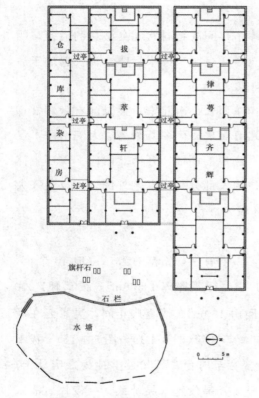

图 3-4-15　板桥村拔萃轩轴线上天井空间

（来源：作者自摄）

图 3-4-14　板桥村前院平面图　　　图 3-4-16　板桥村拔萃轩与律莘齐辉间巷道

（来源：永州市文物管理处）　　　　　（来源：作者自摄）

　　吴家大院的古民居建筑均为砖木结构，青砖外墙，内部以穿斗式梁架为主，局部采用抬梁式，小青瓦顶，飞檐翘角。主体建筑多为硬山山墙，但拔萃轩与律尊齐辉的前栋主屋为三山式封火山墙，突出了建筑群的外部形象。石门槛、石柱础，门窗、檐枋等处雕刻精细，内容丰富，如石门槛正面的双凤朝阳、石门墩正面的踏云麒麟、石柱础上的展翅大鹏、门窗上的暗八仙、厢房前檐枋的鳌鱼雕刻、檐枋下的鱼龙雀替等等，几何形的窗格配以寓意吉祥的动植物形态，生动精美，古色古香(图 3-4-17)。建筑入口正门用石门框，对外大门均为石门槛，门框上方做翘角卷棚式门头，雕刻和彩绘装饰图案。建筑间巷道、天井等处均用青石板铺设。2011 年 3 月吴家大院被公布为省级文物保护单位。

a)檐枋形式一　　　　　　　　　　　　　　b)檐枋形式二

图 3-4-17　**板桥村檐枋雕刻组图**(来源：永州市文物管理处)

　　另外，郴州市苏仙区坳上镇坳上村、苏仙区栖凤渡镇正源村和朱家湾村、北湖区保和瑶族乡小埠村、嘉禾县广发镇忠良村、汝城县文明镇的文市司背湾村和沙洲(瑶族)村、土桥镇广安所村、永丰乡先锋村、永兴县的金龟镇牛头村、马田镇的邝家村和文子洞村、高亭乡的高亭村、东冲村和板梁村、桂阳县的黄沙坪区沙坪大溪村、正和镇阳山村、和平镇筱塘村、洋市镇南衙村、荷叶塘镇鑑塘村、宜章县黄沙镇的千家岸村和沙坪村、白沙圩乡的桐木湾村、皂角村和腊元村、天塘镇家排村、华塘镇豪里村、临武县汾市镇(土地乡)龙归坪村朱家大院、资兴市的程水镇星塘村、三都镇辰冈岭村木瓜塘组、嘉禾县塘村镇英花村、衡阳常宁市的白沙镇上洲村、官岭镇新仓新塘下村罗家大宅、庙前镇中田村、永州市道县桥头镇坦口村、新田县石羊镇乐大晚村、三井乡谈文溪村郑家大院、金盆圩乡河三岩村、蓝山县新圩镇滨溪村、双牌县江村镇访尧村、道县清塘镇小坪村、五里牌镇塘基上村胡家大院、宁远县冷水镇骆家村、柏家坪镇柏家村、零陵区大庆坪乡芬香村、江永县上江圩镇浦尾村和河渊村、潇浦镇向光村、松柏瑶族乡的松柏社区建新村和黄甲岭村、粗石江镇城下村、夏层铺镇高家村、源口瑶族乡小河边村扶灵瑶首家大院等村落的主体空间结构，都呈明显的"行列"式布局（图 3-4-18～图 3-4-50）。

图 3-4-18　苏仙区坳上村俯视图（来源：苏仙区住建局）

a）地形图

b）局部俯视图

图 3-4-19　苏仙区正源村（来源：苏仙区住建局）

a)地形图 b)俯视图

图 3-4-20 嘉禾县忠良村(来源:嘉禾县住建局)

a)东村组(来源:作者自摄) b)西村组(来源:汝城县住建局)

图 3-4-21 汝城县文市司背湾村

图 3-4-22 汝城县先锋村俯视图

(来源:作者自摄)

图 3-4-23　永兴县牛头村

（来源：永兴县住建局）

图 3-4-24　永兴县文子洞村局部俯视图

（来源：永兴县住建局）

图 3-4-25　永兴县东冲村局部俯视图

（来源：永兴县住建局）

图 3-4-26　永兴县板梁村俯视图

（来源：作者自摄）

图 3-4-27　桂阳县阳山村俯视图

（来源：作者自摄）

图 3-4-28　桂阳县筱塘村局部

（来源：桂阳县住建局村）

图 3-4-29　桂阳县南衙村局部俯视图

（来源：桂阳县住建局村）

图 3-4-30　桂阳县鑑塘村俯视图

（来源：作者自摄）

a）鸟瞰图

b）祠堂前空间

图 3-4-31　宜章县沙坪村（来源：作者自摄）

图 3-4-32　宜章县腊元村俯视图

（来源：作者自摄）

图 3-4-33　宜章县家排村平面图

（来源：宜章县住建局）

图 3-4-34　临武县龙归坪村俯视图

（来源：作者自摄）

图 3-4-35　常宁市新塘下村罗家大宅俯视图

（来源：常宁市住建局）

图 3-4-36　常宁市中田村俯视图

（来源：作者自摄）

图 3-4-37　资兴市星塘村俯视图

（来源：作者自摄）

图 3-4-38　嘉禾县英花村俯视图

（来源：嘉禾县住建局）

图 3-4-39　道县坦口村局部俯视图

（来源：道县住建局）

a）俯视图

b）平面图

图 3-4-40　新田县乐大晚村（来源：新田县住建局）

图 3-4-41　新田县谈文溪村后俯视（来源：作者自摄）

图 3-4-42　蓝山县滨溪村

（来源：蓝山县住建局）

图 3-4-43　道县小坪村

（来源：道县住建局）

图 3-4-44　宁远县骆家村俯视图

（来源：宁远县住建局）

图 3-4-45　宁远县柏家村

（来源：宁远县住建局）

图 3-4-46　江永县河渊村

（来源：江永县住建局）

图 3-4-47　江永县向光村

（来源：江永县住建局）

图 3-4-48　江永县松柏瑶族乡建新村

（来源：江永县住建局）

图 3-4-49　江永县黄甲岭村俯视图

（来源：江永县住建局）

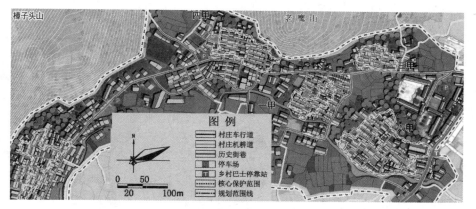

图 3-4-50　江永县黄甲岭村街巷格局（来源：江永县住建局）

第五节　"王"字式

一、总体特点

村落内部基本组合单元为"王"字式院落空间，村落由多个呈"王"字式结构的院落组成。在"王"字式结构院落中，以中间的正堂屋空间串联各进建筑，正堂屋空间一般为三进三厅，两侧横屋为单进深，一般也为三进三开间。各组建筑轴线突出，空间方正。村落依地形自由生长，体现了农耕文化的特点。

永州市祁阳县潘市镇的龙溪村李家大院和董家埠村汪家大院，是目前发现的典型的"王"字式院落大宅民居村落。它们适应了湘南的山地、丘陵环境和中亚热带季风气候特点，随着家族的发展，新的"王"字式合院建筑在原有建筑附近生长，逐渐形成了大的院落群体。

二、实例

(一)祁阳县龙溪村李家大院

1. 历史与建筑环境

龙溪村李家大院坐落在永州市祁阳县潘市镇象牙山脚下，始建于元末明初。明弘治十一年(1498年)至清咸丰二年(1852年)逐步扩建成现在的规模。现保存完好的房屋有36栋，游亭18座，大厅36间，粮仓3栋，花厅1栋，总占地面积50亩，建筑面积7 100m²(图3-5-1、图3-5-2)。

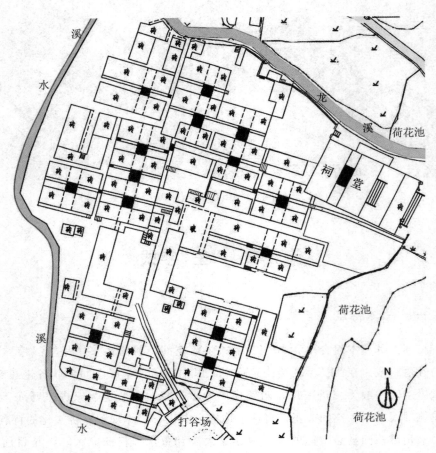

图3-5-1　龙溪村现存主体建筑总平面图(来源：祁阳县农村规划办公室)

图 3-5-2　龙溪村李家大院俯视图（来源：作者自摄）

　　龙溪村原由老屋院，吊竹院，上、下院和品字书屋组成，现存的村落仅有上、下院和李氏宗祠。因村落北面有一条自西向东蜿蜒绵长、长年不断流的龙溪，故名"龙溪村"，又因宗族血缘关系，历代相传聚居于此的皆为李姓子孙，人们又习惯地直接称之为"龙溪村李家大院"。

　　2. 建筑布局及建造特点

　　李家大院由多个呈"王"字式结构的院落组成，村落按照"房份"的分支，分上下两院。在"王"字式结构院落中，中间的正堂屋空间大、空旷（图 3-5-3）。正堂屋轴线上分布有多个游亭（图 3-5-4），联系两侧的天井（院落）。最多的"王"字式院落空间为四进四厅，三个游亭。游亭两边为木板屋，称为"木心屋"。正堂屋是家族的公共活动空间，上下两院的祭祀及红白喜事分别在各自的正堂屋里举办。横堂屋没有祭祀供奉的功能是与其他宗族建筑的横堂屋功能的最大区别。李家大院的祠堂位于村落左前方，是全村的核心（图 3-5-5）。

图 3-5-3　龙溪村李家大院正堂屋
（来源：作者自摄）

图 3-5-4　龙溪村李家大院横屋
（来源：作者自摄）

图 3-5-5　龙溪村李家大院祠堂

（来源：作者自摄）

　　李家大院主体建筑以硬山为主，飞檐翘角，层楼叠院，错落有致，装饰艺术精美（图 3-5-6、图 3-5-7）。电视剧《陶铸》及电影《故园秋色》曾在此取景。2006 年被公布为第八批省级文物保护单位，2013 年成为第七批全国重点文物保护单位之一。

图 3-5-6　龙溪村李家大院墀头装饰组图（来源：作者自摄）

图 3-5-7　龙溪村李家大院窗户组图(来源：作者自摄)

(二)祁阳县董家埠村汪家大院

1. 历史与建筑环境

祁阳县潘市镇董家埠村汪家大院，四面环山，离湘江约 300m，隔田垌及衡枣高速与西北方龙溪村李家大院相望。汪家大院始建于明朝万历年间，现保存较为完好的房屋有 580 余间，汪氏宗堂 1 座，大游亭 5 座，子游亭 10 座，八字槽门 4 处，耳门 3 处，古井、古树、水塘等存留完好，建筑面积 3 015m²(图 3-5-8)。

图 3-5-8　董家埠村汪家大院俯视图
(来源：祁阳县住建局)

2. 建筑布局及建造特点

汪家大院正堂屋坐北向南，建筑布局及建造特点与龙溪村李家大院极为相似。主体建筑由多个呈"王"字式结构的院落组成，按照"房份"的分支，走廊、巷道相连；通过正堂屋轴线上分布的游亭联系两侧的天井(图 3-5-9、图 3-5-10)；建筑高大，瓦面坡度大，出檐深远，通风采光良好。现存主体建筑最多的"王"字式院落空间亦为四进四厅，三个游亭。

图 3-5-9　董家埠村汪家大院正堂屋空间　　**图 3-5-10　董家埠村汪家大院正堂屋一侧天井**

（来源：祁阳县住建局）　　　　　　　　（来源：祁阳县住建局）

　　汪家大院建筑设计和谐、典雅、大方，飞檐翘角气势磅礴。室内青砖墁地，院内块石铺垫，阶檐和护坡用条石铺砌，地下排水系统良好。门窗、石墩、柱础、墙头等处雕刻内容丰富，人物、花鸟、禽兽、虫鱼等精巧玲珑，栩栩如生（图 3-5-11）。

图 3-5-11　董家埠村汪家大院窗户、柱础、墀头装饰组图（来源：祁阳县住建局）

三、"丰"字式与"王"字式的空间差异

龙溪村李家大院和董家埠村汪家大院的空间结构地方特色明显。比较局部"王"字式与整体"丰"字式民居的村落空间结构可以发现，"王"字式院落民居的村落整体轴线不够明确，而"丰"字式院落民居的村落纵横轴线都很明显；"王"字式合院两侧房屋为单进深，为前后居，朝向一致，侧堂屋与每户住宅结合，而"丰"字式两侧的横屋有明显的轴线，侧堂屋位于横轴线上，侧堂屋两侧的住户分属不同的"支"，分左右居，朝向相反。

第六节　"曲扇"式

一、总体特点

"曲扇"式传统村落主要分布于湘江流域南部地区，多以村前或村中的池塘或祠堂为中心，呈扇面向四周展开，纵向主巷道呈放射状向后延伸。村中横向次巷道与纵向主巷道相交。单体建筑大部分开门于次巷道。村落融合了传统四合院和客家民居的布局方式，具有明显的向心性。如永州市江永县上江圩镇夏湾村、新田县枧头镇黑硼岭村、石羊镇厦源村、金盆镇李仟二村、双牌县理家坪乡坦田村、宁远县柏家坪镇礼仕湾村、湾井镇久安背村和路亭村、道县清塘镇达村、桥头镇桥头村，衡阳市常宁市西岭镇六图村、耒阳市太平圩乡寿州村、长坪乡石枧村，郴州市苏仙区良田镇两湾洞村和高雅岭村、北湖区鲁塘镇陂副村、汝城县马桥镇石泉村、高村和外沙村、暖水镇（田庄乡）洪流村、土桥镇金山村、土桥村和香垣村、宜章县天塘镇水尾村、白沙圩乡才口村、杨梅山镇月梅村、莽山乡黄家塝村、桂阳县莲塘镇锦湖村、洋市镇庙下村、嘉禾县石桥镇周家村等（图3-6-1～图3-6-13）。大型村落前的水塘也较大，如久安背村和锦湖村的水塘约5亩，路亭村前水塘约10亩。随着人口增多，民居建筑围绕池塘或祠堂分布，村落整体上几乎成为圆形，如桂阳县的锦湖村和庙下村。随着家族分支的扩大，有的村落发展有多个中心，如

汝城县的石泉村、金山村、土桥村，耒阳市石枧村，宁远县礼仕湾村，道县的达村和桥头村等。

图 3-6-1 江永县夏湾村俯视图

（来源：江永县住建局）

图 3-6-2 新田县厦源村鸟瞰图

（来源：新田县住建局）

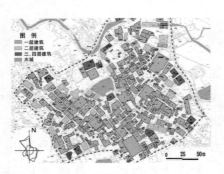

a）平面图

b）俯视图

图 3-6-3 新田县李仟二村（来源：新田县住建局）

图 3-6-4 双牌县坦田村俯视图

（来源：双牌县住建局）

图 3-6-5 道县达村俯视图

（来源：道县住建局）

图 3-6-6 耒阳市石枧村俯视图

（来源：耒阳市住建局）

图 3-6-7 苏仙区高雅岭村鸟瞰图

（来源：苏仙区住建局）

a)鸟瞰图

b)局部俯视图

图 3-6-8 汝城县石泉村

（来源：作者自摄）

a)鸟瞰图

b)黄氏家庙

图 3-6-9 汝城县洪流村

（来源：作者自摄）

图 3-6-10　汝城县土桥村(左)、香垣村(右)鸟瞰图(来源：作者自摄)

a)俯视图(来源：作者自摄)

b)门楼(来源：湖南省住建厅)

图 3-6-11　宜章县黄家塝村

a)俯视图

b)傅氏宗祠戏台

图 3-6-12　桂阳县锦湖村(来源：作者自摄)

图 3-6-13　桂阳县庙下村

（来源：李卓林《庙下村：乡风文明"妙不可言"》，2020）

　　"曲扇"式传统村落布局严谨，合院式单体建筑内部尊卑有序。依地形以村前半月形池塘为中心的村落，呈扇面向四周展开，村落与半月形池塘整体上构成了一个近似的太极图案，是对宇宙图式的一种表达，也体现了生殖崇拜的传统文化特征。前面的半月形池塘象征阴，后面的扇形村落象征阳，两者合为一圆代表天，建筑前的坪地象征地，是依地形对"天圆地方，阴阳合德"宇宙图式的表达，也是生殖崇拜、仿生象物意匠的体现。

二、实例

(一)新田县黑砠岭村

1. 历史与建筑环境

　　永州市新田县枧头镇黑砠岭村龙家大院，始建于宋神宗元丰年间。村落坐西南朝东北，三面环山，村口开有半月形池塘，池塘面积 1 400m²，塘水清澈，经年不干。全村现有 48 栋古民居，依山形地势自东北向西南递次构建，临池塘呈扇面展开（图 3-6-14、图 3-6-15）。旧时龙家大院是一个全封闭式的古民居群体，村后有古井群，有高达数米的两层环形护院墙及古寨堡，与半月形池塘构成一个近似的太极图案。村中有大小青石巷弄 24 条，纵向巷道前面与池塘边的环形大巷道相连。在池塘两端各有一个巷口门楼作为全村的出入口。整个大院现有建筑面积 5 780m²，村前有普善堂和龙山学校等建筑（图 3-6-16）。

图 3-6-14　黑砠岭村总平面图

（来源：据黑砠岭村现代地形绘制）

图 3-6-15　黑砠岭村俯视图

（来源：作者自摄）

图 3-6-16　黑砠岭村前龙山学校

（来源：作者自摄）

2. 建筑布局及建造特点

龙家大院民居房屋规模较小，多为二进三开间。外部为石基砖墙，硬山两端出垛子，稍微高出屋檐，叠涩盖瓦起翘，墀头正面均塑八字双凤鸟。内部多为穿斗式木构梁架，并依使用目的之不同，用木质装修的屏风、隔扇分隔。单体建筑较高，前厅后堂，厅堂通高不分层，显得高大宽敞。堂后宝壁之上，内摆祖先牌位，初一、十五拜祭。厅堂两侧为卧房，分两层，下层居住，上层放置什物。厅堂前檐常做成各式的轩，形制秀美。

龙家大院建筑特色浓郁，建筑风格和形制统一，规划精巧，每户独立成栋，一户一巷子。门户之间，小巷之上，有过廊连接。每栋靠小巷的墙上，于一人高处开有一个或两个小窗口，据说旧时入夜，将油灯置放在窗口，既照亮了自家又方便了路人（图 3-6-17、图 3-6-18）。

图 3-6-17　黑砠岭村的巷道
（来源：作者自摄）

图 3-6-18　黑砠岭村墙上的灯窗
（来源：作者自摄）

　3. 龙家大院建筑装饰的文化意蕴

　　精美的装饰艺术是龙家大院内的一大亮点，建筑内梁枋、门窗、隔扇、门墩、柱础、雀替、挑檐、墙上彩绘、灰塑、吻兽，甚至角柱石等，无一不精雕细琢，线条流畅，工艺精湛，造型各异，神情逼真。其装饰艺术的另一民俗特色是以象征性的图案，表达图腾崇拜和祈望思想。如隔扇绦环板上阳雕的松子、莲蓬、石榴，墀头正面的八字双凤鸟灰塑、凤凰宝瓶脊刹，建筑山墙上的太阳、葫芦图案等，既是对女性生殖崇拜的表达，也是对民族图腾的表达（图 3-6-19～图 3-6-21）。其中的圆形图案可认为具有两重意思，一是对女性的生殖崇拜，二是对太阳的崇拜。

图 3-6-19　黑砠岭村民居墀头正面八字双凤鸟灰塑　图 3-6-20　黑砠岭村民居屋脊凤凰宝瓶脊刹
（来源：作者自摄）　　　　　　　　　　　　　（来源：作者自摄）

图 3-6-21　黑砠岭村民居隔扇窗

（来源：作者自摄）

学者们研究认为，以正三角形、凸形、山形、十字纹、三叉戟纹、龟纹、蛇纹、龙纹、鸟纹、虎纹等象征男性生殖器，代表阳；用倒三角形、凹形、圆形、鱼纹、蛙纹、贝壳、葫芦、石榴、莲、梅、竹、兰等象征女性生殖器，代表阴；以两种符号的结合象征男根与女阴的交媾，体现阴阳合德，是世界各地先民的普遍现象，而对太阳的崇拜更是世界性的普遍现象。多子多福是中国古人的普遍感受。葫芦、石榴、莲等植物多籽，古人借其象征多子多福，所以，在中国民间传统建筑中运用得最多，如各类祭祀建筑、民居中都普遍采用。一方面，葫芦形如女性子宫，且与"昆仑"有对音关系，"昆仑山象征着女性和母体，具有创生的能力"①。另一方面，葫芦连同它的枝茎一起谐音为"子孙万代"，表意家族人丁兴旺、"福禄寿"齐全。

目前很多学者都认为楚之先民以凤鸟为图腾，因为古楚人认为凤是其始祖火神"祝融"的化身。祝融专司观象授时，历居火正，是为民带来光明温暖

① 吴庆洲.建筑哲理、意匠与文化［M］.北京：中国建筑工业出版社，2005：36-60

与幸福之人。《周礼》云："颛顼氏有子曰黎，为祝融，祀以为灶神。"《国语·郑语》云："夫黎为高辛氏火正，以淳耀敦大，天明地德，光照四海，故命之曰'祝融'……祝融亦能昭显天地之光明，以生柔嘉材者也。"又有《尔雅·释天》云："祝融者，其精为鸟，离为蛮""日御谓之羲和"。明朝全国道教建筑兴盛，万历年间在南岳七十二峰最高峰祝融峰顶建有祝融祠。

古人认为，太阳是由太阳神鸟"三足乌"负载而行的，"三足乌"又称"踆乌、金乌"等，其形状像乌鸦，有三只脚，栖息在太阳里。屈原的《天问》中有"羿焉彃日？乌焉解羽？"之句，《淮南子》曰："日中有踆乌"。注云："犹蹲也。谓三足乌。"西汉谶纬之书《春秋元命苞》也说："日中有三足乌。"凤是鸟中之王，太阳神是最高的天神。楚人先祖敬日拜火，自己又从事观象授时，造福人类，所以楚人对日中之乌——火鸟（凤），也特别尊崇。而"日中有乌"，成为火鸟、太阳鸟，凤是祝融的化身，所以，凤既是祝融的精灵，也是火与日的象征，代表了当时最高的神学境界。1972年长沙马王堆1号西汉墓出土的大型张挂帛画最上右方的大红日中绘有金乌，即日中之乌——火鸟（太阳鸟）。楚人"由对凤的崇拜，延伸到对其他丽鸟的普遍赞美和偏爱，则是楚民在潜移默化过程中初步形成的一种非自觉的集体意识"[1]。屈原的《离骚》中对凤凰鸟多有赞歌。在出土的史前马家浜文化、河姆渡文化、良渚文化遗址文物和大量的古楚国文物中，都有大量的凤鸟图案。

龙家大院内建筑墀头正面的凤鸟灰塑，山墙上的太阳、葫芦图案和凤凰宝瓶脊刹等，正是承传了古代楚人的崇凤（鸟）敬日和生殖崇拜文化。葫芦是道家的法器，是道家崇拜的神圣之物，"道家思想文化诞生的土壤就是巫风盛行的楚国"[2]，整个湖湘大地的山水环境都为道家思想的生长和发展提供了良好的土壤，故葫芦也是楚人的崇拜之物。据《龙氏宗谱》记载，龙家大院的村民都是东汉刘秀王朝零陵太守龙伯高的后裔。龙伯高去世后葬于零陵，其墓葬在今永州市零陵区的司马塘。龙伯高的守墓人——龙家大院的始祖龙自修约在宋神宗元丰年间从零陵迁到今黑硯岭村生活。清道光年间，龙云沧以勤

---

①　方吉杰，刘绪义. 湖湘文化讲演录[M]. 北京：人民出版社，2008：20.

②　方吉杰，刘绪义. 湖湘文化讲演录[M]. 北京：人民出版社，2008：171.

奋起家，逐步建成了现有的规模。汉高祖刘邦是楚人，他的子民承传崇凤（鸟）敬日的文化传统不足为奇。

另外，龙家大院布局严谨，入口处的月塘与村后两层环形护院墙构成了一个近似的太极图案，其整体布局也是依地形对宇宙图式的一种表达，体现了生殖崇拜。村落形态整体上与客家圆形土楼或围龙屋形状相似。吴庆洲先生研究客家民居时指出，府第式客家民居和围龙屋一样，前面的半圆形池塘象征阴，后面的半圆形的胎土或围龙屋象征阳，两个半圆合为一圆代表天，两个半圆之间的方形象征地，是天圆地方，阴阳合德的宇宙图式[①]。

(二)汝城县金山村

1. 历史与建筑环境

郴州市汝城县土桥镇东北部的金山村传统村落始建于唐代。村落占地793亩，地势平坦，交通便利，四周为沃野良田，远处青山环绕。金山村是以血缘关系为主、聚族而居的传统村落，先后由李、卢、叶三姓迁聚于此，此三姓也是村中的主要姓氏。全村现有近700户，2 400多人，分属7个自然村、15个村民小组，规模宏大（图3-6-22）。村落中现有李氏家庙（陇西堂）、卢氏家庙（叙伦堂）、叶氏家庙（敦本堂）等古祠堂6座，保存完整的明清古民居95栋，面积6 000多平方米。2011年8月金山传统村落列入湖南省历史文化名村，2016年12月入选第四批中国传统村落名录。

---

① 吴庆洲. 建筑哲理、意匠与文化[M]. 北京：中国建筑工业出版社，2005：55.

图 3-6-22　金山村鸟瞰图（来源：汝城县住建局）

2. 建筑布局及建造特点

村落中各民居建筑组团以其前面的池塘为中心，祠堂位于组团的前面，祠堂与池塘之间一般都有开阔的"广场"，为前坪，亦称拜坪。池塘称明塘，寓心明如水之意，象征着积水聚财。水能聚气，"气聚成水，气动成风"。民居建筑在祠堂两旁及屋后环绕池塘呈扇面展开，并按照"前栋不能高于后栋，最高不能超过祠堂的习俗"建设。祠堂前视线开阔，暗示"门前开阔、鹏程万里"，其朝向代表这个组团的风水，民居建筑朝向一般也与该祠堂相同。祠堂左右民居建筑基本对称布置，但比祠堂稍稍后退约一砖长。"远远望去，祠堂就像一个龙头带领一群子孙向前迈进，充分体现了古人尊重并继承祖先优良传统和个体发展服从整体和谐的设计思想。"①

村中现有池塘 8 个，有祠堂前广场和组团中心广场 7 个。组团外围为村落对外的交通大道，以村东（金山大道）入口为起点，别驾第（李氏陇西堂）为终点，按顺时针方向串行传统村落核心部分。组团内巷道主要通过祠堂前广场与对外大道相连。整体布局，中心突出，规划严整，布局严谨；对外的交通大道，组团内的巷道、沟渠构成了村落的基本骨架；祠堂等公共建筑是村落中最重要的公共活动中心和精神中心；井台、朝门、广场是人们日常交往的活动空间。

金山村传统民居以青灰色为主调，色彩清淡而朴素（图 3-6-23、图 3-6-24）。主体建筑外形均为面阔 3 开间，青砖"金包银"硬山结构，小青瓦屋面；体量以宽 11m，进深 8.9m 为主；巷道用青石板铺就，排水沟渠用河卵石砌筑，两者在平面布局中的走向基本保持一致。村落中三雕（砖雕、石雕、木雕）雕刻精美，工艺精湛，文化内涵丰富，数量较多。尤其是祠堂入口牌楼及内部梁枋装饰，具有明显的时代性与区域性特色。

图 3-6-23　金山村叶氏建筑区　　　　图 3-6-24　金山村卢氏建筑区
（来源：作者自摄）　　　　　　　　　（来源：作者自摄）

3. 村落中祠堂建筑简介

金山村现有六处古祠堂，包括井头一、二组的"陇西堂"（李氏家庙），上巷、下巷、界下组的"叙伦堂"（卢氏家庙），坎上、坎下组的敦本堂（叶氏家

---

① 陈建平. 湖南汝城现存 710 余座古祠堂 亟待保护和开发［EB/OL］. 2012-8-8. 中国新闻网：http：// roll. sohu. com/20120808/n350168272. shtml

庙),象形湾组的叶氏"达德堂"(砖屋),上叶家一、二组的叶氏"咸正堂",田心一、二组的"别驾第"(田心李氏陇西堂)。保存基本完好,而且祠堂维修均有确切纪年碑记。其中,叶氏家庙(敦本堂)、卢氏家庙(叙伦堂)于2013年被列入国家重点文物保护单位。

(1)陇西堂(李氏家庙)

井头组李氏陇西堂始建于明万历四十七年(1619年),清康熙己末年(1679年)改建,清乾隆癸酉年(1753年)修缮,民国三十年(1941年)维修,1991年按原状修复。李氏陇西堂坐南朝北,南北长20.7m,东西宽10.33m。主体建筑面阔三间,纵深三进二天井,砖木结构,主体结构采用抬梁式木构架。前厅正中一间为单檐歇山式,脊中央用小青瓦叠飞鸟装饰(现改为葫芦宝顶装饰),檐口高出两侧约50cm,两端为五山式封火山墙。门楼翼角和山墙端部均用陶质凤鸟装饰。前厅两侧巷道前方大小相同的拱形门洞上方分别有白底墨书:笃庆和昆裕(图3-6-25)。

a)前厅入口　　　　　　　　　　　　　b)中厅与寝堂

图 3-6-25　金山村井头组李氏陇西堂(来源:作者自摄)

前厅鸿门月梁三层镂雕双龙戏珠(当地称入口牌楼为鸿门楼),其下两端亦用镂空飞挂装饰,其上额枋正面正中用蓝底金字书写有"李氏家庙"四字,顶棚彩绘历史故事。大门上方的门簪四周镂雕龙凤,正面阳刻太极八卦图案。大门前立一对石鼓,石鼓顶部各雕一个小狮子头,大门及两边的侧门门板上均彩绘门神,门前露台由青石铺就。后厅设神龛,有装饰性隔扇五对,上悬"奉天敕命"和"陇西堂"匾。李氏陇西堂是市级文物保护单位。

田心组李氏陇西堂(别驾第)入口门楼的形态与界下组的卢氏家庙(叙伦堂)相似(图3-6-26)。

a)前厅入口   b)主殿入口

图3-6-26 金山村田心组李氏陇西堂(别驾第)(来源:作者自摄)

(2)叙伦堂(卢氏家庙)

卢氏叙伦堂始建于明万历三十三年(1605年),坐西南朝东北,长30.4m,宽9.2m。主体建筑面阔三间,纵深三进二天井,砖木结构,主体结构为抬梁式木构架。正中门楼一间,突出于前厅,单檐歇山顶,正脊陶土塑回纹"品字"装饰,脊中置火焰摩尼珠,火焰摩尼珠两侧分别为相望的母、子狮,脊断置鱼龙吻"鸱吻"。檐下施如意斗栱出挑五层,斗栱下的额枋上立"八仙"塑像,堆雕龙凤、双龙戏珠等多种彩绘图像,栩栩如生(图3-6-27)。

a)前厅入口   b)中厅与寝堂

图3-6-27 金山村卢氏家庙(叙伦堂)(来源:作者自摄)

与李氏陇西堂一样，卢氏叙伦堂入口鸿门月梁亦为三层镂雕双龙戏珠，其下两端用镂空飞挂装饰；大门门簪四周镂雕龙凤，正面阳刻太极八卦图案。额枋正中蓝底金字书写着"南楚名家"，因唐昭宗李晔皇帝所赐卢氏先人的诗中有"楚国之南皆名家"而得名。

卢氏叙伦堂前厅两端亦为五山式封火山墙，与李氏陇西堂不同的是，卢氏叙伦堂封火山墙迎面第一层端部用鱼龙吻装饰，其他各层的端部和门楼翼角均立陶质凤鸟装饰。后厅神龛亦用五对隔扇装饰，上悬"叙伦堂"匾。前厅两侧巷道的前方大小相同的拱形门洞上方分别有白底墨书：礼门与义路，也与陇西堂不同。

(3)敦本堂(叶氏家庙)

敦本堂始建于明弘治元年(1488 年)，清乾隆已卯年(1759 年)第一次维修，清道光元年(1821 年)、民国十六年(1927 年)均进行了修缮。叶氏敦本堂由朝门及家庙组成，均为砖木结构。朝门与家庙不在同一轴线上，朝门坐西南朝东北，总进深 9.2m，总面宽 7.6m，是汝城有名的"三条半"朝门之一，由清道光年间岭南著名的堪舆大师肖三四亲自堪形而定(图 3-6-28)。朝门两侧为八字照壁，前为敞坪和池塘，大格局与李氏家庙和卢氏家庙相似。家庙坐西朝东，主体建筑面阔三间，纵深二进一天井，南北长 23.9m，东西宽 6.86m。前进为门屋，设三山式封火山墙，山墙端部起翘简单。青砖外墙，青瓦屋面，青石地面，雕梁画栋，工整细致，古色古韵(图 3-6-29、图 3-6-30)。叶氏家庙没有卢氏家庙那种复杂的如意斗拱结构，但其檐下月梁同样是三层镂雕双龙戏珠，云水纹环绕，层层相扣，双龙雕刻生动，形象逼真，线条粗犷有力。大门上方的门簪四周亦镂雕龙凤，正面阳刻太极八卦图案。

图 3-6-28　金山村叶氏家庙右侧八字朝门　　图 3-6-29　金山村叶氏家庙(敦本堂)前厅入口

（来源：作者自摄）　　　　　　　　　　　（来源：作者自摄）

图 3-6-30　金山村叶氏家庙(敦本堂)檐枋装饰组图

（来源：作者自摄）

　　融宗族文化、礼仪文化、民俗文化、建筑文化等于一体的金山村古祠堂是汝城县祠堂群的组成部分，是地域民俗文化的结晶，是见证汝城历史与变迁的"活化石"。祠堂建筑造型特色明显，雕梁画栋，古色古韵，其花鸟虫鱼、梅兰竹菊、瑞兽、吉祥纹饰等彩绘图案精美；泥塑、木雕、石雕工艺考究（图 3-6-31）；浮雕、透雕、彩绘等艺术精湛，栩栩如生；饰联工整，内涵丰富，是研究明清时期湘南民居建筑文化、装饰艺术特色与水平的重要实物资料，

图 3-6-31　金山村民居外墙护角石刻

（来源：作者自摄）

具有较高的历史、艺术和科学价值。

第七节　"围寨"式

一、总体特点

"围寨"式传统村落是结合村落总体布局的空间结构形态及其防御性特点划分的。湘江流域的南部山区现存有"围寨"式传统村落多处，特点明显。

宋代中叶以后，湘南频繁的民族冲突、农民起义与战乱，以及土匪的经常骚掠，是地区"围寨"式村落形成的主要原因。村落一般利用山峦、河流、池塘、围墙，以及村中的寨堡、炮楼、瞭望台和门楼等作为防护设施，构成一道道防线。有同姓同宗聚居的围寨式村落，如从防御性角度划分，新田县的黑砠岭村、东安县的六仕町村、江华县的宝镜村、道县清塘镇小坪村等属于单一宗族的围寨式村落；也有多个宗族聚住的围寨式村落，如江永县兰溪瑶族乡兰溪村、道县祥霖铺镇田广洞村等。

二、实例

（一）江永县兰溪村

1. 历史与建筑环境

永州市江永县兰溪瑶族乡兰溪村包括黄家村（下村）和上村两个行政村，历来有蒋、欧阳、周、杨、何、黄 6 姓，为多姓传统聚落。唐元和年间（806—820 年），蒋姓人最先从大迳村移到上村定居。宋治平四年（1067 年）欧阳姓人又到此定居。元代先后进入兰溪的瑶族人有周、杨、何、黄等姓。兰溪村现有瑶族住户 500 余户，1 800 余人，上村主要有蒋、欧阳、周等姓，下村主要有黄、何、杨、欧阳等姓。

兰溪境内的瑶族主要是江永"四大民瑶"之一的勾蓝瑶。兰溪村勾蓝瑶寨聚居区，因是瑶族的"都城"，又名都元。古瑶寨背倚萌渚岭为屏障，整个村落地形呈龟形，占地约 6km²。四周群山环绕，车尾山、人平山、呼雷山、望月山等首尾呼应，错落有致，层次分明（图 3-7-1、图 3-7-2）。地势北高南低，水系由北向南经广西恭城进入西江。

图 3-7-1　兰溪村的居住环境（来源：李力夫摄）

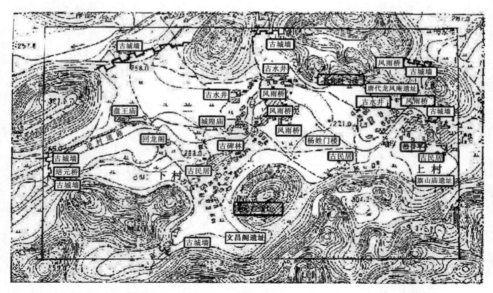

图 3-7-2　兰溪村地形与传统建筑分布图（来源：永州市文物管理处）

古代兰溪村是通往粤、桂的必经之地。从江永出发，往西南经千年古村上甘棠至广西或广东。村内四条主干道全部由古石板铺成，总长度逾 20km，其中有 4km 是古代江永通向广西富川县的必经之路，为楚粤衢道，经过石墙门 2 座，至今犹存。

早在清康熙年间，古村即有碑刻八景：蒲鲤生井、山窟藏庵、犀牛望月、天马归槽、石窦泉清、古塔钟远、亭通永富、岩号平安。每景都赋有一首诗，都有一个美丽动人的传说，很好地概括了兰溪古村的山水美、寺庙多、道路广、人心善等特征[①]。

2. 村落防御体系

兰溪村是典型的"围寨"式传统村落，村落内外共有三层防御工事，第一层为村子周围各个山口处的石城墙，设石砌寨门和砖木结构城楼。明洪武二十九年受朝廷招安，瑶族人民把守粤隘，依山势在关隘口设立 9 个石砌寨门，古称石墙门，把守通往两广的隘口。石墙门两翼筑有石墙，高 2 丈（1 丈≈3.33 米），宽丈余。石城墙一般高丈余，宽 5 尺（1 尺≈0.33 米），与陡山相连，至明嘉靖年间全部完成，全长 2 000 余米。现存 5 座石墙门和村东（村后）的石城墙 850m。第二层防御工事为建在村口的守夜楼，明清时期的守夜楼、门楼尚存 14 座，均保存完好。第三层防御工事为宗族门楼，门楼上有瞭望台、烽火台和警钟。兰溪村现保存有明清时期门楼 14 座，其中下村的杨姓门楼建于明万历二年（1574 年）（图 3-7-3）。

a)门楼形式一（杨姓）　　b)门楼形式二（何姓）　　c)门楼形式三

图 3-7-3　兰溪村下村中的门楼组图（来源：作者自摄）

3. 建筑布局及建造特点

兰溪村历史悠久，现存古建筑数量众多，内容丰富。在方圆约 6km² 的范围内分布 12 座风雨桥，有元、明、清时期的庙宇(遗址)47 座、庵堂 8 座、寺院 5 座、古楼阁 3 座、道观 2 座、顶天宫 1 座、古桥 50 余座、古碑刻 100 余方。其中始建于后汉乾祐四年(948 年)，后来又陆续重建，规模宏大且独具特色的盘王庙，占地面积 960m²。庙内有近 10 方重修碑铭尚存。

兰溪村现存明代古民居 22 座，总面积 1 410m²；清代民居 51 座，总面积 3 100m²。有明清时期的守夜楼和门楼 14 座、凉亭 14 座(多建于溪水之上)(图 3-7-4、图 3-7-5)、戏台 5 座、祠堂 7 座，以及众多的古井等。

图 3-7-4　兰溪村的石鼓登亭　　　　　图 3-7-5　兰溪村溪水上的凉亭
　(来源：永州市文物管理处)　　　　　　　(来源：作者自摄)

民居建筑以巷道地段划分聚居单位；纵深布局，中轴对称(图 3-7-6)；清水砖墙冠以白色腰带，强调山墙墀头装饰；檐饰彩绘；门簪多为乾坤造型和龙凤浮雕；室内雕刻的花鸟虫鱼、福禄寿喜等图案精美。建筑融合了汉族、瑶族、壮族等多个民族的风格，集中反映了兰溪勾蓝瑶的建筑工艺和技巧，是研究兰溪勾蓝瑶古建筑和习俗的第一手资料(图 3-7-7～图 3-7-9)。

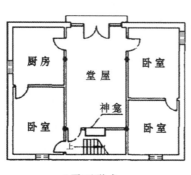
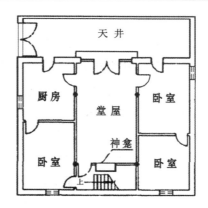

a)平面形式一　　　　　　　　　　　　b)平面形式二

图 3-7-6　兰溪村民居平面形式

（来源：李泓沁《江永兰溪勾蓝瑶族古寨民居与聚落形态研究》，2005）

a)独栋天井式　　　　　　b)独栋院落式　　　　　　c)联排院落式

图 3-7-7　兰溪村建筑外观组图（来源：作者自摄）

图 3-7-8　兰溪村民居梁架　　　　　　**图 3-7-9　兰溪村永兴祠梁架**

（来源：作者自摄）　　　　　　　　　（来源：作者自摄）

2005 年 6 月，兰溪瑶族乡兰溪瑶寨古建筑群整体被列为江永县级文物保护单位；2011 年 3 月，古建筑群整体被列为湖南省第九批省级文物保护单位；2014 年 11 月，该村入选第三批中国传统村落名录。

(二)江华县宝镜村

1. 历史与建筑环境

永州市江华瑶族自治县大圩镇宝镜村在清顺治年间属永州府江华县，名"竹园村"。《湖南省江华瑶族自治县地名录》记载，宝镜因其"村前有一井塘，水清如镜，可食饮，又可灌田，故名宝镜。"全村人口近 1 000 人，全部都是何姓后裔。现在"宝镜"成为当地人对何家大院的代称。

《何氏族谱》记载，清顺治七年(1650 年)，何氏第四世应棋公由道州营乐乡车坝楼田高家坊自然村溯沱水经冯河逆岭东河崇江而上，来到岭东中段的竹园村，娶妻生子，逐渐兴旺发达。

宝镜村坐东朝西，背依后龙山(笔架山)，傍村有一股终年不断流、清澈见底的山泉溪水蜿蜒而过。村前为开阔田垌，村后群峰环抱，树木茂密，经年堆翠滴绿(图 3-7-10、图 3-7-11)。村外稻田中央耸立着一座青砖结构五级六方的惜字塔。

图 3-7-10　宝镜村主入口及走马吊楼(长工楼)(来源：作者自摄)

图 3-7-11　**宝镜村村前环境**（来源：江华县住建局）

　　宝镜村古建筑群古朴典雅，结构严谨，规模庞大，气势恢宏，占地 80 余亩，有房屋 180 栋、门楼 7 个、巷道 36 条，其中，保存较好的明清时期房屋超过 100 栋，总建筑面积约 20 000m²。从南往北有走马吊楼、新屋、老堂屋、下新屋、上新屋、大新屋、明远楼、围姊地、何氏宗祠、忠烈祠等十个相对独立的建筑单元或院落。整个村落基本保存着原来的历史风貌，约 80％的建筑保持完好，其余的因为无人居住、时间久远、风雨剥蚀已经破损，甚至出现了严重的墙体坍塌和檐断瓦溜的现象。

　　古村落地处潇贺古道的必经地，瑶、汉文化的交汇点，周围环境优美，清代进士刘其璋的《宝镜何氏宅院写景》中写道："绿柳阴浓宝镜藏，笔峯献瑞绕高房。平田作案仓箱足，要路环门束带长。桂馥兰馨盈砌秀，家泫户诵满庭芳。沱江迤逦虹桥锁，地脉钟灵万代昌。"《拟宝镜八景近体凡八章》中谈及松林淡月、槐社夕阳、虹桥锁翠、螺蚰浮岚、响泉遗韵、曲水回澜、珠塘漾碧、宝塔醋青，生动地描绘了宝镜村的自然山水和人文景观特色。

　　2. 村落防御体系

　　宝镜村的防御体系及空间特色营造，体现了围寨式传统村落的基本特点。其防御体系可分为三层，第一层为村四周的建筑及围墙，通过砖木结构的二层门楼出入。在进村的主入口处依地形还设有第二道围墙及砖木结构的门楼（图 3-7-12）。村中现有保存完整的门楼 7 个。第二层为村中的瞭望台和炮楼。宝镜村建有三处高高的瞭望台，上面布满了内窄外宽的射击孔。现保存完整的位于村东笔架山下的明远楼，为宝镜最高点，正方形，长、宽均为 4.5m，通高 10m，共三层。青砖基础，土砖结构，正面开四窗，上书"明远楼"。明远楼是何氏家族读书人读书明志的地方，也是一座瞭望台和炮楼。它四面共 27 个内窄外宽的枪眼与村中另两座瞭望台相互呼应，可用枪炮射杀远距离来犯之敌。第三层为村中纵横交错的巷道及巷道门（图 3-7-13），以及具有防范意识的内院、外院建筑空间。村中的新屋、老堂屋、下新屋、上新屋、大新屋和围姊地均由主院及附院组成。主院是主要的起居活动区，是男人们的世界；从属于主院的院中院——附院，主要是妇女和儿童的活动空间。大量的外院则住仆役、长工，他们往往起到看家护院的特殊作用。

图 3-7-12　宝镜村主入口处的下新屋与第二道门楼　　图 3-7-13　宝镜村内的巷道
（来源：作者自摄）　　　　　　　　　　（来源：作者自摄）

位于古建筑群的前外围，起看家护院作用的走马吊楼（又叫长工楼），为两层砖木结构建筑，下层是 9 间畜栏马厩，上层为 18 间长工住房，总长 55m，宽 6.3m，建筑面积 750m^2，是湖南目前发现的最大的杂屋类建筑。其使用功能和建筑形式都融入了瑶族干栏式/吊脚楼式建筑特色。

3. 建筑布局及建造特点

据《何氏族谱》记载，清时宝镜何氏家族共出才子 42 名，有进士 10 人，贡生 4 人，大学生 6 人。42 名才子中有职员 13 名：文官 11 人、武官 2 人。因为在外做官，其民居建筑较多地吸取了汉族民居尤其是江南民居的风格特点。主体建筑始建于清顺治年间，少量建筑续建于民国年间。村中每一栋大体量建筑都由主院、附院、侧院、前坪、花园组成，以纵列多进式天井（院落)为中心组成住宅单元，纵深布局，中轴对称，高墙深院、对外封闭，且各具特色(图 3-7-14、图 3-7-15)。

图 3-7-14　宝镜村大新屋入口　　　图 3-7-15　宝镜村围姊地入口

（来源：作者自摄）　　　　　　　　（来源：作者自摄）

村中所有古建筑均为清水砖墙，小青瓦屋面；主要为"金字硬山搁檩造"和穿斗式梁架结构，少数采用三山式封火山墙或马头垛子；石材墙基、柱础和天井，有的地面也采用大量规整的石材铺墁。雕梁画栋，灰塑、木雕、石雕、彩绘等工艺精湛，内容宽泛，栩栩如生(图 3-7-16)。主入口大门上方的门簪正面多为阳刻的太极八卦图案，而其他房屋的大门门簪正面多阳刻八卦中的乾、坤符号。

图 3-7-16 宝镜村内檐枋下雕刻组图

（来源：作者自摄）

这里以新屋为例，介绍宝镜村的建造特点。

新屋建于清道光二十二年(1842 年)，是宝镜村最大、最有代表性，同时也是保存最为完好、功能最为齐全、最能反映封建地主庄园经济生活的建筑。占地总长 64.8m，宽 46.6m，由主院和左、右各两个附院、前坪、后院等组成。主体建筑坐南朝北，总长 58.5m、宽 46.6m，总面积 2 726m²，共 12 个天井、80 间厢房。主院由门厅、中堂、二进中堂、倒堂四部分构成，后堂高于前堂，每堂中均有天井，号称"三进大堂屋"，当地人俗称其为"三堂九井十八厅，走马吊楼日晒西"(图 3-7-17～图 3-7-19)。

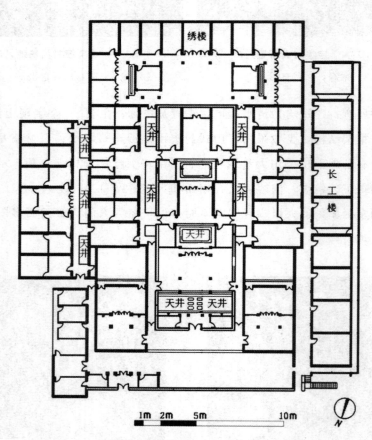

图 3-7-17　宝镜村新屋平面图(来源：永州市文物管理处)

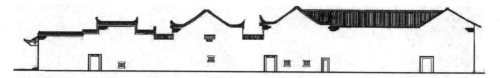

图 3-7-18　宝镜村新屋侧立面图（来源：永州市文物管理处）

　　主院前栋为向内单坡屋顶，门外为高大的一字式照墙。但是前栋对外大门偏在主轴的右侧，为三间式小门屋。门屋明间设木屏门，两侧原为打更室和传达室。门屋用出挑深远、造型优美的三坡阁楼式飞檐门罩，翼角均立陶质飞龙装饰。门罩两侧挑木下用雕凿精细鳌鱼形雀替，结构性、装饰性俱佳（图 3-7-20）。门屋右侧内坪用大石板墁地，平顺而规整。后面四栋均为双坡屋面，第二栋为三山式封火山墙，最后三栋为金字硬山，檐下饰以白色腰带。每栋外墙均为麻石墙基的清水砖墙。

图 3-7-19　宝镜村新屋正堂屋空间

（来源：作者自摄）

图 3-7-20　宝镜村新屋入口

（来源：作者自摄）

　　中轴主院为三进院，每进均为三间两厢式，穿斗式梁架，穿枋外侧多雕刻吉祥动植物图案装饰。天井砌筑考究，用料大气，天井池中置放银锭型的汀石踏跺，造型奇特而实用。天井四周木格扇门窗雕刻以花卉、草木、福、禄、寿、喜、民间故事为主（图 3-7-21）。

图 3-7-21　新屋内天井边格扇组图（来源：作者自摄）

南侧续接后院绣楼，多为女眷及孩子使用，吊脚楼形式，院屋相联，两层，共 20 间厢房，靠主院一侧设木楼梯上下，上带木质走马廊，明间装五抹头六格扇门，装修精美（图 3-7-22）。

宝镜村古村落是汉族、瑶族人民族智慧的结晶。村口两层的走马吊楼、村中吊脚楼风格的民居、主院后的女间、外院建筑中通长的吊脚柱外廊等，都体现出明显的瑶族建筑特色。瑶、汉民族建筑艺术取长补短，在这里得到完美结合（图 3-7-23～图 3-7-25）。宝镜村为省级历史文化名村，2011 年，湖南省人民政府公布为省级文物保护单位，2016 年 12 月入选第四批中国传统村落名录。

图 3-7-22　新屋后院的女间　　　　图 3-7-23　大新屋的窗户

　　（来源：作者自摄）　　　　　　　（来源：作者自摄）

图 3-7-24 宝镜村墙头凤鸟灰塑

（来源：作者自摄）

图 3-7-25　宝镜村柱础组图

（来源：作者自摄）

另外，郴州市桂东县沙田镇龙头村的空间结构形态具有明显的客家围屋特色。整座建筑占地约 2 000m²，共有大小房间 120 多间，小青瓦顶。主体建筑方形布局，坐北朝南，前后三排，中间有 13 个天井，砖木结构，高两层。南侧环以土砖杂房，环形幅度较大，高一层，用卵石做墙基。围屋内自主房到杂房分别为敞坪、菜地和池塘（图 3-7-26）。据村民郭名先老先生（退休干部）介绍，老屋大概是清朝咸丰年间，由郭韶埔始建；郭韶埔做生意赚了钱，又有八个儿子，所以要建大房子；郭氏祖先是从江西遂川草林攸福搬过来的，建房时对福建龙岩等地的客家围屋形式可能有模仿参考[1]。

图 3-7-26　桂东县龙头村俯视图

（来源：郭兰胜等《湖南发现围屋》，2016）

有的村落分布在丘陵及山区的台地上，民居建筑依地形散布于各级台地上，呈"散点"式分布，从整体上看，村落没有明显的中心和轴线。如永兴县高亭乡东冲村，株洲市醴陵市东堡乡沩山村的谢家湾组、荷莲组、钟鼓塘组，茶陵县桃坑乡双元村。

---

[1]　郴州电视台新闻联播："探秘"桂东围屋，2016-05-27.

第八节　形成机理的宏观分析

地域传统乡村聚落形成与发展的因子是多方面的，如封闭的自给自足的自然经济、地形环境、生产生活方式、社会矛盾与斗争、传统的礼制思想、宗法制度、阴阳理论、风水观念、聚居伦理文化、趋利避害的心理需求等等。人们对其研究侧重于不同的方面。本章对湘江流域传统村落的空间结构形态进行了分类研究，突出了地域乡村聚落景观的空间结构类型特点和地区特色。

湘江流域，尤其是南部地区多样的传统村落空间结构形态，是在特定的自然地理环境和社会、政治、经济、人文环境下产生和发展的，是地区社会、政治、经济发展的结果，是地区建筑文化审美的自然、社会和人文适应性特征的综合表现。

湘江流域是古代荆楚文化与百越文化的过渡区，是历史上四次大规模"移民入湘"的主要迁入地。历史文化景观自古受楚、粤文化和中原文化等多种文化的影响，尤其是受历史上多次移民的直接影响。历史上，各民族在长期交往中相互借鉴、相互吸收，因此传统民居建筑风格多有融合。如"半月形"池塘，过去较多发现于文庙建筑和客家民居建筑前，湘南山区非客家的传统村落也有较多出现，而且有的村落以村前的池塘或祠堂为中心，"曲扇"式向四周展开。究其原因，笔者认为，它与中国传统的宇宙观念和图腾崇拜等文化积淀有关，也应是清朝初期客家人"第四次大迁徙"[①]进入湘南带来客家文化影响，是文化传播与融合的结果。

湘江流域"街巷"式空间结构形态的村落，其选址一般都位于过去的地区交通要道上。它的形成与发展适应了当时社会、政治、经济的发展和居民生产生活的需要，适应了地域的自然地理环境与人文特点，体现了建筑文化审美对地域的地理、气候环境与社会人文等方面的适应性，是文化审美观与功

---

① 尤慎. 从零陵先民看零陵文化的演变和分期[J]. 零陵师范高等专科学校学报，1999，20(04)：80-84.

用价值观的统一；体现了文化的传承性和村落空间结构功能发展的进步性，是中国传统聚居制度与聚居形态发展的结果。延续至今，具有明显的优点，对于当今和谐社会宜居社区的规划建设仍然具有借鉴意义。

湘南传统村落较多采用"行列"式布局，适应了地区炎热潮湿的气候特点，满足了民居的采光、通风要求。巷道有通风疏导作用，较窄的巷道，白天受阳光照射少，温度较低。常风情况下，当天井（院落）内热空气上升，巷道内的冷空气就会补充进来，从而保证了民居室内不至于过热。

湘江流域，尤其是南部地区，传统村落和传统民居建筑布局既遵守"规则"，体现了中国传统"礼乐"文化和"宗法"文化的特点，又适应了地区的气候、地形地貌等自然环境条件。建筑布局不拘泥于"坐北朝南"。如"坐南朝北"布局的永州市零陵区干岩头村周家大院、新田县黑砠岭村龙家大院、江华瑶族自治县大圩镇宝镜村等；"坐东朝西"布局的江永县夏层铺镇上甘棠村、宁远县水桥镇平田村、江华县大圩镇宝镜村、道县龙村等；"坐西朝东"布局的宁远县湾井镇路亭村、宁远县九嶷山黄家大院、新田县三井乡谈文溪村、东安县横塘村周家大院、双牌县板桥村吴家大院、汝城县上水东村"十八栋"，以及体现各个朝向的"曲扇"式布局的村落和主体空间两侧相对朝向的"四方印"式布局的村落等。

过去，湘南地区的自然条件优越，山林葱郁，水系发达，生活资料易得，人民"火耕水耨"，樵渔耕植，无所不宜，文化发育较早。考古发现[①]，今永州地区有距今约 2 万年的人类活动遗迹：零陵石棚；有今距 1.4～1.8 万年的人类生息遗址：道县玉蟾岩遗址，遗址中发现的古稻谷刷新了人类最早栽培水稻的历史纪录，而陶器碎片的年代距今约 1.4～2.1 万年，比世界其他任何地方发现的陶片都要早几千年；有属全国首次发现且建设时代最早的宁远县玉琯岩舜帝陵庙遗址，相传公元前 2200 多年前舜帝曾在此"宣德重教"。可是，湘江流域南部地区山重水复，历史上虽水路发达，但陆路相对不便，与外界的交流较少，文明发展较慢，属于相对独立的小"文化龛"，因此地区历史文化景观保存较好。加之该地区少数民族较多，故地区历史文化景观类型多样，

---

① 欧春涛，赵荣学. 考古发现——重建永州的文明和尊严[N]. 永州日报，2010-8-17.

传统乡村聚落特色明显。正如学者童恩正先生在比较"中国北方与南方文明发展轨迹"时指出的，南方与北方自然条件较差的情况不同，相对黄河平原而言，南方的每一文化龛的范围都不是很大，"这里山峦阻隔，河川纵横，森林密布，沼泽连绵。人们只能在河谷或湖泊周围的平原上发展自己的文化。自然的障碍将古代的文化分割在一个一个文化龛中……文化龛之间虽然互相存在影响，但交往却不如北方平原地区那么方便密切。长江流域新石器时代文化之所以种类甚多，类型复杂，其原因即在于此。"[①]

宋代中叶以后，湘南的民族冲突、农民起义与战乱较多，加之土匪骚掠，"防匪护民"是"围寨"式村落形成的主要原因。

湘南和湘东山区耕地极少，民居建筑依地形散布于各级台地上，选址考虑更多的是适应地形地势的需要，不侵占生存资源，而又相对易于建设，生产生活方便。

---

① 童恩正. 中国北方与南方古代文明发展轨迹之异同[J]. 中国社会科学，1994(05)：164-181.

第四章　湘江流域传统村落公共空间的特点

第一节　场坪空间

一、村落广场

村落广场满足了村民集会、庆典、娱乐、商贸等活动的需要，收获季节是村民们脱谷、晒谷的场地（江华县瑶族地区称晒谷场为晒坝），平日里可作临时晾晒生活物资场所。根据广场与村落的位置关系，可分为村外广场、村口广场和村内广场三种。湘江流域汉族传统村落广场多位于村口，如岳阳县张谷英村当大门片区（图 4-1-1），汝城县土桥镇土桥村、香垣村，永兴县金龟镇牛头村（图 4-1-2）、高亭乡板梁村（图 4-1-3），宜章县白沙圩乡才口村（图 4-1-4），常宁市西岭镇六图村六图组（图 4-1-5），资兴市三都镇辰冈岭村木瓜塘组袁氏大屋（图 4-1-6）等村落或大屋前都有较大的广场。

图 4-1-1　张谷英村当大门入口空间

（来源：作者自摄）

图 4-1-2　永兴县牛头村入口空间

（来源：作者自摄）

图 4-1-3　永兴县板梁村下村俯视图

（来源：作者自摄）

图 4-1-4　宜章县才口村俯视图

（来源：作者自摄）

图 4-1-5　常宁市六图村六图组俯视图

（来源：常宁市住建局）

**图 4-1-6　资兴市辰冈岭村木瓜塘组袁氏
大屋入口空间**（来源：作者自摄）

随着村落的不断发展，原来位于村口的广场逐渐被民居建筑包围，成为村内广场，突出体现在"曲扇"式空间结构形态的村落中，如汝城县土桥镇金山村、马桥镇石泉村和高村（图 4-1-7）等。

a）主体鸟瞰图

b）宋氏宗祠

图 4-1-7　汝城县高村与宋氏宗祠（来源：作者自摄）

湘南平地瑶集中居住的大村落，常常在村口、村内和村外均有大小不同的广场，如汝城县文明镇沙洲瑶族村在村口与村内有较大广场，江永县兰溪瑶族乡兰溪瑶寨在村口、村内和村外都有较大广场（旧时村外盘王庙前有祭祀盘王活动广场，2016 年盘王庙改造为盘王祭祀博物馆），满足了瑶族舞香火龙、跳长鼓舞与祭拜盘王等民俗活动的需要。

瑶族人民每到一地都要建立盘王殿，以纪念先祖。永州市江华县是瑶族自治县，瑶族人曾立有数座盘王殿，但经风雨剥蚀早已毁坏。为缅怀祖先，昭示民族传统文化，开发旅游资源，促进经济发展，20 世纪 90 年代江华县将原建于姑婆大山中的盘王殿迁建于县城沱江镇平头岩公园内，占地 21 亩，地势依序为低、中、高三级，与平头岩相对应，1995 年 11 月落成。盘王殿坐北朝南，建筑错落有致，既是祭祀盘王的集体活动场地，也是瑶族历史文化陈列馆。每年农历的十月十六在此都会举行一场盛大的盘王节祭祀活动。

二、建筑前坪

建筑前敞坪主要包括宅前敞坪与祠庙前敞坪（广场）。建筑前敞坪既是传统村落与大屋民居的室外公共活动空间，也是其空间形态构成的重要组成部分。族中集会、庆典、大型祭祀、讨论重大事务、听戏看演出等活动常常在此举行。夏日可纳凉，收获时可作为晒谷场，平时可作为小孩的嬉戏场所。湘江流域传统村落因地形环境不同，宅前敞坪大小不一。大屋民居一般都有较大的入口前坪，如浏阳市金刚镇丹桂村青山组桃树湾刘家大屋（图 4-1-8），浏阳市龙伏镇新开村沈家大屋（图 4-1-9），资兴市三都镇辰冈岭村黄昌岭组、三元组和石头丘组（图 4-1-10），祁阳县白水镇竹山村灰冲王家大院（图 4-1-11）等。

图 4-1-8　浏阳市桃树湾刘家大屋槽门
及前坪(来源：作者自摄)

图 4-1-9　浏阳市沈家大屋"进水槽门"
及前坪(来源：作者自摄)

图 4-1-10　资兴市辰冈岭村三元组与
石头丘组(来源：作者自摄)

图 4-1-11　祁阳县竹山村王家大院
(来源：祁阳县住建局)

　　祠庙前的宽敞坪地或广场，可以说是村落民居建筑与祠庙衔接的过渡空间。湘江流域传统村落祠庙前几乎都有宽敞坪地或广场，如浏阳市大围山镇浏河源村新征组李氏家庙(图 4-1-12)、达浒镇金石村圣庙组孔氏家庙(图 4-1-13)、金刚镇丹桂村清江片青山组唐氏家庙(图 4-1-14)，株洲市炎陵县鹿原镇西草坪村鹏堂组张氏宗祠(图 4-1-15)、衡阳市衡阳县车江镇车江村杨氏宗祠(图 4-1-16)、衡阳市东阳渡街道沿兴村黄家坪黄氏宗祠(图 4-1-17)，郴州市汝城县马桥镇外沙村朱氏家庙(图 4-1-18)、宜章县迎春镇碕石村彭氏宗祠(图 4-1-19)、土桥村"诗礼传家、何氏家庙、三代明经"三祠(图 4-1-20)等等。

图 4-1-12 浏阳市浏河源村新征组李氏家庙

（来源：作者自摄）

图 4-1-13 浏阳市金石村圣庙组孔氏家庙

（来源：作者自摄）

图 4-1-14 浏阳市丹桂村青山组唐氏家庙

（来源：作者自摄）

图 4-1-15 炎陵县西草坪村鹏堂组张氏宗祠

（来源：作者自摄）

图 4-4-16 衡阳县车江村杨氏宗祠

（来源：作者自摄）

图 4-1-17 衡阳市沿兴村黄氏宗祠

（来源：作者自摄）

a)主体鸟瞰图   b)朱氏家庙

图 4-1-18   汝城县外沙村与朱氏家庙（来源：作者自摄）

a)局部鸟瞰图   b)彭氏宗祠

图 4-1-19   宜章县碕石村与彭氏宗祠（来源：作者自摄）

图 4-1-20   汝城县土桥村"诗礼传家、何氏家庙、三代明经"三祠（来源：作者自摄）

三、街巷节点

传统村落中的街巷空间是村落的骨架，担负着整个村落的交通和联系。不同街巷相交处即为街巷节点，它是不同街巷的过渡空间。街巷节点空间是村落中的公共空间之一，是对村落中基本生活、生产场景的延伸，反映了村落中家庭的生活方式。街巷节点处往往是广场空间，有古树、水井、商店等，路人在此驻足小憩，村民们在大树下聊天，在水井边洗衣、洗菜，在广场上商议，甚至生产，如编织、做针线活等，生活韵味非常浓厚。

湘江流域传统村落中的街巷节点空间特点明显，其空间形态往往结合地形特点和村落整体布局要求，因地制宜，呈现出不同的空间形态，边界相对模糊。如江永县夏层铺镇上甘棠村中的街巷节点空间多位于"坊"门前的"大街"上，即在此处放大街道宽度，形成过渡与交往空间；江永县兰溪瑶族乡兰溪村中的街巷节点空间中常有风雨桥或凉亭，以及生活水井；道县乐福堂乡龙村中的街巷节点空间中有休息亭——青龙阁；宁远县湾井镇下灌村中的街巷节点空间中有拱桥和水井（图 4-1-21）；汝城县卢阳镇益道村的街巷节点空间中有水井（图 4-1-22）；岳阳县张谷英村中的街巷节点空间形成于村边渭洞河沿岸，局部有水井。

图 4-1-21　宁远县下灌村中街巷节点处拱桥与仙人井（来源：作者自摄）

图 4-1-22　汝城县益道村街巷节点处水井（来源：作者自摄）

第二节　交通联系空间

一、院落与天井

以院落（天井）为中心组织建筑群空间是中国传统建筑的特征之一，也是中国传统建筑的灵魂。贝聿铭先生在讲中国建筑民族化问题时说，需要在传统建筑艺术的基础上找到一条道路、一种风格、一种为中华民族所特有的、与其他国家和民族不同的形式，如虚的部分——大屋顶之间的庭院，墙上的漏窗，中国建筑特有的色彩，园林布局等。

南方地区，民居一般以庭院、天井、回廊和楼梯为一体来组织室内外和楼层间的空间联系。院落和天井成为空间组织的中心，主要用于通风、采光。

湘江流域传统民居建筑中的天井多为方正空间，少数为长条形的。天井面积不大，一般为 5m² 左右，大屋民居中也有超过 10m² 的。天井四周及抄手游廊的边沿多用当地产的条石铺砌，天井中间也多用条石铺墁或砌成台地，种植花卉或摆设盆景，很少不用石砌的（图 4-2-1～图 4-2-7）。天井四周的建筑装饰集中在檐下、隔扇、横披、门头及二楼沿天井四周的回廊等处。过去没有时钟，人们常在较大天井中立杆，观日影计时，如张谷英大屋当大门中轴线上"接官厅"天井中还保留有当时人们用来插罗杆观测日影风向的石眼。庭院、天井和堂屋一起成为民居中的家庭活动中心。

图 4-2-1　资兴市辰冈岭村三元组袁氏公厅　　　图 4-2-2　资兴市流华湾村袁氏公厅
　　天井与寝堂（来源：作者自摄）　　　　　　　天井与寝堂（来源：作者自摄）

图 4-2-3　资兴市传统民居天井组图（来源：作者自摄）

图 4-2-4　张谷英大屋当大门中轴线上的
第一个厅堂（来源：作者自摄）

图 4-2-5 浏阳市楚东村涂家大屋公厅
天井与寝堂（来源：作者自摄）

图 4-2-6　浏阳市沈家大屋筼竹堂
天井与堂屋（来源：作者自摄）

图 4-2-7　平江县黄泥湾叶家新屋天井
边阁楼及回廊（来源：作者自摄）

祠堂与民居公厅的天井中常常阳刻寓意吉祥如意的动植物图案，如永州市零陵区大庆坪乡芬香村唐氏公厅天井内的双鱼石刻，资兴市蓼江镇秧田村段氏公厅天井内的牛、鱼、蛙、龟等石刻，资兴市三都镇三元村袁氏公厅天井内的龙、凤、鱼等石刻，永兴县马田镇邝家村邝氏公厅天井内的牛、莲、鱼石刻，永兴县马田镇和平村文子洞村刘氏公厅天井内的金鸟、鱼、象石刻，汝城县金山村井头组李氏家庙（陇西堂）天井内的龙、鱼、鹿等石刻（图4-2-8）。

a)袁氏公厅　　　　　　　b)邝氏公厅　　　　　　　c)李氏家庙

图4-2-8　湘江流域民居公厅与祠堂天井中的石刻组图（来源：作者自摄）

二、过厅与过亭

过厅、过亭，又称过庭或罩庭，较一般意义上的走廊宽，一般位于大屋民居的主轴线上，是两进正屋之间的联系体，联系前后两个厅堂，是重要的联系空间。过厅、过亭多为一层高，一般比正屋稍矮，如岳阳县张谷英大屋，浏阳市锦绶堂涂家大屋、桃树湾刘家大屋和沈家大屋，汨罗市唐家桥村任弼时故居，资兴市蓼江镇秧田村，祁阳县潘市镇侧树坪村四房院等民居建筑中的过厅（图4-2-9～图4-2-14）；有的比两侧的正屋高，如永州市祁阳县潘市镇龙溪村李家大院正堂屋轴线上的多个过亭均高于正屋（图4-2-15）。

过厅、过亭一般不设门，左右两侧多为天井，富实之家有在天井一侧或两侧设隔扇门窗的；也有在过厅一侧或两侧另加过道的，这样过厅成了独立部分，可作茶食等家庭活动空间。过厅、过亭上方多做华丽装饰，富实之家的过亭上部常用藻井装饰，如浏阳市桃树湾刘家大屋和锦绶堂涂家大屋（图4-2-16、图4-2-17）。湘中地区"在中等以上的住宅中，过庭装设有很美丽的栏杆，布置有吊兰等盆景以资点缀，可为夏天纳凉坐息之地。"[1]

---

① 　贺业钜. 湘中民居调查[J]. 建筑学报，1957(03)：51-58.

图 4-2-9　浏阳市桃树湾刘家大屋纵轴线
上的厅堂（来源：谭鑫烨 摄）

图 4-2-10　浏阳市涂家大屋纵轴线上的
厅堂与横向过厅（来源：作者自摄）

图 4-2-11　浏阳市沈家大屋内过厅
（来源：作者自摄）

图 4-2-12　汨罗市任弼时故居堂屋前过厅
（来源：作者自摄）

图 4-2-13　资兴市秧田村民居堂屋前天井
与过厅（来源：资兴市住建局）

图 4-2-14　祁阳县侧树坪村四房院中过厅
（来源：祁阳县住建局）

图 4-2-15　祁阳县龙溪村李家大院正堂屋上的过亭(来源：祁阳县农村规划办公室)

图 4-2-16　浏阳市桃树湾刘家大屋过亭上的藻井(来源：作者自摄)

图 4-2-17　浏阳市锦绶堂涂家大屋过亭上的藻井组图(来源：作者自摄)

三、房廊与巷道

　　湘江流域位于湖南省东南部，南岭以北，处在东南季风和西南季风相交绥的地带，周围山地阻隔，不易散热，夏季潮湿闷热，而且延续时间较长，属于典型的亚热带季风性湿润气候，所以一般民居四周屋檐出挑较多以遮阳和防止雨水污湿墙面。前面多是利用房屋两端山墙出耳，中间开间立柱，形成房屋前走廊——房廊，檐宽一般为 1.5m 左右(图 4-2-18～图 4-2-23)。房廊是室内外空间的过渡部分，收获季节可临时堆放农具等，在夏季起到了很好的遮阳作用，也是很好的休息空间。合院式民居与大屋民居内的房廊是其内部空间联系的重要通道。

图 4-2-18　浏阳市大围山北麓园村民居

（来源：作者自摄）

图 4-2-19　浏阳市文家市镇民居

（来源：作者自摄）

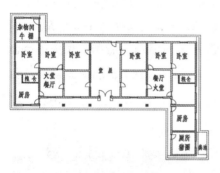

a)平面图

b)立面图

图 4-2-20　浏阳市新开村沈宅（来源：作者自测自绘）

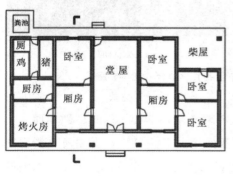

a)平面图

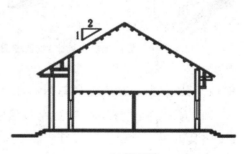

b)剖面图

图 4-2-21　岳阳县某宅（来源：作者自测自绘）

图 4-2-22 桂阳县正和镇阳山村民居   图 4-2-23 常宁市松柏镇江水村正斗坪组民居
（来源：作者自摄）   （来源：作者自摄）

巷道是传统大屋民居空间形态构成的重要组成部分，作用非常明显，它既将不同方向上的空间分隔开来，形成空间的韵律和节奏，又是空间联系的通道。湘江流域传统村落和大屋民居中的巷道，一般宽 1～2m。大屋民居中，常常在左右需要互通的门道外的巷道处设过亭，便于下雨天联系，如双牌县理家坪乡板桥村吴家大院、道县龙村、资兴市三都镇流华湾村的巷道上均设有过亭（图 4-2-24）。由于两侧多为青砖墙体，且直到屋顶，高度一般超过7m，所以又是很好的防火带。如遇火灾只需将巷道上的瓦撤开，就很快截断了火路，不会出现一家失火殃及四邻的情况。

图 4-2-24 资兴市流华湾村巷道组图（来源：作者自摄）

第三节 池塘与井台空间

池塘与井台空间是传统村落及大屋民居景观空间的重要组成部分。古人认为，气蕴于水中，气随水走，水为生气之源，得水能生气。"气聚成水，气动成风""吉地不可无水"。《葬经》载："气乘风则散，界水则止。……风水之法，得水为上，藏风次之。"《管子·水地》曰："水者何也？万物之本原也，诸生之宗室也，美恶、贤不肖、愚俊之所产也。"水是生命和财富的象征，民俗中有"山主人丁水主财"之说。

传统民居建筑选址还要考虑日常的生产生活用水和防火用水需求。在不能方便利用"活水"的时候，人们常常在村落或房屋前开挖池塘，以满足日常用水所需。池塘在村落中亦称明塘，寓心明如水之意，象征着积水聚财。

然而，无论是临近自然的活水源还是人工开挖的池塘，逢干旱之年也有干涸之时，严冬雨雪之季，也多不便外出"亲水"。此时，挖井取水便有更多的意义。吴裕成先生在《中国的井文化》一书中对古人"作井"的意义作了三点阐述："挖井出泉，使人们在承雨雪、汲河湖之外，另辟出新的获取水源的途径。这在文明史上，意义之重大，非同小可。多出一种水源，此其一；掘井，于本无水的地表掘出水，这与河边取水、洼田灌瓶——利用地表固有水源，在得水形式上有着质的区别，此其二；因为能够掘井，摆脱对江河湖汊的依赖也就成为可能，为了饮水需要，不得不依水而居的情况，便可以有了小小的改观——依井而居，此其三。"[1]

湘江流域传统村落和大屋民居的选址虽然多临近水源，但每个传统村落或大屋民居一般都有自己的池塘与水井，人们在这里洗衣、洗菜、挑水做饭……这里也自然成为人们日常生活的中心之一。有的村落在池塘边设水井，如新田县枧头镇黑咀岭村龙家大院、东安县大江口乡六仕町村、郴州市北湖区鲁塘镇陂副村、桂东县太和镇地界村 2 组等。很多村落在水井旁设水池，

---

① 吴裕成. 中国的井文化[M]. 天津：天津人民出版社，2002：8.

以方便洗涤；有的设多个水池，做到洁污分池（图4-3-1～图4-3-8）。池塘与水井一般位于村落和大屋民居的前部，池塘形态多为半月形，乡间也称其为"泮池"，希冀家族子孙能够"入泮"考中功名。有的村落水井位于内部街巷节点处，如宁远县湾井镇下灌村、江永县兰溪瑶族乡兰溪村、道县龙村、汝城县卢阳镇益道村、岳阳县张谷英村等。有的村落或大屋因规模宏大，有多个池塘和水井，如岳阳县张谷英大屋、衡南县宝盖村、汝城县金山村、东安县横塘村、永兴县板梁村和高亭村、桂阳县阳山村和昭金村溪里组、资兴市辰冈岭村和流华湾村等。

图4-3-1 东安县六仕町村村边池塘与水井
（来源：作者自摄）

图4-3-2 新田县彭梓城村村边水井
（来源：作者自摄）

图4-3-3 江永县兰溪村黄家村组村中水井
（来源：作者自摄）

图4-3-4 郴州市北湖区鲁塘镇陂副村水井
（来源：北湖区住建局）

图 4-3-5　永兴县板梁村村前水井
（来源：作者自摄）

图 4-3-6　桂阳县阳山村村边水井
（来源：作者自摄）

图 4-3-7　桂阳县荷叶镇鉴塘村水井
（来源：作者自摄）

图 4-3-8　永兴县板梁村中村俯视图
（来源：作者自摄）

　　大型村落前的池塘也较大，如宁远县的久安背村前池塘约 5 亩，路亭村前池塘约 10 亩，永兴县板梁村、桂阳县魏家村溪里组和锦湖村的池塘都超过 10 亩。

第四节　公共建筑空间

一、牌坊与门楼

（一）牌坊

牌坊，又名牌楼，是封建社会为褒扬功德、旌表忠孝节义的一种纪念性建筑物。建造牌坊是分隔空间的重要手法，是划分空间与组织街道景观的重要手段，对于营造空间环境氛围起到了重要作用。张玉舰的《中国牌坊的故事》一书将中国各地牌坊划分为六类：一是庙宇坊，如曲阜市孔庙牌坊、登封市少林寺古牌坊、苏州市知恩报恩牌坊等；二是功德坊，为某人记功记德，如桓台县新城镇"四世宫保"坊、青州市衡王府石坊、黟县西递胡文光刺史坊等；三是百岁坊（也称百寿坊），如滕州市韩楼百寿坊、泾县九峰村百岁牌坊等；四是节孝坊，表彰本地的节烈妇女，如歙县含贞蕴粹坊和孝贞节烈坊、章丘区郭家庄张氏牌坊、楚雄市黑井镇的节孝总坊等；五是标志坊，多立于村镇入口与街上，作为空间段落的分隔之用，如开封市古吹台牌坊、卫辉市望京楼诚意坊、绩溪县中正坊及其他牌坊；六是陵墓坊，如绍兴市大禹陵牌坊、南通市唐骆宾王墓道坊、苏州市唐伯虎墓牌坊等[①]。

牌坊在结构材料上有木、石之分，在形式上有"柱出头"式和"柱不出头"式两类。两类均有一门二柱、三门四柱、五门六柱等形式。牌坊顶上的楼数多为单数，如三楼、五楼、七楼、九楼，为偶数的很少。

乡村牌坊多是为先人受到朝廷表彰而立，必须得到朝廷的批准。村落中的牌坊，有的立于村口，有的立于祠堂主体建筑前。位于祠堂前的牌坊，一方面彰显了家族先人的丰功伟绩或高尚美德，另一方面兼有祭祖的功能。

湘江流域传统村落中现存的古牌坊多为石质。如汝城县津江村头入口附近依次立有三座牌坊：都宪坊、宗保坊、翰林吉士坊，汝城县城郊乡（卢阳镇）益道村三拱门范氏家庙前有绣衣坊，宜章县黄沙镇堡城村蔡氏宗祠前有节孝坊，茶陵县秩堂乡皇图村龙氏家庙前有中宪大夫坊，嘉禾县车头镇荫溪村有凤宪牌坊等。

汝城县益道村范氏家庙前的绣衣坊建于明正德十五年（1520年），是为纪念监察御史范辂所建。绣衣为古代监察御史的别称，故牌坊冠名为绣衣坊。坊体为"三门四柱四楼"式，比较特别。额柱镂雕有龙、狮、凤、麒麟、猴、白鹭、鹤、鹰、马等，石刻精美，做工精巧，图案细腻，造型华丽（图4-4-1）。有学者认为，绣衣坊明显受到粤式及南洋风格的影响。

---

① 张玉舰. 中国牌坊的故事[M]. 济南：山东画报出版社，2011.

宜章县堡城村蔡氏宗祠前的节孝坊建于清乾隆二年(1736年)，是为表彰村中族人蔡宗第之妻黄氏的节孝美德而建。黄氏25岁时丈夫亡故，黄氏从此守寡，上奉老母，恪尽孝道；下抚幼子，备尝艰辛。清雍正十三年(1735年)，黄氏仙逝，族人将其上旌入祠祭祀。清乾隆二年，蔡氏出资营造此牌坊。坊体为"三门四柱三楼"式。节孝坊整体造型端庄，稳定性和厚重感很强，装饰华丽。文字遒劲，阳刻、阴刻并存；浮雕图案构思奇巧，所刻画的动物、植物形象，线条飘逸，动作夸张，给观者一种天上人间之感，体现了现实与幻想的结合。节孝坊整体造型美观、布局合理，工艺精湛，地方特点明显，有较高的历史价值和艺术价值，是研究清代刻石绘画、刻石书法的珍贵资料(图4-4-2)。

图 4-4-1　汝城县益道村范氏绣衣坊　　　　图 4-4-2　宜章县堡城村蔡氏节孝坊

（来源：作者自摄）　　　　　　　　　（来源：宜章县住建局）

茶陵县皇图村龙氏家庙前的中宪大夫坊，建于清康熙五十五年(始建于明万历年间)，清光绪年间重修(见龙家牌坊保护单位石刻)。龙家屋六房基祖龙庆云于明隆庆年间任苏州同知，后升任四川龙安知府、被诰封为"中宪大夫"。后来被皇上敕封或诰封为"中宪大夫"衔的还有明万历年间进士龙文明、龙汝荩，清康熙年间进士龙德中。牌坊整体高7层12m，基座宽11m，主要以花岗岩石块构筑而成。坊体为"三门四柱五楼"式，造型庄重大方，具有较高的历史、科学、艺术、观赏价值。坊上所有的牌匾都采用质地细腻的青石板作浮雕，内容有三顾茅庐、桃园结义、关公挑袍、长坂坡、甘露寺、空城计等三国人物故事，所有人物、花卉、鱼鸟图案神态各异、栩栩如生，镌刻图案疏密有致，玲珑剔透，极为工细。2002 年中宪大夫坊由湖南省人民政府公布为省级文物保护单位，保存完好（图 4-4-3）。

图 4-4-3　茶陵县皇图村中宪大夫坊

（来源：作者自摄）

图 4-4-4　道县恩荣进士坊

（来源：作者自摄）

城镇中的过街牌坊不仅可以美化街区，还是街区方位的标志。牌坊的通透性保持了街道空间的连续性，大大增强了街区空间的可识别性，人们可以利用牌坊确定方位。如长沙市天心区原长沙府学宫西侧入口的牌坊，永州市道县的恩荣进士坊（图 4-4-4）等。

永州市道县的恩荣进士坊，原位于道县老城区寇公街，为明朝进士何朝宗所建，2003 年被公布为永州市文物保护单位。因墙体倾斜，构件松散，2012 年异地重建。何朝宗，祖籍道州沙田，明万历三十八年（1610 年）进士，曾任三元知县、海丰令等职，为官清正，刚直不阿。何朝宗考取进士后，为谢浩荡皇恩，于 1618 年在道州城建造了这座石牌坊。牌坊整体高 4 层 11.1m，基座宽 6.6m，通体为细麻石仿木式结构，为"三门四柱五楼"式。牌坊梁枋、匾额、栏柱浮雕或圆雕鳌鱼、游龙戏珠、丹凤朝阳、麒麟、花卉、八仙等人物故事，图案简洁大方。

(二)门楼

过去，传统大屋民居村落和少数民族村寨多建有门楼建筑。湘江流域传统大屋民居村落主体建筑空间前常建"屋宇式"门楼，门楼后为庭院，形成重门序列空间。入口门楼也称朝门、槽门，大门一般开在槽门的正中间。槽门多为立柱前廊式，外墙多做成向外撇开的八字形。视前廊的长短，阶檐有设柱和不设柱的。如岳阳县张谷英大屋八字形的当大门、浏阳市五神村桥头组彭家大屋(图4-4-5)、零陵区干岩头村周家大院"老院子"、江华县宝镜村何家大院、江永县兰溪村的入口阶檐都没有立柱，而浏阳市的新开村沈家大屋、清江村桃树湾刘家大屋、楚东村锦绶堂涂家大屋(图4-4-6)，衡南县宝盖村廖家大屋(图4-4-7)，新田县的厦源村(图4-4-8)、骆铭孙村(图4-4-9)、谈文溪村郑家大院(图4-4-10)，江华县井头湾村，零陵区干岩头村周家大院的"红门楼"和"黑门楼"，宜章县的黄家塝村(图4-4-11)、千家岸村曹氏大屋(图4-4-12)，桂阳县南衙村(图4-4-13)等大屋民居或村落的入口门楼出檐较多，大门的阶檐下都有立柱。

图 4-4-5 浏阳市彭家大屋门楼

(来源：作者自摄)

图 4-4-6 浏阳市涂家大屋门楼

(来源：作者自摄)

图 4-4-7　衡南县宝盖村廖家大屋门楼

（来源：王立言摄）

　　图 4-4-8　新田县厦源村门楼

（来源：新田县住建局）

图 4-4-9　新田县骆铭孙村门楼组图（来源：刘洋摄）

图 4-4-10　新田县郑家大院门楼

（来源：作者自摄）

图 4-4-11　宜章县黄家塝村门楼

（来源：湖南省住建厅）

图 4-4-12　宜章县千家岸曹氏大屋门楼　　　图 4-4-13　桂阳县南衙村门楼
（来源：作者自摄）　　　　　　　　　　　（来源：桂阳县住建局）

大型村落不但设有高耸的对外门楼，内部亦设有多个门楼。村落内按"血缘关系"设"坊"，以巷道地段划分聚居单位（家庭用房），按坊门聚族而居，分区明确，坊门是村落的第二道门楼。如江华县宝镜村何家大院、井头湾村，江永县兰溪村、上甘棠村，道县祥田广洞村，永兴县板梁村，桂阳县阳山村等村落内部都有多个门楼，成为进村的第二道防卫设施。

二、凉亭与廊桥

凉亭与廊桥是传统村落内外空间的公共建筑，也是传统村落空间形态构成的组成部分，体现了传统村落的居住环境和生存条件。湘江流域属于典型的亚热带季风性湿润气候，夏季炎热多雨，而且暑热期长；地形地貌大都为起伏不平的丘陵与河谷平原和盆地，尤其是南部地区，河道多顺直，沿河多为中、低山地貌，过去雨季河水多泛滥成灾。传统村落多依山傍水，为了方便生产、生活，以及旅行负贩者息肩歇脚、躲避风雨，传统村落周边和田垌要道多建凉亭，溪河上往往建廊桥（风雨桥），并榜书题额。湘江流域传统村落内外的凉亭和廊桥大多为民间捐建，旁边往往有碑刻记载相关事宜。

湘江流域，尤其是南部地区传统村落内外的凉亭与廊桥较多，保存较好的诸如道县乐福堂乡龙村中街巷节点空间的休息亭、清塘镇楼田村南端的濯缨亭、临武县麦市镇上乔村外古凉亭、浏阳市社港镇新安村的风雨桥、宁远县湾井镇下灌村冷水河上的广文桥、东安县紫溪镇塘复村印河上的广利桥（下花桥）、永兴县高亭乡板梁村的接龙桥、江永县桃川镇大地坪村岩寺营组的朝天桥、江永县兰溪瑶族乡兰溪村的风雨桥（图 4-4-14～图 4-4-22）。《民国汝城县志》记载，古来该县内有凉亭和廊桥170多座。

图 4-4-14　道县楼田村濯缨亭

（来源：作者自摄）

图 4-4-15　临武县上乔村外古凉亭

（来源：临武县住建局）

图 4-4-16　浏阳市新安村风雨桥

（来源：作者自摄）

图 4-4-17　宁远下灌村泠水河广文桥

（来源：宁远县住建局）

图 4-4-18　东安县塘复村广利桥

（来源：作者自摄）

图 4-4-19　永兴县板梁村接龙桥

（来源：作者自摄）

图 4-4-20　江永县大地坪村朝天桥

（来源：永州市文物管理处）

图 4-4-21　江永县兰溪村口培元桥

（来源：作者自摄）

图 4-4-22　江永县兰溪村街巷空间中凉亭组图（来源：作者自摄）

三、祠堂与戏台

（一）湘江流域乡村祠堂分布概况

湘江流域现有原址原状保存或修复较为完好的家族祠堂 660 余座[①]。家族祠堂在村落环境中的位置，大致可以分为两大类，一是村中建祠，祠堂位于村落之中，与住宅相邻；二是村外建祠，祠堂位于村外台地，环境秀美。其中，祠堂在村落布局中的位置又可分为三种情况：

第一种情况是家族祠堂位于村前或房系聚住区的前方，民居建筑在祠堂

---

① 伍国正. 湘江流域乡村祠堂建筑景观与文化［M］. 长春：吉林大学出版社，2021：195-220.

两侧及其后方延伸，祠堂前一般有较大的敞坪和池塘，满足了家族祭祀、宴请等公共活动的要求，这种布局的祠堂在乡村中较多。如永州市祁阳县潘市镇龙溪村李氏宗祠，宁远县湾井镇下灌村李氏宗祠、久安背村李氏宗祠和路亭村王氏宗祠，郴州市宜章县黄沙镇（长村乡）五甲村黄氏祠堂、沙坪村李氏宗祠和千家岸村的贡元公祠堂与琅公宗祠，汝城县卢阳镇益道村范氏家庙（图4-4-23）和中丞公祠（图4-4-24）、津江村朱氏祠堂（图4-4-25）、汝城县土桥镇土桥村何氏三座家庙、香垣村何氏宗祠、金山村界下组卢氏家庙、金山村坎上坎下组叶氏家庙（图4-4-26）、金山村广安所组李氏宗祠（图4-4-27），汝城县马桥镇高村宋氏宗祠（图4-4-28）、永丰村（先锋村）周氏家庙和周氏宗祠，汝城县文明瑶族乡司背湾村东村罗氏家祠，永兴县高亭乡板梁村的三座刘氏祠堂（图4-4-29），株洲市攸县上云桥镇高岸村周氏宗祠等。板梁古村始建于宋末元初鼎盛于明清，距今有600多年历史，现存古建筑300多栋，总建筑面积达57 600 m²。族谱记载，全村同姓同宗，为汉武帝刘氏后裔。板梁村分上、中、下三片房系，在每片房系的前面都分别建有祠堂，祠堂前各挖了一个半月塘，寓意"月满则亏，水盈则溢"，用来告诫后人"谦虚忍让，永不自满"。民居建筑在祠堂两侧及其后方依山就势展开，村内街巷井然有序，房屋错落有致。

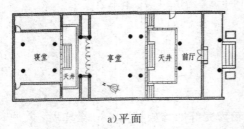

a）平面

（来源：林莎莎《郴州汝城县明清时期宗祠研究》，2010）

b）外观

（来源：作者自摄）

图 4-4-23　汝城县益道村绣衣坊范氏家庙

a)平面　　　　　　　　　　　b)中厅及后堂

图 4-4-24　**汝城县益道村绣衣坊中丞公祠**（来源：作者自绘自摄）

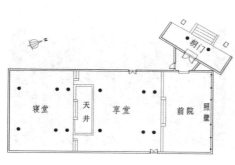

a)平面　　　　　　　　　　　b)外观

图 4-4-25　**汝城县津江村朱氏祠堂**（来源：作者自绘自摄）

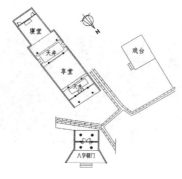

a)平面　　　　　　　　　　　b)外观

图 4-4-26　**汝城县金山村坎上坎下组叶氏家庙**（来源：作者自绘自摄）

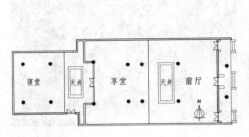

a)平面

b)外观

图 4-4-27　汝城县金山村广安所组李氏宗祠(来源:作者自绘自摄)

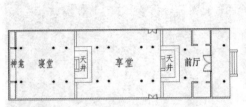

a)平面

b)前厅檐枋

图 4-4-28　汝城县高村宋氏宗祠(来源:作者自绘自摄)

a)上村祠堂

b)中村祠堂

图 4-4-29　永兴县板梁村刘氏祠堂(来源:作者自摄)

第二种情况是家族祠堂位于村落中间,民居建筑环绕祠堂,整个村落依地形以祠堂及祠堂前池塘为中心向四周呈"曲扇"式展开，祠堂与池塘间为宽敞的坪地。位于村落中间的祠堂也较多，尤其是在湘南地区。如郴州市苏仙区廖家湾乡（良田镇）廖家湾村廖氏宗祠，汝城县马桥镇外沙村朱氏家庙（图4-4-30）、石泉村胡氏宗祠，汝城县暖水镇（田庄乡）洪流村黄氏家庙（图4-4-31），汝城县文明瑶族乡司背湾村西村罗氏家庙（图4-4-32），宜章县莽山乡黄家塝村黄氏宗祠、杨梅山镇月梅村杨氏宗祠、迎春镇碛石村彭氏宗祠（图4-4-33），桂阳县莲塘镇锦湖村傅氏宗祠（图4-4-34），洋市镇庙下村雷氏宗祠，永兴县高亭乡高亭村王氏宗祠（琨公厅），资兴市清江乡加田村老屋组何氏公祠，衡阳市常宁市西岭镇六图村尹氏祠堂，耒阳市太平圩乡寿州村贺氏宗祠，永州市新田县三井乡谈文溪村郑氏家庙，东安县大江口乡六仕町村唐氏祠堂（图4-4-35），道县乐福堂乡龙村蒋家祠堂，宁远县湾井镇东安头村李氏宗祠（图4-4-36、图4-4-37），浏阳市金刚镇星星村柘溪组李氏家庙（图4-4-38），株洲市醴陵市贺家桥镇潘家圩村潘氏家庙（图4-4-39），泗汾镇符田村刘氏祠（图4-4-40），岳阳市平江县浯口镇浯口居委会下街江氏宗祠（图4-4-41）等。

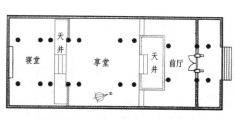

a）平面　　　　　　　　　　b）中厅梁架

图4-4-30　汝城县外沙村朱氏家庙（来源：作者自绘自摄）

图 4-4-31　汝城县洪流村黄氏家庙

（来源：作者自摄）

图 4-4-32　汝城县司背湾西村罗氏家庙

（来源：作者自摄）

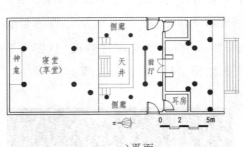

a）平面

b）寝堂

图 4-4-33　宜章县碕石村彭氏宗祠（来源：作者自绘自摄）

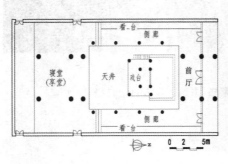

a）平面

b）外观

图 4-4-34　桂阳县锦湖村傅氏宗祠（来源：作者自绘自摄）

图 4-4-35　东安县六仕町村唐氏祠堂

（来源：作者自摄）

图 4-4-36　宁远县东安头李氏宗祠外观

（来源：永州市文物管理处）

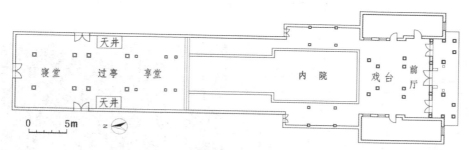

图 4-4-37　宁远县东安头村李氏宗祠平面图

（来源：永州市文物管理处）

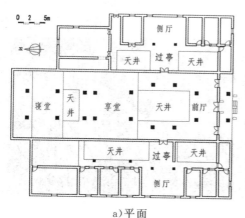

a）平面

b）俯视图

图 4-4-38　浏阳市星星村柘溪组李氏家庙（来源：作者自绘自摄）

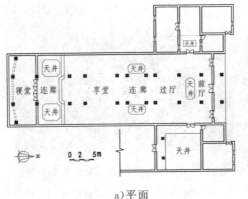

a)平面

b)俯视图

图 4-4-39 **醴陵市潘家圩村潘氏家庙**(来源：作者自绘自摄)

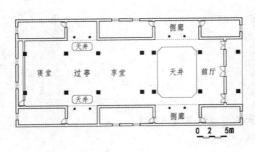

a)平面

b)俯视图

图 4-4-40 **醴陵市符田村刘氏宗祠**(来源：作者自绘自摄)

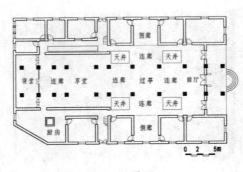

a)平面

b)俯视图

图 4-4-41 **平江县浯口镇下街江氏宗祠**(来源：作者自绘自摄)

　　第三种情况是家族祠堂位于村落边缘，多为进村入口处。这主要是因为村落所处地段地形地貌条件所限，村前和村中没有较好的地块建祠堂。但有的祠堂位于村落边缘，可能是后期所建，不一定体现前期的村落规划。如郴州市汝城县文明镇沙洲瑶族村朱氏宗祠、永兴县香梅乡大背村李氏宗祠、桂阳县正和镇阳山村何氏宗祠（图4-4-42）、桂阳县龙潭街道昭金村的魏家村溪里组魏氏宗祠（图4-4-43）和下水头组周氏宗祠（图4-4-44）、桂东县太和镇地界村2组舜公宗祠，浏阳市金刚镇丹桂村清江片青山组唐氏家庙，株洲市炎陵县鹿原镇西草坪村鹏堂组张氏宗祠、茶陵县秩堂乡毗塘村11组谭氏家庙（图4-4-45），衡阳市衡南县栗江镇大渔村渔溪组王家祠堂（图4-4-46），岳阳市平江县木金乡保全村店头大塅方式宗祠（图4-4-47），永州市江永县夏层铺镇上甘棠村周氏祠堂等。上甘棠村位于三山环绕的凹形地段，前面是谢沐河，周氏祠堂位于进村入口南札门内，祠堂前为进村道路和谢沐河。

a）平面

b）外观

图4-4-42　桂阳县阳山村何氏宗祠（来源：作者自绘自摄）

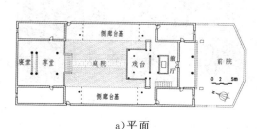

a）平面

b）俯视图

图4-4-43　桂阳县昭金村魏家村溪里组魏氏宗祠（来源：作者自绘自摄）

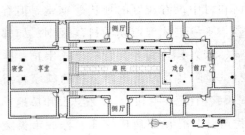

a)平面　　　　　　　　　　　　　　b)外观

图 4-4-44　桂阳县昭金村下水头组周氏宗祠（来源：作者自绘自摄）

a)平面　　　　　　　　　　　　　　b)外观

图 4-4-45　茶陵县毗塘村 11 组谭氏家庙（来源：作者自绘自摄）

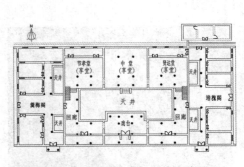

a)平面（来源：杨慎初《湖南传统建筑》）　　　　b)俯视（来源：作者自摄）

图 4-4-46　衡南县大渔村渔溪组王家祠堂

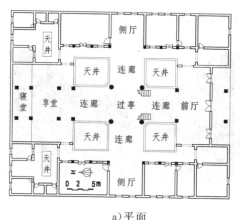
a）平面

b）俯视图

图 4-4-47　平江县保全村店头大塅方式宗祠（来源：作者自绘自摄）

　　位于村落外的祠堂，常常选址于环境秀美且平整开阔的台地，周围较开阔，交通方便。如郴州市资兴市程水镇曹氏宗祠和石鼓村程氏祠堂，桂阳县敖泉镇船山村仙堂组李氏宗祠（图 4-4-48），宜章县黄沙镇（长村乡）五甲村黄氏成公宗祠（图 4-4-49）、浏阳市大围山镇东门社区朱琳组涂氏祠堂（图 4-4-50）、达浒镇汤氏宗祠（图 4-4-51）和王氏家庙、达浒镇金石村圣庙组孔氏家庙，衡阳市衡南县松江镇高峰村欧阳氏宗祠和车江镇车江村杨氏宗祠、衡阳市珠晖区东阳渡街道沿兴村黄家坪黄氏宗祠，常宁市松柏镇（水口山镇）独石村柑子塘组李氏宗祠（图 4-4-52），株洲市茶陵县秩堂乡田湖村刘氏家庙，岳阳市平江县三市镇白雨村余氏宗祠（图 4-4-53）和木金乡木瓜村南山组余氏家庙（图 4-4-54）等。

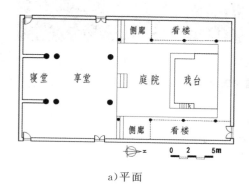
a）平面

b）戏台

图 4-4-48　桂阳县船山村仙堂组李氏宗祠（来源：作者自绘自摄）

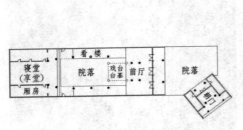

a）平面

b）内景

图 4-4-49　宜章县五甲村黄氏成公宗祠（来源：作者自绘自摄）

图 4-4-50　浏阳市东门朱琳组涂氏祠堂

（来源：作者自摄）

图 4-4-51　浏阳市达浒镇汤氏宗祠

（来源：作者自摄）

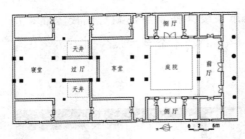

a）平面

b）俯视图

图 4-4-52　常宁市独石村柑子塘组李氏宗祠（来源：作者自绘自摄）

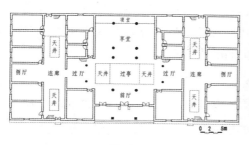

a)平面　　　　　　　　　　　　　　b)俯视图

图 4-4-53　**平江县白雨村余氏宗祠**(来源：作者自绘自摄)

a)平面　　　　　　　　　　　　　　b)俯视图

图 4-4-54　**平江县木瓜村南山组余氏家庙**(来源：作者自绘自摄)

另外，在调查中发现，有的家族祠堂位于村落或者家族聚住地的后方，如郴州市桂阳县太和镇溪口村吴佑公宗祠、汝城县卢阳镇东溪上水东村"十八栋"朱家祠堂、桂阳县黄沙坪镇大溪村骆氏宗祠。

（二）湘南祠堂木结构牌楼门的地域特征及其文化源流

牌楼门是屋宇式大门的门道上方屋面高于两侧次间屋面的牌坊式门楼的习惯称谓，是牌坊与屋宇式大门结合的门楼形式。湘南地区祠堂牌楼门遗存较多，且均为木结构，用歇山顶或者庑殿顶，檐下多用层叠如意斗栱，形态别致，斗栱、额枋、雀替、檐枋等处的木雕装饰形态繁复，图案色彩明艳，技艺手法多样，且牌楼门的构造方式和装饰风格的地域特征明显。目前对于湘南祠堂木结构牌楼门的研究还未形成完整的系统体系，既有研究多集中于湘南祠堂门楼"木雕装饰"，对牌楼门形态的地域特征和木雕装饰艺术的"文化源流"研究还不多，鲜有从区域层面进行整体性研究。分析湘南祠堂门楼的外部空间形态特点、木结构牌楼门的立面形态特征，揭示湘南祠堂木结构牌楼门构造方式和装饰技艺的地域特色，以及其形制与装饰艺术的文化源流，可以为地区传统祠堂特色建筑文化的保护与传承提供参考。

1. 湘南祠堂门楼的外部空间形态

湘南传统乡村祠堂除少数在主体建筑空间前另设朝门，形成重门序列空间外，多数为集中式空间组合，即门楼与祠堂主体空间组合在一起，成为祠堂主体建筑空间序列的起始。

湘南祠堂主体建筑门楼一般为三开间，大门开在中间的明间位置。按门楼入口前檐下有无立柱、檐下空间是否开敞可将门楼外部空间形态分为门堂式、凹斗门式及平门式三种形式。湘南祠堂门堂式门楼的数量最多，基本特点是建筑外檐使用柱子承重，檐下空间开敞，外立面整体上为外廊形式，如桂阳县莲塘镇的锦湖村傅氏宗祠、宜章县天塘镇天塘村谭氏宗祠、江华瑶族自治县大圩镇宝镜村何氏宗祠等。湘南祠堂凹斗门式门楼和平门式门楼的数量都不多，前者的基本特点是建筑门道处的墙体向内凹进，墙上开门，前檐下没有立柱，檐下空间较小，两侧为次间（或多个开间）的墙面，如桂阳县正和镇阳山村何氏宗祠、桂东县太和镇地界村2组舜公宗祠等。后者的基本特点是前檐下没有立柱，大门直接开在外墙上，且大门处墙体与大门左右房屋的墙体在同一直线上，如宁远县湾井镇下灌村李氏宗祠、桂阳县敖泉镇三塘村下桥组唐氏宗祠等。有的祠堂门楼（或朝门）外照墙八字向外敞开，如汝城县马桥镇外沙村朱氏家庙、土桥镇金山村坎上坎下组叶氏家庙、土桥镇先锋村周氏宗祠等。

受地形等环境条件所限，有的祠堂主体建筑入口位于主轴线一侧的厢房位置，形式简单，为凹斗门式和平门式门楼中的个例，如桂阳县黄沙坪镇大溪村骆氏宗祠，桂阳县敖泉镇兼葭村杨氏宗祠、敖泉镇船山村仙堂组李氏宗祠等。

2. 湘南祠堂木结构牌楼门的立面形态特征

（1）湘南祠堂木结构门楼的立面形态类型

湘南祠堂木结构门楼大致有三种立面形态，一是"平房"式：门楼空间形态为门堂式，两坡单檐屋面，外檐下立柱，两侧为金字山墙或封火山墙，柱头、檐枋与墙头等处做重点装饰；二是"牌楼"式：门楼空间形态亦为门堂式，将两坡屋面正中一间的前檐柱(有的加上两根前金柱,如宜章县天塘镇天塘村谭氏宗祠、宁远县路亭村王氏宗祠)抬高超过两侧檐口,在其上方做单檐歇山顶(或单檐庑殿顶,以歇山顶居多),檐下构件做重点装饰,两侧多为封火山墙,所以立面呈现出"牌楼"式样;三是"石库门"式:大门直接开在门楼的外墙上,石门框,门楣、窗楣与墙头处做重点装饰。湘南石库门式祠堂门楼数量不多,平房式祠堂门楼普遍存在,歇山顶(或庑殿顶)木结构牌楼式祠堂门楼在汝城县、宜章县、永兴县、宁远县、新田县、江永县境内较多,尤以汝城县最多。

湘南祠堂木结构牌楼门檐枋构造形式基本相同,装饰精细,造型优美。牌楼门外观形态上可分为檐下有斗栱和没有斗栱两种。有斗栱的木结构牌楼门的立面形态,"山字"式特点明显;没有斗栱的木结构牌楼门的立面形态,具有"重檐"式建筑特点。

(2)湘南祠堂木结构"山字"式牌楼门的立面形态特征

湘南祠堂有斗栱的木结构"山字"式牌楼门在当地称为"鸿门楼",基本特征是立面正中一间的前檐柱上方的歇山顶(或庑殿顶)四向檐口高出屋檐口很多,有的甚至高出门屋的正脊,歇山顶屋面坡度较大,檐角起翘大,牌门楼外立面呈现出明显的"山"字式样。歇山顶檐下通过层叠斗栱(多为如意斗栱)四向出挑五至九层;在对外(主要是正面)的栱头贴饰或栱间嵌饰圆形、方形、六边形、八边形、梅花形等形状的木块,木块上或彩画、或镂雕、或圆雕各种祥禽瑞兽、吉花祥草、古钱币等多种造型图案,以及福禄寿喜、旌表题词和励志后世的警言。斗栱下的额枋分三层,上层的小额枋浮雕与彩绘结合,题材以龙凤祥云、卷草花卉、吉祥纹饰为主,上立圆雕手法的木刻八仙和寿星等。下层的月形大额枋(鸿门梁)多为三层镂雕双龙戏珠,云水纹环绕,层层相扣。小额枋与鸿门梁间的封板(走马板)两侧对称浮雕和彩绘祥禽瑞兽、人物故事等图案,中间书写祠堂名、旌表名或赞誉名。鸿门梁与柱结合处用镂空飞挂或镂空花牙子雀替装饰,题材以花鸟为主,如凤凰牡丹。在三层额枋两侧柱上各做四层斜向外伸的檐枋,间隔驼峰垫板,整体外观对称为"八字"式,且枋长从下往上逐渐加长,枋与其间的垫板正面浮雕和彩绘祥禽瑞兽、吉花祥草、人物故事等,最上层斜枋上有时立圆雕的龙或麒麟,最下层枋下雀替一般透雕凤凰牡丹等。如汝城县益道村的范氏家庙牌楼、黄氏宗庙牌楼，津江村朱氏祠堂牌楼，先锋村周氏宗祠牌楼，金山村田心李氏家庙（别驾第），土桥村何氏四座祠堂牌楼；宁远县路亭村王氏宗祠牌楼，宁远县东安头李氏宗祠牌楼等。

湘南"山字"式牌楼门高耸，整体造型庄重，常以赭红色为基调色，根据构件和装饰题材的不同，用青、绿、蓝、黄、白等色，依形分层描绘，层次分明，色彩明艳，动植物图像栩栩如生，所以特别醒目。

（3）湘南祠堂木结构"重檐"式牌楼门的立面形态特征

湘南祠堂木结构"重檐"式牌楼门在汝城县境内最多，其立面形态的基本特征是立面正中一间的前檐柱上方的歇山顶（或庑殿顶）檐口高出门屋的屋檐不多，一般为50cm左右，后檐与门屋前屋面相交；歇山顶与门屋的屋面坡度基本相同，檐角起翘相对于"山字"式牌楼门较小，形态舒展，歇山顶两侧屋面呈现出明显的"重檐"样式。除檐下没有斗栱、很少有圆雕的八仙外，木结构"重檐"式牌楼门在歇山顶下方的其他构造做法和装饰艺术手法，与地区有斗栱的木结构"山字"式牌楼门基本上相同。如汝城县的高村宋氏宗祠牌楼、益道村克邵公祠牌楼、迳口村康式祠堂牌楼、金山村井头组李氏家庙（陇西堂）牌楼、土桥村广安所组李氏宗祠牌楼、香垣村何氏宗祠牌楼、外沙村朱氏家庙牌楼等。有的木结构"重檐"式牌楼门檐下构造与装饰较简单，如永兴县高亭乡板梁村上村和中村的两座刘氏祠堂，檐下柱头位置伸出的檐枋较短，构造层次少，装饰简单。

相对于木结构"山字"式牌楼门的高大雄浑之美，木结构"重檐"式牌楼门显得端庄秀雅。

3. 湘南祠堂木结构牌楼门构造方式和装饰技艺的地域特色

在湖南省内，除湘南及其比邻的湘东茶陵地区外，其他地区现存祠堂入口为歇山顶（或庑殿顶）式样的木结构牌楼门很少见。湘西南、湘西北和湘西地区祠堂主体建筑门楼外部空间形态多为平门式（砖砌外墙平直高大），对应的门楼立面形态为石库门式：大门两侧和门头有砖砌壁柱，形成牌坊式门头和门脸，外观凝重壮美，如洞口县红鹅村曾氏宗祠、洪江市古楼坪村易氏中心宗祠、中方县荆坪村潘氏宗祠、桑植县洪家关村土家族王氏祖祠、张家界木山村土家族欧氏祠堂、溆浦县株木村阳雀坡组王氏宗祠等。

　　地域文化在交流与发展中既表现为对外来文化的借鉴与吸收，又表现为结合本地域的民族文化底蕴进行特色创新，体现出创新性发展。比较湘南与比邻的湘东茶陵地区、江西省赣州地区和吉安地区的祠堂木结构牌楼门的形制特点，可以发现湘南与茶陵、赣州和吉安地区的祠堂木结构牌楼门的构造方式和装饰技艺做法，既有地域间的相似性，又存在明显的湘南地域特色，例如：

　　①湘南祠堂中所见的形态舒展、端庄秀雅的"重檐"式木结构牌楼门在茶陵、赣州、吉安地区都很少。

　　②湘南祠堂木结构牌楼门檐下额枋三层，茶陵、赣州、吉安地区的祠堂木结构牌楼门檐下额枋多为五至七层。

　　③湘南祠堂木结构牌楼门额枋两侧柱上各有四层斜向外伸的檐枋，枋间隔驼峰垫板，上下层次分明，木雕装饰形态繁复，茶陵、赣州、吉安地区多为整体斜向外伸的画板，局部浮雕，图底分明。

　　④湘南祠堂木结构牌楼门木雕采取了浮雕、透雕、镂雕、圆雕等不同手法，多层镂雕是其特色，茶陵、赣州、吉安地区除枋下雀替透雕外，其他构件上的装饰以浮雕为主。

　　⑤湘南祠堂木结构牌楼门大额枋整体三层镂雕双龙戏珠，雄浑粗犷，茶陵、赣州、吉安地区木结构牌楼门大额枋局部浮雕双龙戏珠，玲珑隽秀。

　　⑥湘南祠堂牌楼门木雕常用彩漆图案且多用彩色铺底，绚丽夺目，茶陵、赣州、吉安地区的木结构牌楼门木雕一般不饰彩漆，古朴素雅。

　　⑦湘南祠堂木结构牌楼门上层额枋上常立木雕八仙等神像，茶陵、赣州、吉安地区木结构牌楼门上很少见。

　　⑧湘南祠堂木结构牌楼门构件上满雕或彩绘，红色基调不突出，茶陵、赣州、吉安地区，尤其是茶陵和吉安地区的祠堂木结构牌楼门构件上局部浮雕，彩绘少，红色基调特别明显，其柱子、檐枋、雀替、斗栱、额枋与额枋间的封板，以及檐口等处常用大面积的赭红色作为底色，所以在以灰色基调为主的村落中，高耸的红色祠堂牌楼门特别醒目。如茶陵县秩堂乡的皇图村龙家屋组龙氏家庙（图4-4-55）、毗塘村11组谭氏家庙、吉安市的曲濑镇卢家洲村卢氏宗祠和文陂镇渼陂村梁氏宗祠（图4-4-56）。

图 4-4-55　茶陵县皇图村龙氏家庙牌楼　　　图 4-4-56　吉安市渼陂村梁氏宗祠牌楼

（来源：作者自摄）　　　　　　　　　　（来源：作者自摄）

　　地域民族文化的异同是地域文化景观趋异和趋同的基础。茶陵和湘南分别与吉安和赣州两个地区比邻，山水相连，传统文化相互交融。在明清时期江西迁入湖南的移民运动中，吉安地区移民主要迁往茶陵地区，赣南地区移民主要迁入湘南①。茶陵与吉安、湘南与赣南的村落建筑形态与装饰形式表现出很大的相似性，如民居建筑常在入口建筑门窗上方建牌坊式门楣、窗楣；受朝廷褒奖旌表的家族祠堂多建牌坊式门楼等。在祠堂木结构牌楼门的文化地理空间特征方面，茶陵地区与吉安地区极为相似，梁枋构造组成与装饰艺术风格差别不大；湘南与赣南在整体形态上相似；湘南祠堂木结构牌楼门的梁枋构造组成与装饰图案都比茶陵、赣州、吉安地区丰富，且木雕技艺手法也比这些地区多，图案色彩也相对明艳。

　　4. 湘南祠堂木结构牌楼门形制与装饰艺术的文化源流

　　（1）门楼形制的社会文化体现

　　在中国古典建筑的"门堂之制"中，"门制"是平面组织的中心环节，"门"同时也代表着一种平面组织的段落或者层次②，它是人们进出建筑的第一印象，好比一个人的脸面。《黄帝宅经》云："宅以舍屋为衣服，以门户为冠带"，说明大门具有显示形象的作用。

　　祠堂是中国古代社会宗族制度的产物。明代中叶以后，朝廷诏令正式准

①　石泉，张国雄. 明清时期两湖移民研究[J]. 文献，1994(01)：70-81.
②　李允鉌. 华夏意匠：中国古典建筑设计原理分析[M]. 天津：天津大学出版社，2005：64.

许品官建祠堂以祭先祖，民间皆得联宗立庙①。但至清代，一般庶士庶人还只能设龛于寝堂之北进行家祭，唯有九品以上官员方可立家庙于居室之东②。祠堂原为慕宗追远、敬宗收族而兴建，但一族一地祠堂的多少、规模、形制，包括家族修谱时间周期的长短，都集中体现了宗族的凝聚力、经济实力、组织能力和社会地位。追远报本、祠祀为大，作为宗族建筑中等级最高的祠堂，其入口门楼的建筑形制与建筑形态，是家族的身份地位、权势资望、富贵贫贱、盛荣衰枯的集中体现。明代社会对参加科举考试的及第者有褒奖旌表的风气，家族中有人"学成名就"，往往"揭竿竖旗"，如受到朝廷旌表，除"揭竿竖旗"外，民居建筑往往加高门庐，装饰门户，祠堂多建牌坊式门楼。清华大学张力智先生研究浙西祠堂牌楼门渊源时，结合古代的"旌表制度"，元、明、清三代"旌表建坊"的惯例和浙西祠堂牌楼门的建造年代指出，在清中期的时候，祠堂"牌楼门的建造很可能与宗族权力的代表性有关"；相对于牌坊而言，祠堂"'高其外门'是一种更为典型的家族旌表的形式"③。

湘南地区是湖南省列入"中国传统村落名录"最多的地区之一，这些传统村落多是聚族而居，规模较大。过去，村中不乏朝廷命官、商业大贾和社会名流，受朝廷旌表和社会赞誉较多。家族为激励子孙，炫耀门庭，常将官阶爵位、旌表题词或赞誉题词等匾书于祠堂门楼，如宁远县路亭村王氏宗祠的"云龙坊"、东安头村李氏宗祠的"翰林祠"和久安背村李氏宗祠的"翰林祠"，汝城县外沙村朱氏家庙的"太保第"、益道村范氏家庙的"翰林第"、益道村克绍公祠的"大夫第"、津江村朱氏祠堂的"五经世家"、洪流村黄氏家庙的"世宴琼林"、先锋村周氏宗祠的"诏旌第"、金山村卢氏家庙的"南楚名家"等。结合湘南地区牌楼式门楼祠堂的家族历史、牌楼上匾额的旌表题词和赞誉题词，以及祠堂的建筑形制和装饰形态，可以说牌楼式祠堂门楼形制，正是宗族为追远报本、敬宗睦族、凝心聚族和炫耀门庭、彰显权势的社会文化体现。

---

① 王鹤鸣，王澄. 中国祠堂通论[M]. 上海：上海古籍出版社，2013：12-14.
② （清）乾隆二十一年成书：《钦定四库全书荟要·钦定大清通礼》卷十六·古礼.
③ 张力智. 浙西牌楼门探源及其作为"立面"的意义[J]. 建筑史，2015(01)：142-157.

（2）艺术风格的湘楚文化传承

湖南省湘江流域和资江流域是古代百越集团的活动区域[①]。春秋战国时期，随着楚人南征，湘资流域的古越文化被色彩斑斓、风格独特的楚文化所替代。之后，湖湘大地在承传先楚文化主旨，糅合蛮文化、中原文化与南越文化的芳馨神韵后逐渐形成了独具风采的湘楚文化[②]。楚之先民以凤鸟为图腾，认为凤是其始祖火神"祝融"的化身，既是祝融的精灵，也是火与日的象征，故尊崇日中之乌——火鸟（凤）。在大量的古楚国文物中都有凤鸟图案，屈原的《离骚》中对凤凰鸟多有赞歌。1972 年长沙马王堆一号西汉墓出土的大型张挂帛画最上右方的大红日中绘有金乌——火鸟（太阳鸟）。"（楚地）信巫鬼，重淫祀。"（《汉书·地理志》）"道家思想文化诞生的土壤就是巫风盛行的楚国"[③]，随着楚人北来，楚地巫教文化与方仙道家思想在湖湘大地得以广泛传播，同时，整个湖湘大地的山水环境也为道家思想的生长和发展提供了良好的土壤，道家文化深深影响了湖湘大地的民间信仰、民俗、文学艺术、绘画艺术、雕刻艺术、建筑艺术的产生和发展。道教八仙寓意聪明与智慧，在民俗文化艺术中，常以神通广大的道教八仙或其法器代表吉祥。葫芦是道家的法器，形如女性子宫、多籽，古人认为它具有创生的能力，借其象征多子多福。在道家文化中，太极图代表天地一体，造化阴阳，能为人保平安、佑富贵。

地域文化景观的形成和发展受地域自然环境与人文环境的双重影响。湘南地处南岭山脉北麓，罗霄山脉西侧，山重水复，岭绝谷深，属于典型的山地环境，因过去交通不便，与外界的交流较少，加之现代经济发展较慢，传统村落景观文化保留较好，因此其相对独立的"湘楚文化龛"特征明显。

湘南祠堂木结构牌楼门装饰艺术风格的湘楚文化地理特征主要体现在两个方面：首先表现在装饰内容上，其楚巫文化特点明显。牌楼翼角和山墙翼角的凤鸟塑形，柱间花牙子雀替和柱子两侧斜伸檐枋上的凤凰（有的为喜鹊）

————————
① 童恩正. 从出土文物看楚文化与南方诸民族的关系[C] // 湖南省文物考古研究所. 湖南考古辑刊：第 3 辑. 长沙：岳麓书社，1986：168-183.
② 湖南省住房和城乡建设厅. 湖南传统建筑[M]. 长沙：湖南大学出版社，2017：14.
③ 方吉杰，刘绪义. 湖湘文化讲演录[M]. 北京：人民出版社，2008：171.

牡丹，以及屋顶脊刹的凤凰宝瓶等，正是承传了古代楚人的崇凤敬日和生殖崇拜文化；牌楼门额枋上的木雕明八仙、门簪正面阳刻的太极八卦图案是湖湘大地道家文化的直接体现。其次表现在装饰风格上，其湖湘文学艺术特征明显。湘南祠堂木结构牌楼门除柱子和大门用灰黑色外，其他构件如梁枋、檐枋、雀替、驼峰垫板、瓦头或瓦当、檐下层叠斗栱、弓形封檐轩等常以赭红色为基调色（室内均以红色为基调色），即使是两侧封火山墙的白色腰带上也常常施以红色彩画装饰，与长沙马王堆西汉墓出土的彩绘帛画和博具的色彩风格可以说是一脉相承。整个门楼上方，包括山墙墀头和正面檐壁在内，凡木皆雕、凡面皆绘，画面图样丰富，人、神、物杂处，色彩艳丽，对比强烈，神秘浪漫，湘楚文化气息浓郁，与东汉王逸注《天问》中屈原所见楚国"先王之庙及公卿祠堂，图画天地山川神灵，琦玮谲诡，及古贤圣怪物行事"的祠堂图画风格相似。门楼上雕绘形态繁复，变化多端；造型简练粗犷，夸张传神；图案题材以体现吉祥祝愿和世俗生活的题材为主，写意明快，寓意深刻，寄托理想，直抒胸臆，如龙凤呈祥、麟吐玉书、喜上眉梢、福禄寿喜、一品当朝、文武双全、渔樵耕读等等，或象征、或谐音、或比拟。图画瑰丽，气氛热烈，内涵深邃，审美与实用结合。这些既是湖湘文学艺术"文道合一"特点的体现，也是湖湘人"霸蛮外向"个性的彰显。

（3）梁枋木刻的广式木雕技艺吸纳

明万历年间广式木雕始向单层镂通发展。受西方文化影响，清代广式木雕完成了从简单的线角图案雕刻到半立体多层次的浮雕、通雕甚至立体雕的转化，注重雕工、图案繁复且髹漆贴金[1]。由于清廷文化的示范带动，"金碧辉煌"的广式木雕成为达官贵人的身份象征。清代，广府民系祠堂和豪宅，无不以金漆木雕装饰[2]。广式木雕分为潮州和广州两大类，潮州金漆木雕主要用于挂屏、座屏等装饰陈设品，擅长透雕与多层镂雕，刻工细腻精致，立体感强。广州金漆木雕主要用于建筑物的装饰，雕工雄浑，朴实粗犷，线条流畅，气势恢宏，雕塑感强，讲究高、远的视距艺术效果。

---

① 钟庆高. 千年木雕百年承传[C]//广州市政协学习和文史资料文员会. 广州文史：第七十三辑. 广州：广州出版社，2010.

② 赖瑛. 珠江三角洲广府民系祠堂建筑研究[D]. 广州：华南理工大学，2010：178.

湘南与粤北接壤，两地气候与地形地貌相似，旧时两地文化通过湘粤古道相互影响。如连通湘粤两地的茶亭古道、星子古道、秤架古道、宜乐古道和城口湘粤古道沿线的粤北地区传统村落建筑反映出较为明显的湘南传统建筑风格的影响[①]；湘南地区传统村落空间结构形态与粤北地区存在许多相似性（如"行列"式和"街巷"式村落空间）。明代中后期到清代前期，移入湘南的广东和福建居民较多，以宜章、嘉禾、蓝山和汝城四县为例，在此时期移入的170个氏族中，来自广东的有93个，来自福建的有17个，总占比64.7%，其中，移入汝城地区的广东移民氏族有46个，占该地区移民氏族总数的71.9%[②]。移民带来的岭南文化对湘南传统建筑文化产生了重要影响。

湘粤古道文化交流和岭南来的移民促进了广式木雕技艺在湘南的传播，湘南祠堂牌楼门木雕的广式技艺特点明显，如① 雄浑粗犷的透雕与镂雕：牌楼门下层大额枋整体三层镂雕的双龙戏珠、大额枋与柱结合处的镂空飞挂、镂空花牙子雀替，以及斗栱外装饰的镂雕吉祥图案等，造型简练粗犷，线条遒劲，层次繁复，虚实相生，夸张传神。② 生动传神的浮雕与圆雕：牌楼门梁枋正面浮雕的卷草花卉、祥禽瑞兽、民间传说或戏曲故事图案，圆雕的明八仙、麒麟，以及整体圆雕的梁头、枋头等，雕工细腻，凹凸有致，刚柔并济，形态各异，神韵生动。③ 绚丽夺目的图画与彩绘：与徽派、浙派和赣派民间木雕一般不饰彩漆，整体古朴素雅的艺术风格不同，湘南祠堂牌楼门木雕图画瑰丽，常用彩漆图案或用彩色铺底；多层镂雕图案常隔以青、绿、蓝等彩漆包袱，依形用白漆描边，主体形态抹以金漆，色彩艳丽，对比明显，主体突出，尽显金碧辉煌和喜庆热烈之气氛。可以说，湘南祠堂木结构牌楼门装饰艺术风格是湘楚文化与南越文化融糅的结晶（图 4-4-57、图 4-4-58）。

① 朱雪梅. 粤北传统村落形态及建筑特色研究[D]. 广州：华南理工大学，2013：205.
② 葛剑雄. 中国移民史（第五卷）[M]. 福州：福建人民出版社，1997：94-96.

图 4-4-57　汝城县土桥村广安所组李氏宗祠牌楼木雕（来源：作者自摄）

图 4-4-58　汝城县金山村卢氏家庙牌楼木雕（来源：作者自摄）

(三)湘江流域乡村戏台概况与建筑特点

1. 传统"礼乐"文化与戏曲文化的社会功能

儒家学说一直是中国古代社会的正统思想,"礼制"是其学说的中心。"'礼'的精神就是秩序与和谐,其内核为宗法和等级制度。"①在历史发展和时代变迁中,儒学得到了其他学术流派的诠释和光大,从各个方面影响和制约着人们的饮食起居和言行举止,上至天子,下至臣民。对建筑方面的制约,大到城市规划、帝王宫室,小到村镇、民宅,处处都体现了传统的儒学文化思想。

占中国传统文化主流的儒家思想的根基在于"礼乐"。《左传·隐公·隐公十一年》曰:"礼,经国家,定社稷,序民人,利后嗣者也。"《礼记·乐记》云:"乐者,天地之和也;礼者,天地之序也。和,故百物皆化;序,故群物皆别。""礼乐刑政,四达而不悖,则王道备矣。"说明传统儒家思想的"礼乐"是与政治直接相关并与政治连在一起的。"儒家说的'礼',一般包括'乐'在内;狭义的礼是指一种合于道德要求的行为规范;广义的礼包括合于道德要求的治国理念和典章制度,以及切于民生日用的交往方式等。"②广义的礼包含"官方儒学"和"世俗儒学"。

"乐"和"礼"在基本目的上是一致或相通的,都是在维护和巩固群体既定秩序的和谐稳定。儒家不但强调"礼",而且重视"乐",认为"礼乐"要并举,要求"礼乐"和鸣,一方面以"礼"为手段,掩盖着森严的等级制度和不可逾越的尊卑、长幼秩序;另一方面以"乐"调和天地,维护血缘关系与等级秩序。南宋形成的儒家十三经之一的《孝经》曰:"教民亲爱,莫善于孝;教民礼顺,莫善于悌;移风易俗,莫善于乐;安上治民,莫善于礼。"说明"礼乐"并举且和鸣,对于教民守正、治国安邦具有重要作用。

"中国古代的'乐'主要并不在要求表现主观内在的个体情感,它所强调的恰恰是要求呈现外在世界(从天地阴阳到政治人事)的普遍规律,而与情感相交流相感应。它追求的是宇宙的秩序、人世的和谐,认为它同时也就是人心情感所应具有的形式、秩序、逻辑。"③体现在建筑文化审美上,是伦理、宗

---

① 吴庆洲. 建筑哲理、意匠与文化[M]. 北京:中国建筑工业出版社,2005:13.
② 彭林. 中华传统礼仪概要[M]. 北京:高等教育出版社,2006:52-53.
③ 李泽厚. 华夏美学(插图珍藏本)[M]. 桂林:广西师范大学出版社,2001:40.

教、习俗、风水等礼俗文化在建筑中的体现。

戏台即戏剧舞台，是为戏剧演出而建的专门场所。中国传统乡村中的戏台不仅是一种建筑形制，更是一方文化展台，是地域文化的一个缩影，是地方世俗生活的真实写照。明清时期，地方乡村中尤其是祠庙内建设的众多戏台正是戏曲"厚人伦，美风化"的教化作用的具体体现。戏台设立于祠庙内，一方面是"娱神"的需要，另一方面也是世俗教化的需要，体现了"音乐"的社会功能。

2. 湘江流域乡村戏台概况

湖南自古受楚文化、中原文化、越文化等文化的共同影响，地方歌舞、百戏演出活动历史悠久。元代以后，北杂、南戏、传奇等戏曲剧目通过水陆交通不断涌入湘天楚地，尤其是明代以来，弋阳腔、青阳腔、昆山腔等重要的戏曲声腔通过移民、商贾带到了湖南，大大丰富了湖南各地地方戏曲的音乐表现力。其中，昆山腔与湖湘语言和音乐交融，不仅形成了具有湖南民间特色的戏曲剧种—湘昆曲，而且还与其他地方剧种的声腔音乐相结合，成为湖南地方戏曲的重要声腔形式。

明清时期，湖南城乡多建有戏台。乡村戏台多建于祠堂内，"就整个湖南而言，桂阳、洞口、隆回、常宁等地的祠堂内，前厅都被开发成一个戏台。戏台是这些祠堂的标准配套设施，甚至是核心之一。相比之下，另一些地方的乡村戏台集中在寺庙，比如浏阳、醴陵、攸县等湘东地区。"[①]

湘江流域传统村落中现存的戏台，湘南最多，以桂阳县最为集中，另外宁远县、新田县、宜章县也相对较多。桂阳县是湘昆曲的发源和繁荣之地，城乡古戏台遗存非常丰富，据统计，最多的时候，全县有481座古戏台，基本上每个村都有戏班子。第二次全国文物普查(1981—1985年)统计，全县古戏台超过400座，第三次全国文物普查(2007—2011年)统计，全县保存较好的古戏台仍有300余座[②]。2014年以来，桂阳县的300余座明清古戏台普遍得到修复和保护，其中100余座起到乡村小舞台的作用，重新投入使用，成了农村文化设施的有效补充，成了老百姓饱览文化的窗口，展现生活的舞台。古戏台上重新响起的乐声，不仅盘活了闲置的文化资源，更聚拢了村民

---

① 邹伯科. 祠堂、寺庙、对联，戏台外的规则[N]. 潇湘晨报，2016-02-20.

② 石拓. 桂阳县古戏台建筑研究[D]. 长沙：长沙理工大学，2013.

的心①。

湘南戏台在村落中的位置大致有两类，一是祠堂戏台，二是广场戏台，以祠堂内戏台最多。村落中广场戏台如江永县桃川镇大地坪村戏台道县桥头镇坦口村戏台(图4-4-59)，衡东县荣桓镇南湾村戏台(图4-4-60)，江永县兰溪村戏台(图4-4-61)，桂东县沙田圩戏台(图4-4-62)等。少数戏台位于祠堂建筑外面，应是后期加建的，如汝城县金山村叶氏家庙边古戏台、茶陵县秩堂乡合户村墨庄陈氏廷琪祖祠前戏台(图4-4-63)。也有少数富贵之家建有家庭戏台，如桂阳县城龙潭街道昭金村晚清时期按察使街道员魏喻义(1822—1902年)故居内戏台正对中厅。

图 4-4-59　道县坦口村戏台

（来源：道县住建局）

图 4-4-60　衡东县南湾村戏台

（来源：刘洋摄）

图 4-4-61　江永县兰溪村戏台

（来源：作者自摄）

图 4-4-62　桂东县沙田圩戏台

（来源：作者自摄）

① 申智林. 沉睡的古戏台，醒了[N]. 人民日报，2019-02-13.

a) 祠堂整体俯视图　　　　　　　　　　　b) 祠堂前戏台

图 4-4-63　茶陵县合户村墨庄陈氏廷琪祖祠与戏台（来源：作者自摄）

湘南祠堂内的戏台，多位于主体建筑前厅处，中轴线上大门后即是戏台，向内院凸出，台口正对中堂（图 4-4-64～图 4-4-81）。戏台下常常架空为祠堂入口通道，但高度仅有 2m 左右。庭院两侧有廊楼看台时，戏台耳房与廊楼相连，形成对戏台的半包围之势。有的祠堂戏台有明确的前后台之分，后台为门楼二层空间，再与两侧廊楼连接。

图 4-4-64　桂阳县昭金村魏家村魏氏宗祠戏台　　**图 4-4-65　桂阳县乌龙村李氏宗祠戏台**

（来源：作者自摄）　　　　　　　　　　　（来源：作者自摄）

图 4-4-66　桂阳县庙下村雷氏宗祠戏台　　图 4-4-67　桂阳县昭金村下水头组周氏宗祠戏台

（来源：石拓《桂阳县古戏台建筑研究》，2013）　　　　　（来源：作者自摄）

图 4-4-68　桂阳县船山村仙堂组李氏宗祠戏台　　图 4-4-69　桂阳县筱塘村李氏宗祠戏台

（来源：作者自摄）　　　　　　　　（来源：桂阳县住建局）

图 4-4-70　桂阳县三白村石人组欧阳氏宗祠戏台　　图 4-4-71　桂阳县大湾村夏氏宗祠戏台

（来源：作者自摄）　　　　　　　　（来源：作者自摄）

图 4-4-72 桂阳县坛边村欧阳氏宗祠戏台

（来源：桂阳县住建局）

图 4-4-73 桂阳县苍海村宁氏宗祠戏台

（来源：桂阳县住建局）

图 4-4-74 宜章县天塘镇水尾村刘氏宗祠戏台

（来源：宜章县住建局）

图 4-4-75 新田县谈文溪村郑氏祠堂戏台

（来源：吴越摄）

图 4-4-76 宁远县路亭村王氏宗祠戏台

（来源：作者自摄）

图 4-4-77 宁远县东安头村李氏宗祠戏台

（来源：薛棠皓摄）

图 4-4-78 宁远县久安背村李氏宗祠戏台   图 4-4-79 宁远县下灌村李氏宗祠戏台

（来源：永州市文物管理处）   （来源：作者自摄）

图 4-4-80 祁阳县老司里村邓氏宗祠戏台   图 4-4-81 蓝山县虎溪村黄氏宗祠戏台

（来源：祁阳县住建局）   （来源：蓝山县住建局）

（四）湘南乡村祠堂戏台结构形式与装饰

　　湘南乡村祠堂前厅建筑两端多为封火山墙，入口后戏台多为歇山顶，正面两屋角戗脊起翘较大，形式优美。建筑结构上，因为表演需要获得较大空间，所以戏台前、后台屋架均以抬梁式为主。前台少数为一开间，如茶陵县秩堂乡毗塘村 11 组谭氏家庙；多为"一明二次"三开间，明间的宽度至少是次间的两倍，但明间前檐两柱不落地，做成垂花柱，内部另立两柱支撑歇山顶，这样前台区获得了较大的表演空间。当戏台与前门处建筑存在空间咬接时，戏台前后台屋面梁架多连成一体，如衡南县栗江镇隆市村渔溪组王家祠堂、桂阳县敖泉镇三塘村下桥组唐氏宗祠（图 4-4-82）、宁远县湾井镇下灌村李氏宗祠和路亭村王氏宗祠、桂阳县洋市镇庙下村雷氏祠堂和黄沙坪大溪村骆氏宗祠等祠堂中的戏台梁架（图 4-4-83）等。

a)整体鸟瞰图　　　　　　　　　　　　b)戏台与看楼

图 4-4-82　**桂阳县三塘村下桥组唐氏宗祠**(来源：作者自摄)

a)戏台后台屋面梁架　　　　　　　　b)戏台前后屋面梁架结合处

图 4-4-83　**桂阳县大溪村骆氏宗祠戏台后台梁架**(来源：作者自摄)

戏台前台是装饰的重点，湘南祠堂戏台可以说是凡木皆雕、凡石皆刻、凡面皆绘。无论是台口的梁枋、垂花柱、封檐板、卷棚、石柱础、柱头雀替，还是基座的立柱、护壁柱、围栏条石等，都做雕绘。雕刻手法多样，镂雕和浮雕结合，工艺精美，造型精巧，栩栩如生；题材以龙凤、瑞兽为主，前台的正面梁枋中间多浮雕双龙戏珠。天花、藻井、屏风、封檐板、卷棚等部位或彩绘花鸟虫鱼、人物故事，或书诗词篇章。如新田县金盆镇李仟二村李氏宗祠(图 4-4-84)、桂阳县黄沙坪大溪村骆氏宗祠(图 4-4-85)等祠堂中戏台正面主梁枋的雕刻装饰都很丰富。

a)李氏宗祠戏台 b)戏台檐口装饰

图 4-4-84　新田县金盆镇李仟二村李氏宗祠（来源：刘洋摄）

a)骆氏宗祠戏台 b)戏台檐口装饰

图 4-4-85　桂阳县黄沙坪大溪村骆氏宗祠戏台与檐口装饰（来源：作者自摄）

　　戏台屋脊两端略有起翘，多以咬脊鳌鱼吻收尾。屋脊中间以叠瓦造型或立两层宝瓶装饰，以宝瓶装饰为多，在宝瓶两侧饰以吉祥器物或吉祥纹样，如宁远县湾井镇的路亭村王氏宗祠、久安背村李氏宗祠，永州市冷水滩区迥龙村王氏宗祠、新田县金盆圩乡骆铭孙村骆氏祠堂戏台（图 4-4-86）等。亦有少数戏台屋脊在中间宝瓶两侧塑立相向龙身，如桂阳县平都村胡氏宗祠戏台、宁远县东安头村李氏宗祠、长沙县开慧村杨公庙戏台（图 4-4-87）等。少数戏台为博古脊，如桂东县沙田圩戏台、蓝山县祠堂圩镇虎溪村黄氏宗祠戏台、永州市冷水滩区迥龙村王氏宗祠戏台、衡东县荣桓镇南湾村戏台等。戏台起翘较大的屋角戗脊尾端多为灰塑凤鸟形态。少数塑立吉祥动物，如桂东县沙田镇沙田村戏台。

图 4-4-86　新田县骆铭孙村骆氏祠堂戏台　　图 4-4-87　长沙县开慧村杨公庙入口后戏台

（来源：刘洋摄）　　　　　　　　　　（来源：长沙县住建局）

四、文昌塔与文昌阁

从文化心理学角度分析，传统村落中各种"符号化"的建筑景观与环境，如风水塔、风水楼阁、庙宇，以及各种"形态图式"景观环境等，体现了村落的心理安防意境营造，可以说是村落物质防御功能的补充，是村落精神防卫体系的组成部分，体现了地区经济、文化和社会的发展特点。

古印度人以塔为佛祖的象征而加以崇拜，"窣堵坡"为其佛塔的原型，是释迦牟尼圆寂之后建造的掩埋其舍利的一种半球形坟堆。后来凡欲表彰神圣、礼佛崇拜之处，多造佛塔。印度佛塔随佛教传入中国后，与中国文化结合，其建筑样式、建造技术和文化内涵均发生了很大的改变。从建筑样式看，有楼阁式塔、密檐塔、金刚宝座塔、喇嘛塔、单层塔、傣族佛塔、宝箧印塔、五轮塔等多种类型；从塔的基本组成看，自下而上一般由地宫、基座、塔身和塔刹四部分构成；从建造技术看，有木塔、砖塔和石塔等；从文化内涵看，有佛塔、风水塔等。

中国古塔早期多与佛教寺院结合，后来，随着中国风水文化的发展，各地风水塔逐渐增多，以补一地景观之不足。清人屈大均的《广东新语》中说，在"水口空虚，灵气不属"之地，"法宜以人力补之，补之莫如塔"①。明清时期，风水塔成为中国各地重要的"风水建筑景观"之一。

---

① （清）屈大均. 广东新语（卷十九·坟语）[M]. 清康熙三十九年（1700 年）木天阁刻本.

讲究风水是中国古代城市和建筑选址与布局的重要思想，对古代城市和建筑的选址与布局产生过深刻的影响。据相关学者研究，至少于西汉时期，风水学已经成为一门独立学科。英国近代生物化学家和科学技术史专家李约瑟说，风水理论实际上是地理学、气象学、景观学、生态学、城市建筑学等多个学科综合的自然科学，今天重新来考虑它的本质思想以及它研究具体问题的技术，是很有意义的①。风水理论体现了中国古代朴素的景观生态精神，是中国古代理想的景观模式，一方面，古人按照风水环境理论对城市和建筑进行合理选址与布局；另一方面，当山形水势有缺陷，不尽符合理想景观模式时，古人往往又通过人工的方法加以调整和改造，"化凶为吉"，如通过改变河流、溪水的局部走向；改造地形；建风水塔、风水桥，水中建风水墩、风水楼阁和牌坊；改变建筑出入口朝向等方法来弥补风水环境和景观缺陷，使其符合人们的风水心理期盼②。这些用来弥补风水环境和景观缺陷的塔、桥、水墩、楼阁和牌坊等，即是人们建设的理想的"风水建筑景观"，是人们心理安防意识的体现。

明清时期，湘江流域不仅城市周边建造了许多风水塔或风水楼阁，乡村周边也建造了许多风水塔或风水楼阁，目前保留较好的风水塔或风水楼阁以湘南地区最多。笔者根据调研和相关资料统计，湘南永州境内现存古塔大致分布如表 4-4-1 所示。

表 4-4-1　永州境内现存古塔分布概况

市县名	塔名及所在地
永州市	永州古城廻龙塔(1584 年)，老埠头潇湘古镇文秀塔(1808 年)，邮亭圩镇淋塘村字塔(1815 年)
祁阳县	祁阳县文昌塔(始建于 1584 年，1621—1627 年间毁坏，1745 年重建)，祁阳县白果市乡大坝头村惜字塔(1800 年)

---

① 李约瑟. 中国的科学与文明[M]. 转引自：林徽因，等. 风生水起：风水方家谭[M]. 北京：团结出版社，2007.

② 林徽因，等. 风生水起：风水方家谭[M]. 北京：团结出版社，2007：11-12.

续表

市县名	塔名及所在地
东安县	东安县吴公塔（1749—1752 年），石期市镇文塔（1748 年）
蓝山县	传芳塔（1563—1573 年重建）
道县	道县文塔（始建于 1621—1627 年，1764 年重建），乐福堂乡泥口湾村文塔和龙村文塔
江永县	江永县镇景塔（又名圳景塔），粗石江镇清溪村文峰塔（1781 年）
江华县	江华县凌云塔（1878 年）、大圩镇宝镜村惜字塔、大圩镇黄庭村惜字塔（清代）
新田县	新田县青云塔（1859 年），枧头镇彭梓城村文峰塔（康熙初年）、硼湾村惜字塔（1824 年）、唐家村惜字塔（1882 年），毛里乡毛里村惜字塔（1865 年）、梅湾村惜字塔（清咸丰年间）、青龙村惜字塔（清代），金盆圩乡下塘窝村惜字塔（1828 年）、云硼下村惜字塔（1841 年）、陈晚村惜字塔（1869 年），石羊镇欧家窝村惜字塔（1832 年）、龙眼头村惜字塔（1876 年），大坪塘乡平陆坊村惜字塔（1871 年）、骆铭孙村惜字塔（明代）、乐大晚村惜字塔（清代）和长富村惜字塔（1882 年）；陶岭乡大村惜字塔（1907 年）和周家村惜字塔（1840 年），十字乡大塘背村惜字塔（1831 年），莲花乡兰田村惜字塔（1858 年），高山乡何昌村惜字塔（清咸丰年间），骥村镇陆家村惜字塔（清代）；知市坪乡龙溪村文峰塔（清代），冷水井乡刘家山村文峰塔（清代）
宁远县	下灌村文星塔（1853 年），湾井镇东安头村惜字塔，九嶷山瑶族乡西湾村惜字塔
双牌县	江村镇黑漯村文塔（1844 年），双牌县阳明山仙神塔

资料来源：根据调研和相关资料统计

　　从表 4-4-1 可以看出，明清时期，永州境内的塔主要为文昌塔。文昌塔又称文塔、文笔塔、文峰塔、惜字塔等，为民间最常用的镇风水、旺文风、启智利学业的"法器"。

　　湘南地区村落旁的文塔是村落重要的历史文化景观，多为三级六面，石头结构，造型敦厚，主要是用来镇风水和焚烧带字的纸张，也称惜字塔，如宁远县湾井镇东安头村惜字塔、九嶷山瑶族乡西湾村惜字塔、新田县枧头镇唐家村惜字塔等（图 4-4-88～图 4-4-90）；少数文塔为五级六面，造型纤细，如江华瑶族自治县大圩镇黄庭村惜字塔、新田县枧头镇彭梓城村文峰塔、汝城县的土桥镇香垣村文塔和土桥村文塔等（图 4-4-91～图 4-4-93）。

图 4-4-88　宁远县东安头村惜字塔（来源：永州市文物管理处）

图 4-4-89　宁远县西湾村惜字塔（来源：宁远县住建局）

图 4-4-90　新田县唐家村惜字塔（来源：永州市文物管理处）

图 4-4-91　江华县黄庭村惜字塔（来源：刘跃兵《江华发现清代惜字塔》，2016）

图 4-4-92　新田县彭梓城村左文峰塔（来源：作者自摄）

图 4-4-93　汝城县香垣村文峰塔（来源：作者自摄）

　　湘南地区城市周边的文昌塔或风水塔多为七级八面，如郴州市苏仙区南塔公园内的南塔（清乾隆八年重建）、桂阳县东塔公园内的鹿峰塔（始建于北宋治平年间）、桂东县三台山公园的文峰塔（清道光七年重建）、衡阳市石鼓区来雁塔（始建于明万历十九年）、珠晖区茶山坳镇珠晖塔（始建于清光绪十年）、常宁市桐黄乡培元塔（始建于清同治五年）、耒阳市区凌云塔（始建于清康熙五十八年）、永州市零陵古城廻龙塔（始建于明万历十二年）、祁阳县城关镇文昌塔（始建于明万历十二年）、东安县紫溪市镇吴公塔（始建于清乾隆十四年）、石期市镇文塔(始建于清康熙十三年)、蓝山县塔峰镇传芳塔(始建于唐代,明嘉靖四十二年重建)、道县上关乡宝塔村文塔(始建于明天启年间)、新田县城南青云塔(始建于清咸丰九年)、江永县粗石江镇清溪村文峰塔(始建于乾隆四十六年)和潇浦镇塔山村圳景组镇景塔(始建于清同治八年)等(图4-4-94~图4-4-100)。汝城县卢阳镇益道村文塔(清光绪六年重建)和永兴县高亭乡板梁村镇龙塔(始建于清道光九年)亦为七级八面(图4-4-101、图4-4-102)。

图4-4-94 永州零陵古城廻龙塔(来源:永州市文物管理处)

图4-4-95 祁阳县城关镇文昌塔(来源:祁阳县旅游局《祁阳旅游》画册)

图4-4-96 东安县紫溪市镇吴公塔(来源:作者自摄)

图4-4-97 蓝山县塔峰镇传芳塔(来源:作者自摄)

图4-4-98 道县上关乡文塔(来源:作者自摄)

图4-4-99 新田县城南青云塔(来源:作者自摄)

图 4-4-100　**江永县清溪村文峰塔**（来源：江永县住建局）　图 4-4-101　**汝城县益道村文塔**（来源：作者自摄）　图 4-4-102　**永兴县板梁村镇龙塔**（来源：作者自摄）

　　明清时期，湘南地区在普修文昌塔的同时，也修建有许多镇风水、倡文风的文昌阁。如江永县自乾隆以来，县内城东、城南、城西、城北、马河、枇杷所、桃川、棠下、上甘棠等地均建有文昌阁，后多毁废。永州地区现存1949 年以前修建的乡村文昌阁也主要在江永县境内，如江永县的上江圩镇桐口村鸣凤阁（建于清顺治年间）、潇浦镇陈家村文昌阁（县内唯一保存完好的官式文昌阁，始建于 1599 年，1749 年重建）、夏层铺镇高家村文昌阁（始建于1612 年，1918 年重修）、夏层铺镇上甘棠村文昌阁（始建于南宋，1620 年重修）、源口瑶族乡公朝村龙凤阁（建于清乾隆年间）等（图 4-4-103～图 4-4-106）。

图 4-4-103　**江永县桐口村鸣凤阁**（来源：永州市文物管理处）　　图 4-4-104 **江永县陈家村文昌阁**（来源：永州市文物管理处）

图 4-4-105 江永县高家村文昌阁、五通感应庙（来源：永州市文物管理处）

a）外观   b）内部结构

图 4-4-106 江永县上甘棠村文昌阁（来源：作者自摄）

第五章 湘江流域传统村落建筑装饰景观基因图谱

目前，对于传统民居建筑装饰文化基因的研究还处于初级阶段，相关研究成果不多。本章从区域层面整体系统性分析湘江流域传统村落中建筑装饰的形态与艺术特点及其文化内涵，构建湘江流域传统村落中建筑装饰景观基因图谱，为地区乡村传统建筑保护与更新设计提供参考。

第一节 湘江流域传统村落建筑装饰的艺术特点

一、门窗装饰

湘江流域是湖南省经济最发达、社会文化最丰富、地域文化最多样的地区。传统村落中建筑装饰与地区经济、社会文化、地域风俗等因素密切相关。在多种文化的共同影响下，湘江流域传统村落中建筑装饰风格地域特色明显，主要体现在建筑装饰不同组成部分的装饰风格、装饰题材、装饰工艺类型等方面。本章结合调研资料，对湘江流域传统村落建筑装饰较为集中的部位进行分类论述，深入研究传统村落建筑装饰不同组成部分的艺术特点，以此促进地域优秀传统建筑文化的保护与传承。

（一）门的装饰

门作为联系建筑内部空间与外部环境的通道，在建筑平面组织和空间序列中担负着引导和带领整个主题的任务，它犹如一本书的序言、艺术作品的开头，如音乐、戏剧的楔子一样，是序曲和前奏。中国传统村落建筑中门的装饰艺术体现在门扇、门枕石、门框、门簪、门头、门脸等多个部位。人们可以通过门的形制和装饰特点来领略建筑的性质和艺术风格，以及明确建筑主人的身份和地位。中国传统村落建筑门饰艺术的形式和内容反映了传统礼制文化的内涵和地域文化的特征，表现着人们的审美情趣和理想追求，是众多文化符号的载体。

1. 门扇装饰

中国传统民居建筑的门扇大致可以分为两种类型：板门和隔扇门。对外出入口空间大门用板门，门扇上常绘饰门神。湘江流域传统村落建筑，尤其是祠堂入口大门上的门神多为驱邪、祈福、武将、文官四种类型，还有一些较为少见的"温神"与"岳神"，其中又以前三种门神最为多见（图 5-1-1）。此外，大门上的门环与门钹也是门扇装饰的重要组成部分，普通人家的门扇上通常不设置门钹，只有在一些大户人家和祠堂建筑的门扇上才会设置。部分门钹为"钹"形，其上雕饰波浪形的图案，一圈圈由下而上逐层缩小，装饰性较强。传统官式建筑的大门门钹多用兽首形状，如虎首、狮首，左右各一，称为"铺首"，门环衔在兽首的口中（图 5-1-2）。门钹是进入建筑时最先触到的建筑装饰，来客用门环叩击门钹便可告知屋内主人开门。

图 5-1-1　湘江流域祠堂建筑门神组图（来源：作者自摄）

图 5-1-2　湘江流域传统民居铺首与门钹组图（来源：作者自摄）

隔扇多用在合院式民居内部的厅堂前或天井边的过厅、茶堂前，便于室内采光、通风。隔扇分固定的与活动的两种，固定的称隔扇窗，活动的称隔扇门。隔扇窗有落地与不落地两种，隔扇窗常位于隔扇门两侧，成对出现，且形式多与隔扇门相同。

隔扇门是板门与格扇窗结合的一种产物，又称格扇门、格子门、（槅）扇门，是室内外的分隔构件，姚承祖著的《营造法原》中称之为长窗。延安民间称木制花格为"软"，隔扇为"软门""软窗"。隔扇门最迟在唐末五代已经开始应用，宋代称为格子门，清代又叫隔扇。

隔扇门由竖梃和横梃组成框架，竖梃也称边梃，横梃也称抹头，成双布置。中间横梃又将隔扇分成格心、绦环板（夹堂板，宋称腰华板）和裙板三部分。简单的为三格，上格最长，装透空格心，中格最窄，装绦环板，下格装裙板。多数为五格，即在上下端各再加一绦环板（图5-1-3）。

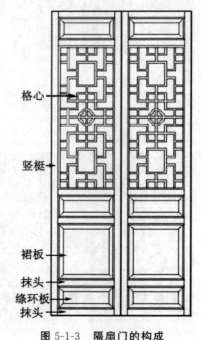

图 5-1-3　隔扇门的构成

（来源：据马未都《中国古代门窗》改绘）

经过雕饰的隔扇门起到了点缀建筑的作用，其装饰艺术主要集中在格心和中间的绦环板上。隔扇透光部分的格心是装饰的主要部位之一，约占整个隔扇高度的五分之三，由棂条拼成各种图案。棂条一般分内外两层，中间糊纸、绢、夹纱或安玻璃。室内隔扇多采用夹纱做法，所以又称碧纱橱。也有隔扇门不用绦环板和裙板，而像格心一样使用棂条，称落地明造。格心为浮雕或镂雕，可两面观赏。中间的绦环板也是装饰的重点，以剔地的浮雕为主。

湘江流域传统大屋民居和合院式民居的厅堂前或天井边的过厅、茶堂前常设隔扇门窗，便于室内采光、通风。在外观形式上，上下三格和五格的形式都有（图 5-1-4、图 5-1-5）。

图 5-1-4　湘江流域传统建筑隔扇门窗组图（来源：作者自摄）

图 5-1-5　永兴县板梁村民居天井边隔扇门窗（来源：作者自摄）

在同一组隔扇门（窗）中，左右格心或绦环板上雕刻的内容往往相互联系，组成一组生动有趣的连环图画，如历史戏曲故事、人物图景、渔樵耕读、神话传说、仙人神兽、福禄寿喜、琴棋书画、四时花卉、岁寒四友等反映生活、祈福纳祥、体现屋主爱好和性格的图案。如永州市江永县上甘棠村 132 号住宅的六扇隔扇门窗的绦环板和格心棂条的图案与构图左右均衡，雕饰的内容左右呼应，主题突出，反映了屋主的人生理想和生活情趣（图 5-1-6）。再如永兴县高亭乡板梁村民居隔扇门绦环板上的雕刻（图 5-1-7）。

图 5-1-6　江永县上甘棠村 132 号民居六扇隔扇门窗绦环板上的三组浮雕

（来源：作者自摄）

图 5-1-7　**永兴县板梁村民居隔扇门绦环板上的雕刻组图**（来源：作者自摄）

2. 门框、门簪与门枕石装饰

门框是砌嵌在墙壁内以安装门扇的方形木框或石框，一般有上、中、下三个横槛，下槛即门槛，中槛也叫门楣。中槛和上槛之间的空间，常镶木隔扇、木板（称为"走马板"）或镂空透雕，在陕西窑洞民居中称为"门斗"，南方民居中称"摇头"，现代建筑中称"亮子"。简单的门框只有门下槛和门上槛。民居中的门框和门摇头也是门户的装饰所在，能够彰显主人的社会地位与经济实力。门摇头上多雕刻有反映建筑主人审美理想和人生追求的吉祥图案，或书写建筑主人所喜爱的人生格言和理想愿望。

门楣的装饰在古代是有建制规定的，只有朝廷官吏所居府邸才能在正门之上装饰门楣，普通民居没有标示门楣的资格。湘江流域传统村落中祠堂和殷实之家的大门多为石门框，上槛即为门楣，也是门上方的过梁。门楣底常雕饰或彩绘太极八卦图案，如浏阳市金刚镇丹桂村桃树湾刘家大屋、平江县伍市镇柏杨村七组姚氏宗祠，岳阳县张谷英镇张谷英大屋的当大门和西头岸、东头岸民居（图 5-1-8），双峰县甘棠镇香花村朱家大院绍子堂、伟训堂和家训堂（图 5-1-9），湘潭县白石镇杏花村尹氏宗祠，东安县横塘镇横塘村周家大院等。官爵之家大门门楣下方的托石内侧通常雕饰成石狮或貔貅，如平江县伍市镇柏杨村七组的姚氏宗祠（图 5-1-10），平江县三市镇白雨村余氏宗祠，浏阳市文家市镇玉泉村五可组蔺氏家庙（图 5-1-11）、大围山镇中岳村鲁家湾村鱼头组鲁氏家庙等。门楣与其上方的门额常一体化设置，门楣上雕饰，门额上书写府邸名或祠堂名。有的祠堂在大门门楣上雕饰双狮（或是貔貅），如衡南县松江镇高峰村欧阳氏宗祠（图5-1-12）、珠晖区东阳渡街道沿兴村黄家坪黄氏宗祠（图5-1-13）、珠晖区白沙工业园南江办事处（高山村）蒋氏宗祠、常宁市松柏镇独石村柑子塘组李氏宗祠（图5-1-14）等。衡南县栗江镇大渔村王家祠堂门额上方雕刻双龙捧日等，两侧雕刻八仙图像（图5-1-15）。湘南受地区炎热潮湿气候及南越文化的影响，民居门框常为三槛形式，大门摇头多为木隔扇或镂空透雕（图5-1-16～图5-1-18）。

图 5-1-8　张谷英大屋当大门石门框下的太极八卦图（来源：作者自摄）

图 5-1-9　双峰县香花村家训堂石门框下的太极八卦图（来源：朱昕摄）

图 5-1-10　平江县柏杨村七组姚氏宗祠门楣托石雕刻（来源：作者自摄）

图 5-1-11　文家市镇玉泉村蔺氏家庙门楣托石雕刻（来源：作者自摄）

图 5-1-12　衡阳县高峰村欧阳氏宗祠石门框与门头雕刻（来源：作者自摄）

图 5-1-13　衡阳市珠晖区沿兴村黄氏宗祠石门框与门头雕刻（来源：作者自摄）

图 5-1-14　常宁市独石村李氏宗祠石门框与门头雕刻（来源：作者自摄）

图 5-1-15　衡南县栗江镇大渔村王家祠堂石门框与门头雕刻（来源：王睿妮摄）

图 5-1-16　宜章县黄沙镇沙坪村民居（来源：作者自摄）

图 5-1-17　汝城县沙洲瑶族村民居（来源：作者自摄）

图 5-1-18　郴州市苏仙区坳上村民居（来源：作者自摄）

位于大门中槛上凸的构件，因其功能似妇女头上的发簪，取名为"门簪"。没有中槛时，门簪位于上槛或门上方的过梁上。通过门簪，将安装门扇上轴所用连楹固定在门楣上，门簪成双布置，一般用两枚，有的建筑有四枚或八枚门簪。门簪有正方形、长方形、菱形、六角形、八角形、花瓣形、曲线多边形等样式，正面和侧面或雕刻，或描绘，饰以花纹和动植物图案。只有两枚时，往往雕刻"吉祥""平安""福寿""戬穀"等字样，或雕刻八卦中的"乾坤"符号，或雕刻"太极图"，或雕刻人、动植物组合成寓意吉祥的图案等。有时"太极图"和"八卦图"组合出现，这种做法在湘江流域传统大屋民居的门簪上有较多出现（图5-1-19）。四枚时分别雕以春兰、夏荷、秋菊、冬梅等，图案间还常见"吉祥如意""福禄寿禧""天下太平"等字样[①]。作为具有结构功能的构件，一个门洞上只需两个门簪便可以起到固定连楹的作用，门簪数量的变化，反映了其由实用性向装饰性的过渡。

门两侧门框下的承托门转轴和承受门框重量的方形石墩或木墩，叫门墩。为了承重和防潮，门墩通常用石料制作。门墩因其傍于大门门框侧下，如枕，所以叫"门枕"。石制门墩又叫门枕石或称砷石。左右门枕石可以在地下部分连成一体，地上部分多雕刻成须弥座的圭脚状，在门内的部分装饰简单，用线脚、花草人物图案或如意头（纹）、云纹等做美化，但在门外的一半是装饰的重点。普通百姓家中的门枕石内外装饰都较简单，而官宦人家的门枕石门外部分多用抱鼓石装饰，抱鼓石可以和门枕石结合在一起制作，也可单独制作后安放在门枕石上（图5-1-20）。

① 吴裕成. 中国的门文化[M]. 天津：天津人民出版社，2011：30.

图 5-1-19　湘江流域传统村落中形态多样的门簪组图

（来源：作者自摄）

图 5-1-20　湘江流域传统村落中抱鼓石组图（来源：作者自摄）

在讲究"礼乐"文化的封建社会，抱鼓石是主人身份的体现，象征权力和地位。门前一对抱鼓石，立的是功名标志，无功名者门前是不可立"鼓"的。"倘若要装点门脸，显示富有，也可以把门枕石起得像抱鼓石那样高，但只是傍于门前的装饰性部分要取方形，区别于'鼓'，再高仍称'墩'。"①权贵人家的祠堂大门外侧抱鼓石上还可以雕刻较大的石狮作为守门兽，如宁远县湾井镇路亭村王氏宗祠（云龙坊）、祁阳县潘市镇龙溪村李氏宗祠（序伦堂）、浏阳市大围山镇中岳村鲁家湾村鱼头组鲁氏家庙、郴州市北湖区鲁塘镇村头村何氏宗祠、汝城县土桥镇土桥村李氏宗祠的大门前石鼓顶部各雕卧一个较大的昂首狮子。而普通官宦家门外的抱鼓石上，狮子只能做得很小，有时只能在圆形的抱鼓石上雕出一个小狮子头，如衡南县宝盖镇宝盖村廖家大屋主入口、汝城县土桥镇的金山村李氏家庙（陇西堂）、土桥村何氏家庙、马桥镇高村宋

---

① 吴裕成. 中国的门文化［M］. 天津：天津人民出版社，2011：59.

氏宗祠、马桥镇外沙村朱氏家庙、卢阳镇津江村朱氏祠堂、田庄乡洪流村黄氏家庙，资兴市东坪乡新坳村胡氏宗祠，以及宁远县湾井镇久安背村李氏宗祠（翰林祠）的大门两侧石鼓顶部都各雕一个小狮子头。

　　门枕石地上部分常以门槛（门下槛）连接，门槛可以是木制，也可以是石制，石制门槛多做雕刻装饰（图 5-1-21）。在古代世俗文化中，门槛是不能踩踏的，其高低也是建筑主人身份和地位的体现。富贵人家的门高大，门槛一般做得较高，且多为不易活动的石门槛，普通百姓家因平时劳作的需要，常

图 5-1-21　湘江流域传统民居与祠堂门槛组图（来源：作者自摄）

设不高的活动的木门槛。"槛横伏于门口，迈进去，退出来，最容易使人联想到界线，里外的、区域的界。"①"在传统祭祀建筑中，门槛具有隐喻之意，跨进它，你就在神的面前。跨入大门之前要做好朝圣的准备。"②这种高门槛，能防雨水的灌入，也能减少室外地面尘土的吹入。

民居建筑大门上方的门簪和下方的门枕石（包括抱鼓石）在门面上下遥相呼应，在古代民间俗称"户对"和"门当"。户对的多少，门当的形式和大小，以及雕刻的图案式样，体现了建筑主人的身份、地位、财势和家境，所以"户对"同"门当"一样体现了传统的礼制文化。"门当户对"标志门第身份，并在男女婚配中转义为出身相当的俗语。

3. 门头和门脸装饰

"门堂之制"是中国传统建筑的特点，有堂必有门，有院必有门——门堂分立。从门的建筑形态上看，屋宇门为一开间或多开间的门屋，其规模和等级主要体现在门屋的开间数和屋顶的形式上，所以人们都想要将门屋扩大，并突出屋顶的形式，以此来突出自己的声望和权威。但各朝都有明文约束，超出规定就是"僭奢逾制"，就是一种犯禁。如在唐至宋、元期间，人们曾把门屋的屋顶做成"T"字形，以屋"山"来强调入口③。

但是，如果一幢建筑的门开在外墙上，成为墙门，要想突出入口，除了在门扇、门枕石、门框和门簪等处做特别强调外，就是在门的上方做文章了。早期做法是从门上方的墙壁上伸出一单坡屋顶（批水），由左右两个"牛腿"（挑木）或者斜撑承托，对挑木、批水翼角和批水脊角进行重点装饰。这个门上的小屋顶称为"门头"，也称为"门罩"，它不但具有遮阳避雨的功能，而且也装饰了门面，使大门更为显眼且比较气派，如江华瑶族自治县大圩镇宝镜村大新屋、围姊地、新屋的入口门头（图3-7-14、图3-7-15）。有的门头批水为三坡屋面，如江华瑶族自治县大圩镇宝镜村新屋的入口门头（图3-7-20），双牌县理家坪乡板桥村吴家大院拔萃轩与律莩齐辉的入口门头，双牌县理家坪乡坦田村四玉腾辉的入口门头。三坡屋面式样的门头在临近的江西省吉安市传统

---

① 吴裕成. 中国的门文化[M]. 天津：天津人民出版社，2011：43.
② 朱广宇. 中国传统建筑门窗、隔扇装饰艺术[M]. 北京：机械工业出版社，2008：7.
③ 李允鉌. 华夏意匠：中国古典建筑设计原理分析[M]. 天津：天津大学出版社，2005：66.

村落中也有较多，如吉安市青原区文陂镇渼陂村的木雕门头（图 5-1-22）。

图 5-1-22　江西省渼陂村民居门头

（来源：作者自摄）

后来门头遮阳避雨的功能逐渐消退，演变成为一个单纯的装饰部分，因此门头的屋顶挑出得越来越小，其屋檐下的装饰越来越复杂，并且不再使用木料，而全部用砖筑造，形成砖雕门头（图 5-1-23）。有时砖雕门头模仿中国传统木结构建筑形式，两边为垂柱，柱间有横枋，屋檐下有椽头、檐枋和斗拱，屋檐上有瓦和屋脊，脊两端有吻兽，檐角起翘，很像一座木结构的垂花式门头[①]（图 5-1-24）。

图 5-1-23　安徽省西递村民居门头

（来源：作者自摄）

图 5-1-24　湖北通山县舒家老宅垂花式门头

（来源：作者自摄）

---

① 楼庆西. 中国建筑的门文化［M］. 郑州：河南科学技术出版社，2001：69-76.

如果将门头两边的垂柱向下延伸，在门框两侧形成壁柱，使大门上方和两侧都有装饰，门头就变成了"门脸"。门脸的式样常见的是用石料做成门框，在门框的左右将门头两边的垂柱向下延伸至地面形成薄壁柱。这样，两侧的薄壁柱与门头组成了一副两柱一开间的"牌楼"罩在大门上，称为"牌楼式门脸"（图 5-1-25）。这种牌楼式门脸由两柱一开间单檐屋顶（即"两柱一间一楼"）逐渐发展为"四柱三间三楼""四柱三间五楼"，甚至"六柱五间六楼"等多种形式，使大门的艺术表现力得到了充分发挥，如汝城县马桥镇高村宋氏西莊公祠（图 5-1-26）、茶陵县虎踞镇乔下村岭下组陈氏五房宗祠（图 5-1-27）。

图 5-1-25　江西婺源县上晓起村砖雕
"牌楼式门脸"（来源：作者自摄）

图 5-1-26　汝城县高村宋氏西莊公祠入口
（来源：作者自摄）

图 5-1-27　茶陵县乔下村陈家大院陈氏
五房宗祠入口（来源：作者自摄）

　　湘南地区传统民居入口大门上方多用斗形歇山顶门头，正面形似银锭，非常醒目，地域特色明显（图5-1-28～图5-1-31）。永州古城（零陵城）内张浚故居在文星街一侧入口大门上方为木结构斗形翘角飞檐垂花式门头（图5-1-32）。门头式样和雕饰的内容同样是封建社会礼制文化的体现，富贵人家的门头大，且雕饰精细，内容丰富，寓意深刻。

图5-1-28　郴州市坳上村民居

（来源：作者自摄）

图5-1-29　宁远县小桃源村王志清住宅侧面

（来源：宁远县住建局）

图 5-1-30　郴州市陂副村民居入口

（来源：作者自摄）

图 5-1-31　桂阳县阳山村民居入口

（来源：作者自摄）

图 5-1-32　零陵城张浚故居入口

（来源：作者自摄）

　　门头、门脸和牌楼式门脸的设计手法和形式特征，体现了中国传统木结构建筑的特色，是传统木结构建筑形式的缩影，也体现了现代符号学的设计特点。根据美国符号学的创立者、哲学家、逻辑学家查尔斯·桑德斯·皮尔士(Charles Sanders Peirce，1839—1914)的解释，以场所的类型为基础，对于现实世界中的现实的实体而言，其作为符号的表现形式有三种[①]：第一种称为图像，"它是某种借助自身和对象酷似的一些特征作为符号发生作用的东西"；第二种称为标志，"它是某种根据自己和对象之间有着某种事实的或因果的关系而作为符号起作用的东西"；第三种是象征，"这是某种因自己和对象之间有着一定惯常的或习惯的联想的'规则'而作为符号起作用的东西"。而这三种情况又往往存在着合而为一的关系。中国早期的木牌楼是以梁、柱为构架，上面有屋顶，周身有彩画装饰的构筑物。它虽然不是一座房屋，但可以是门，标志着系列空间(如一组建筑群)的开始；它身处大门的位置，但不一定起真正出入门的作用，人们可以绕它而行；它虽然是构筑物，不是房屋，但却具有典型的中国古代木结构建筑的形式。所以它与中国古代建筑"有着某种事实的或因果的关系""有着一定惯常的或习惯的联想的'规则'"。因此牌楼既是中国建筑的一种"标志"，又是一种"象征"[②]。标志性的牌楼，不仅起到标识空间的作用，还增添了建筑的表现力和艺术魅力，所以至今还被广泛借用。

大门具有显示建筑形象的作用，其装饰艺术的风格特征是先民们生活智慧的结晶，体现了人们的审美情趣和理想追求。可以说中国传统建筑的"门"，不仅仅是一件艺术品，而且还是多种文化和艺术的载体，如传统的哲理思想、礼制文化、民俗文化和审美精神等。门本是联系建筑内外空间环境的功能构件，但通过对"门"的装饰，传统门的形制发生改变，"建筑"艺术形象的审美价值功能得以提升，文化内涵得以体现。中国传统民居是中国传统建筑的重要组成部分，其丰富的门饰艺术形式和内容，是众多"文化符号"的载体，充分体现了中国传统建筑文化的内涵。

(二)窗的装饰

湘江流域传统村落中建筑上的窗户，从窗框形状上看，有长方形、正方形、六边形、八边形、菱形、圆形、扇形等，以四边形居多；从窗棂形式上看，主要有直棂窗、花窗、隔扇窗、冰凌窗等；从窗户的材料上看，有木窗

---

① (英)特伦斯·霍克斯. 结构主义与符号学[M]. 瞿铁鹏，译. 上海：上海译文出版社，1987：131.

② 楼庆西. 中国建筑的门文化[M]. 郑州：河南科学技术出版社，2001：185

和石窗等(图 5-1-33～图 5-1-36)。湘南地区用石头雕刻的窗户较多。有时,民居建筑在墙的上部开较小的漏窗洞口,以利于内部(阁楼)通风。

图 5-1-33　资兴市流华湾村石雕窗户组图(来源:资兴市住建局)

图 5-1-34　资兴市秧田村石雕窗户组图(来源:资兴市住建局)

图 5-1-35　湘北民居与祠堂建筑石雕窗户组图（来源：作者自摄）

图 5-1-36　湘江流域形式多样的窗户组图（来源：作者自摄）

　　一般民居以直棂窗加几根横棂为多，大屋民居和富裕人家的窗棂多做成美丽的图案，成为花窗，装饰性强。花窗的图案以平纹、井字形和卍字形居多，也有斜纹和如意形窗棂，一般都有一个视觉中心（图 5-1-37～图 5-1-39）。窗棂多做雕刻，图案有花草虫鱼、祥禽瑞兽等。光线从室外射进来，在室内形成明暗变化的图案及闪烁的光影；人由室内看出去，视野多样化，增加了视觉形象。窗户材料多用不易变形的杂木，不用松木和杉木，因为松木和杉木的木质疏松，不易雕刻，且易变形。

图 5-1-37　**沈家大屋窗**
户(来源：作者自摄)

图 5-1-38　**叶家大屋窗**
户(来源：作者自摄)

图 5-1-39　**流华湾村窗**
户(来源：作者自摄)

　　湘江流域传统村落中建筑外墙上的窗头也是装饰的重点。为防止雨水污湿窗户、装饰窗户和美化建筑立面外观，与大门门头批水做法相似，窗头常做成三坡阁楼式屋面，盖小青瓦，在翼角和沿墙脊角处灰塑飞龙或飞鸟形态，有的在墙脊正中灰塑宝瓶。屋面下多为斗形基座，正面装饰细致，常堆塑或彩绘寓意吉祥的动植物或人物图样，有的书写诗词、名言警句或居室名，以体现屋主的身份、爱好或励志(图 5-1-40、图 5-1-41)。湘南地区村落中常见有在窗头处的墙中用砖叠涩形成人字形窗头，形态丰富，并堆塑寓意吉祥的动植物图案装饰(图 5-1-42)。

图 5-1-40　**资兴市辰冈岭村石头丘组民居立面**(来源：作者自摄)

图 5-1-41　湘江流域形式多样的窗头组图一（来源：作者自摄）

图 5-1-42　湘江流域形式多样的窗头组图二（来源：作者自摄）

　　科举时代，考取功名对于农家是莫大的喜事。农户上的窗户形状同样体现了这一时代特点，如浏阳市大围山镇楚东村锦绶堂大屋内的窗户做成打开的书卷形状，既体现了屋主对建筑美的追求，也反映了屋主对子孙的美好希冀（图 5-1-43）。

图 5-1-43　锦绥堂大屋书卷形窗户（来源：作者自摄）

二、梁架结构形式与梁枋装饰

（一）梁架结构形式

一般情况下，乡村祠堂中厅堂的结构形式与地区传统民居建筑的厅堂结构形式基本相同，总体表现为抬梁式和穿斗式混合的构架形式。湘江流域现存传统民居与祠堂完全用穿斗式或抬梁式结构的很少。大屋民居公厅中的过厅、过亭及祠堂中的厅堂等大空间多为抬梁式木构架，而其他房间多为砖木结构或穿斗式木构架。祠堂建筑空间一般由主体建筑和附属建筑两部分组成。湘江流域乡村祠堂主体建筑空间主要包括前厅、中堂、寝堂三部分，前厅即是门厅，是祠堂轴线空间序列的开始；中堂也称享堂，为举行活动和祭祀礼拜的场所；寝堂为供奉神主之所。在规模较小的祠堂中，寝堂常与中堂合二为一，位于中堂后部。附属建筑空间通常有厢房、廊道、塾房、厨房等，因家族的规模大小、经济实力和祠堂建筑功能组成的不同而不同。

孙大章先生在《民居建筑的插梁架浅论》[①]中将民居建筑中兼有抬梁和穿斗特点的构架形式称为"插梁架"。赖瑛在她的博士论文中，根据梁与瓜柱交接方式的不同，将珠江三角洲广府民系祠堂建筑结构分为"穿式瓜柱梁架"和"沉式瓜柱梁架"两种形式[②]。

赖瑛所称谓的穿式瓜柱梁架与孙大章先生的插梁架形式相同，即厅堂屋架为瓜柱立（骑）于下层梁上，上一层梁穿过瓜柱且伸出梁头，瓜柱承檩，檩

①　孙大章.民居建筑的插梁架浅论[J].小城镇建设，2001(09)：26-29.
②　赖瑛.珠江三角洲广府民系祠堂建筑研究[D].广州：华南理工大学，2010：145.

条放在瓜柱上端的槽口内（凹口卯）。梁头可以是扁平榫状，也可以是通过补贴锯榫时剩下的边材，保持与梁身相同的形状。前者扁平榫状梁头常进行美化，如做成靴脚状，或雕刻成龙头状；后者在梁柱接合处常用雀替装饰。与普通抬梁式承重梁置于柱头不同，穿式瓜柱梁架插榫于柱中，结构稳定性更强。

　　湘江流域大屋民居公厅中的过厅、过亭及乡村祠堂中的厅堂（主要是中堂与前厅）多采用穿式瓜柱梁架，如浏阳市龙伏镇新开村沈家大屋永庆堂过亭（图 5-1-44）、浏阳市金刚镇清江村桃树湾组刘家大屋中厅（图 5-1-44）、桂阳县黄沙坪镇大溪村骆氏宗祠、桂阳县敖泉镇三塘村下桥组唐氏宗祠（图 5-1-46）、浏阳市达浒镇王氏家庙（图 5-1-47）、汝城县卢阳镇东溪村颜氏宗祠（图 5-1-48）、宜章县迎新镇碛石村彭氏宗祠等。

图 5-1-44　沈家大屋永庆堂过亭
（来源：作者自摄）

图 5-1-45　桃树湾组刘家大屋中厅梁架
（来源：作者自摄）

a）中堂梁架（来源：作者自摄）

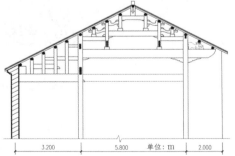

b）中堂梁架剖面图（来源：刘俊成绘）

图 5-1-46　桂阳县敖泉镇三塘村下桥组唐氏宗祠中堂梁架

图 5-1-47　浏阳市王氏家庙梁架　　　　图 5-1-48　汝城县东溪村颜氏宗祠梁架

　　（来源：作者自摄）　　　　　　　　　（来源：张璐摄）

　　与穿式瓜柱梁架不同的是，沉式瓜柱抬梁屋架为瓜柱立（骑）在下层梁上，上一层梁放在瓜柱上端的槽口内，檩条搁置在瓜柱位置的梁上，梁头亦常常进行造型美化处理。湘江流域大屋民居公厅与乡村祠堂厅堂完全采用沉式瓜柱梁架很少见，多见于脊檩及脊檩两侧三架梁和五架梁（清代称谓）的瓜柱位置，如平江县三市镇白雨村余氏宗祠的中堂梁架（图 5-1-49）。

 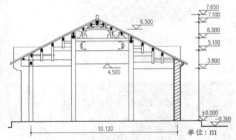

a）中堂梁架（来源：作者自摄）　　　　b）中堂梁架剖面图（来源：刘俊成绘）

图 5-1-49　平江县三市镇白雨村余氏宗祠中堂梁架

　　传统大屋民居的公厅在功能上与祠堂有许多相同之处，如都是家族祭祖、议事、庆典等重要活动的场所。湘江流域乡村祠堂厅堂在结构上与地区大屋民居公厅基本相同：砖石承重外墙多为硬山形式，木柱或石柱承接木构架，空间布局灵活，通透性强，采光、通风良好①。但祠堂中的厅堂比民居建筑中的厅堂更为高大，其结构形式更为复杂，装饰更为丰富，观赏性更强。

湘江流域祠堂主体建筑门楼一般为三开间，大门开在中间的明间位置。按门楼入口前檐下有无立柱、檐下空间是否开敞可将门楼外部空间形态分为"门堂"式、"凹斗门"式及"平门"式三种形式。门堂式门楼的基本特点是建筑外檐使用柱子承重，檐下空间开敞，外立面整体上为外廊形式。凹斗门式门楼的基本特点是建筑门道处的墙体向内凹进，墙上开门，前檐下没有立柱，檐下空间较小，两侧为次间（或多个开间）的墙面。平门式门楼的基本特点是前檐下没有立柱，大门直接开在外墙上，且大门处墙体与大门左右房屋的墙体在同一直线上。凹斗门式和平门式的祠堂门厅和独立寝堂为一开间时，多为山墙搁檩形式。在三开间的祠堂厅堂中，中间的明间因为需要提供大空间，用抬梁式木构架，穿式瓜柱梁架的结构特点明显，而在两山处多采用山墙搁檩形式，很少有在山墙处设柱置木屋架承檩（图 5-1-50、图 5-1-51）。

图 5-1-50　桂阳县大溪村骆氏宗祠中堂梁架　　图 5-1-51　汝城县津江村中丞公祠中堂梁架
（来源：作者自摄）　　　　　　　　　　　　　（来源：作者自摄）

湘江流域大屋民居公厅与乡村祠堂的穿式瓜柱梁架中的构件形态一般比较简洁，以圆木式"圆作梁"为多（少数梁底刨平），梁穿过瓜柱，梁头与梁身形态基本相同。湘南乡村祠堂中少数扁平榫状梁头做成靴脚状、象鼻状，或

---

① 伍国正，余翰武，吴越，等.传统民居建筑的生态特性——以湖南传统民居建筑为例[J].建筑科学，2008，24(3)：129-133.

雕刻成龙头状，与珠江三角洲广府民系祠堂建筑穿式瓜柱梁架中"扁平状梁头常见雕刻成龙头形状"的做法相似，但瓜柱柱头很少有造型处理，与广府民系祠堂建筑中"瓜柱柱头常做一些栌斗阴刻"[①]的做法不同。如在桂阳县敖泉镇三塘村下桥组唐氏宗祠和汝城县马桥镇高村宋氏宗祠的中堂穿式瓜柱梁架中，梁头都做成了形态逼真的龙头（图5-1-52）。郴州与粤北相邻，建筑构件形态相同或相似，体现了文化交流中的相互借鉴与吸收。有的梁头穿出瓜柱较长，端部再立短柱承檩，如郴州市苏仙区塘溪乡长冲村黄氏宗祠。有的祠堂采用人字形桁架，如汝城县土桥镇土桥村何氏家庙（叙伦堂）。

在传统民居和祠堂的厅堂中，常常在纵向上用插入柱身的连系梁（灯梁、寿梁、楣梁）或连系枋连接左右两榀屋架，梁、枋出头处用木梢固定，使整个屋架连成一体，以增强屋架的整体性与稳定性（图5-1-53）。"灯梁"位于脊瓜柱上或位于脊瓜柱两侧，"寿梁"位于檐柱上，"楣梁"位于檐柱内侧。位于脊瓜柱间的连系梁有时称为"中梁"或"柁梁"。有的建筑在檩条下增加方形"连机"，联系左右两榀屋架。

图5-1-52　汝城县高村村宋氏宗祠梁架

（来源：刘洋摄）

图5-1-53　宜章县碕石村彭氏宗祠梁架

（来源：作者自摄）

湘江流域传统民居与乡村祠堂建筑脊檩下的纵向连系梁和屋架其他连系梁枋常为"月梁"形式：多选用自然弯曲的木料，有的为直木加工成形，外观上梁的中部向上微拱（图5-1-54～图5-1-57）。月梁形态自然优美，刚中显柔，雄而不拙。从受力角度讲，月梁比一般的直梁在中间的弯矩要小，所以变形

---

① 赖瑛. 珠江三角洲广府民系祠堂建筑研究[D]. 广州：华南理工大学，2010：145.

也小，对于木结构建筑来说，月梁优势明显。村民介绍说，这种月梁似"八字"，谐音"发"，所以房屋中所有外露的柱间连系梁及墙间连系梁基本上都为月梁形式。

图 5-1-54　平江县浯口镇江氏宗祠中堂梁枋
（来源：作者自摄）

图 5-1-55　宜章县江厚村谷氏宗祠中堂梁枋
（来源：作者自摄）

图 5-1-56　茶陵县曹柏村 3 组曹氏宗祠
中堂连系梁（来源：作者自摄）

图 5-1-57　茶陵县车陂村 13 组张氏祠堂
中堂连系梁（来源：作者自摄）

　　有的祠堂（尤其是北部地区的祠堂）在屋架或左右屋架连系梁枋上置斗栱承托梁枋和檩条，既分散了梁枋和檩条底部的应力，又美化了梁架，如平江县的童市镇（三墩乡）中武村苏氏宗祠、三市镇白雨村余氏宗祠（图 5-1-58），醴陵市的沈潭镇三星里村易氏宗祠（图 5-1-59）、明月镇白果社区新南组杨氏宗祠（图 5-1-60），资兴市三都镇辰冈岭村夏廊组袁氏公厅（图 5-1-61）等。

图 5-1-58　平江县白雨村余氏宗祠侧厅
连系梁上斗栱（来源：作者自摄）

图 5-1-59　醴陵市三星里村易氏宗祠
寝堂梁架（来源：作者自摄）

图 5-1-60　醴陵市白果社区新南组杨氏
宗祠梁架（来源：作者自摄）

5-1-61　资兴市辰冈岭村夏廊组袁氏
公厅梁架（来源：资兴市住建局）

（二）梁、枋装饰

1. 室内梁架装饰

梁、枋是中国传统建筑中的重要承重构件，在宫殿、寺庙等公共建筑中常做重点装饰，但乡村祠堂和民居建筑室内梁、枋上的装饰一般都比较简单，或者不做装饰。湘江流域传统民居和乡村祠堂建筑梁枋装饰主要体现在主体建筑入口处的檐枋、柱头雀替和厅堂的梁架及厅堂前的檐枋、柱头雀替等构件上。总体而言，湘南地区乡村祠堂和大屋民居公厅室内梁、枋上的装饰比湘北地区简单，湘北地区在此处的雕绘较多且较为精细。湘北地区祠堂建筑中圆木连系梁的梁底常锯成平面形式，饰以浮雕吉祥图案或彩画，尤其是脊檩下的中梁，因其下表面雕刻有太极图，村民也称其为"太极栲"。通常是在太极栲的中间部位雕、绘太极图、八卦图或太极八卦图，两侧雕、绘动植物图案和书建房时间，图案有龙、凤（如左龙右凤、双龙捧日、双凤捧日等）、天马、花卉、乾坤符号等（图 5-1-62）；也有两侧只书"乾坤"二字，注明建房时间，或书以对联和建房时间的[①]。一般民居中，太极枑一般不加雕刻，只是在太极枑的中间绘阴阳太极图、八卦图或太极八卦图案，最简单的只是在中间和两端裹上红、绿两色布条，是一种吉祥的象征。永州市祁阳县大忠桥镇双凤村郭家大院公厅、江永县兰溪瑶族乡兰溪村下村永兴祠的梁架整体造型，双面阳雕龙首、麒麟、蝙蝠、祥花吉草等图案，是流域内乡村祠堂梁架形态与装饰中的个例（图 5-1-63、图 5-1-64）。

图 5-1-62 平江县黄泥湾叶家祠堂的大梁与枑梁雕刻组图（来源：作者自摄）

图 5-1-63 祁阳县双凤村郭家大院公厅梁架
（来源：祁阳县住建局）

图 5-1-64 江永县兰溪村下村永兴祠梁架
（来源：作者自摄）

乡下建房时架脊檩下的太极枑称"上梁"，上梁需要举行仪式，上梁时，由匠师喊彩，如"贺喜东君，今日上梁。张良斫树，鲁班尺量。紫微高照，大

① 伍国正.湘江流域传统民居及其文化审美研究[M].北京：中国建筑工业出版社，2019：171.

吉大昌……"脊檩最好用梓木，谐音"子"，寓意子孙发达。

位于梁架间的瓜柱，尤其是脊檩下的瓜柱，常常变化为柁墩或驼峰形式。湘江流域大屋民居和祠堂建筑中的柁墩及梁间垫板的形式多样，雕刻图案内容丰富，具有很强的装饰效果。有的为博古式，造型成吉祥动植物图案；有的为方形或圆形木板，双面阳雕吉祥动植物图案；有的圆雕成吉祥动物，表达祈福、避凶等心愿；有的造型是多个吉祥动植物的组合（图 5-1-65～图 5-1-71）。

屋架节点一

屋架节点二

屋架节点三

屋架节点四

图 5-1-65　平江县黄泥湾叶家祠堂梁架结点组图（来源：作者自摄）

图 5-1-66　常宁市新仓村下古组罗氏祠堂梁架　图 5-1-67　浏阳市东门村涂氏祠堂内梁架

（来源：常宁市住建局）　　　　　　　　　（来源：作者自摄）

图 5-1-68　浏阳市桃树湾刘家大屋公厅架间"柁墩"雕刻组图

（来源：作者自摄）

图 5-1-69　浏阳市文家市镇陈氏祠堂梁架组图

（来源：作者自摄）

图 5-1-70　零陵区干岩头村四大家院公厅中堂梁架组图（来源：作者自摄）

图 5-1-71　祁阳县双凤村郭氏宗祠梁架"驼峰"造型组图（来源：祁阳县住建局）

　　有的祠堂和民居公厅在用斗栱承托上层梁枋和檩条外，还用斗栱装饰梁架，如浏阳市张家坊镇江口村七溪组陈家祠堂（图 5-1-72～图 5-1-74），汝城县马桥镇石泉村胡氏宗祠（图 5-1-75），桂阳县洋市镇南衙村邓氏公厅（图 5-1-76）、资兴市的程水镇石鼓村程子楷故居祖屋公厅、三都镇夏廊村祠堂（龙门第）、蓼江镇秧田村段氏祖屋公厅，资兴市新田里村陈贤豪故居祖屋公厅等建筑中都有采用斗栱装饰梁架的做法。

图 5-1-72　浏阳市七溪组陈家祠堂的前厅(中堂)梁架斗栱装饰组图

（来源：作者自摄）

图 5-1-73　浏阳市七溪组陈家祠堂前厅
(中堂)连系梁上斗栱(来源：作者自摄)

图 5-1-74　浏阳市七溪组陈家祠堂寝堂
连系枋上斗栱(来源：作者自摄)

图 5-1-75　汝城县石泉村胡氏宗祠入口
檐下斗栱(来源：作者自摄)

图 5-1-76　桂阳县南衙村邓氏公厅梁上
驼峰与斗栱(来源：桂阳县住建局)

　　湘北地区乡村祠堂建筑的梁下较少使用雀替，湘中和湘南地区乡村祠堂中梁柱接合处常见有形态简洁的装饰性雀替，如衡阳市衡南县栗江镇大渔村渔溪组王家祠堂、汝城县卢阳镇的益道村中丞公祠、津江村朱氏祠堂和东溪村颜氏宗祠、土桥镇先锋村周氏宗祠、马桥镇的高村宋氏宗祠和外沙村朱氏家庙等。

2. 檐枋装饰

虽然祠堂和民居建筑的室内梁、枋上的装饰一般比较简单，或者不做装饰，但建筑入口处和厅堂前的梁、檐枋，因它们也是建筑空间的视觉中心所在，所以往往多做重点装饰，造型优美，雕刻精细(图 5-1-77～图 5-1-80)。湘江流域祠堂牌楼门形态及其装饰的文化内涵，以及祠堂戏台结构形式及其装饰特点在第四章已经介绍过，本节主要介绍祠堂和大屋民居公厅的檐枋形态及其装饰特点。

图 5-1-77　浏阳市东门锦绥堂涂家大屋公厅檐枋装饰(来源：作者自摄)

图 5-1-78　茶陵县枣市镇曹柏村 3 组曹氏宗祠檐枋装饰(来源：作者自摄)

图 5-1-79　汝城县金山村坎上坎下组叶氏家庙檐枋装饰(来源：作者自摄)

图 5-1-80　汝城县石泉村胡氏宗祠寝堂前灯梁装饰(来源：作者自摄)

　　湘江流域祠堂主体建筑入口处和大屋民居公厅入口处的柱头梁枋端部及其下方的雀替，以及内部厅堂前的柱头梁枋端部及其下方的雀替常常镂雕或圆雕成龙、凤、鱼、鹿、猴、金蟾、金猪、大象、麒麟、古松等各种形态，造型生动（图 5-1-81～图 5-1-96）。

图 5-1-81　浏阳市锦绶堂涂家大屋公厅寝堂前石柱与雀替组图（来源：作者自摄）

图 5-1-82　浏阳市桃树湾刘家大屋柱头雀替组图（来源：作者自摄）

图 5-1-83　茶陵县皇图村龙氏家庙檐枋雕刻（来源：作者自摄）

图 5-1-84　平江县黄泥湾叶家祠堂檐枋雕刻（来源：作者自摄）

图 5-1-85　平江县新源村界培组老屋柱头梁下木雕（来源：平江县住建局）

图 5-1-86　道县田广洞村民居檐枋雕刻（来源：道县住建局）

图 5-1-87　醴陵市潘家圫村潘氏宗祠柱头与檐枋装饰组图（来源：作者自摄）

图 5-1-88　宁远县九嶷山黄家大屋檐枋组图（来源：作者自摄）

图 5-1-89　汝城县司背湾西村檐枋（来源：汝城县住建局）

图 5-1-90　宁远县下灌村民居檐枋雕刻

（来源：作者自摄）

图 5-1-91　江华县宝镜村民居雀替雕刻

（来源：作者自摄）

图 5-1-92　祁阳县侧树坪村杨氏宗祠檐枋组图（来源：祁阳县住建局）

图 5-1-93　永兴县和平村文子洞组刘氏公厅檐枋组图（来源：作者自摄）

图 5-1-94　资兴市辰冈岭村夏廊组袁氏公厅梁枋、雀替雕刻组图（来源：资兴市住建局）

图 5-1-95　郴州市塘溪乡长冲村黄氏宗
祠柱头雀替（来源：作者自摄）

图 5-1-96　汝城县金山村叶氏家庙柱头
雀替与檐枋（来源：作者自摄）

　　湘北地区大屋民居公厅和乡村祠堂建筑入口处和厅堂前的檐枋在形态特征和装饰内容上相比湘南地区尽显丰富多彩，如有的像案边的笔架，有的像打开的卷轴，有的外观似寓意吉祥的动物，有的直接雕刻成吉祥动物。雕（绘）图案内容有琴棋书画、自然山水、人物故事、动植物、吉祥纹样等。即使是简单的方形，枋上雕刻的图案也尽显丰富，造型尽显生动有趣（图 5-1-97～图 5-1-102）。

图 5-1-97　浏阳市达浒镇汤氏宗祠檐枋组图（来源：作者自摄）

图 5-1-98　浏阳市楚东村锦绶堂涂家大屋公厅檐枋组图（来源：作者自摄）

图 5-1-99　浏阳市桃树湾刘家大屋公厅檐枋组图（来源：作者自摄）

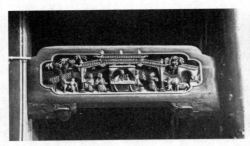 

图 5-1-100 浏阳市大围山白沙社区刘氏宗祠檐枋装饰组图（来源：作者自摄）

图 5-1-101 平江县黄泥湾叶家祠堂内的檐枋组图（来源：作者自摄）

图 5-1-102 浏阳市东门村涂氏祠堂雀替、檐枋组图（来源：作者自摄）

3. 卷棚装饰

湘江流域传统民居和祠堂门堂式入口建筑以及祠堂戏台的檐下常常用造型优美的卷棚封顶，卷棚表面有时绘以人和动植物彩画，或书以诗词歌赋，色调明快（图 5-1-103～图 5-1-106）。

图 5-1-103 浏阳市文家市镇民居檐下卷棚 （来源：作者自摄）

图 5-1-104 汝城县先锋村周氏宗祠檐下卷棚 （来源：作者自摄）

图 5-1-105 浏阳市桃树湾组刘氏家庙入口檐枋卷棚组图（来源：作者自摄）

图 5-1-106 浏阳市星星村柘溪组李氏家庙檐枋装饰组图（来源：作者自摄）

4. 厅堂藻井装饰

藻井是高级天花,过去一般建在宫殿宝座或寺庙佛坛上方(使用在殿堂明间正中),用层层斗栱及许多雕绘图案加以装饰,使其成为殿内视觉中心。湘江流域乡村祠堂的厅堂和大屋民居的公厅多为彻上明造梁架,祠堂寝堂有时用楼板分出阁楼空间存放物件。祠堂的前厅与戏台,以及大屋民居公厅中的过厅(过亭)的顶棚有时用藻井装饰,形态有方形、八边形、六边形和圆形等多种,或彩绘或雕刻,图案以荷花、石榴、八仙、麒麟、蝙蝠、龙、凤、虎、鱼为主(图5-1-107~图5-1-114)。永兴县高亭乡板梁村全为刘姓,始建于宋末元初,在历朝为官者较多,现存连绵成片的明清以来的民居建筑360多栋,民居堂屋中较多使用平棋天花,正中为方形雕饰的藻井(图5-1-115)。板梁村现为中国历史文化名村,全国重点文物保护单位。

湘南祠堂入口门廊中有时也用藻井装饰,如宜章县白沙圩乡才口村周氏宗祠、宜章县黄沙镇(长村乡)千家岸村琅公宗祠(图5-1-116)、宜章县白沙圩乡腊元村陈氏宗祠(图5-1-117)和桂阳县太和镇溪口村吴佑公宗祠等祠堂入口门廊中都有藻井,檐下装饰内容丰富。

图 5-1-107　浏阳市桃树湾刘家大屋过亭藻井(来源:作者自摄)

图 5-1-108　浏阳市锦绶堂涂家大屋公厅过亭上藻井(来源:作者自摄)

图 5-1-109 醴陵市白果新南组杨氏宗祠过厅藻井（来源：作者自摄）

图 5-1-110 资兴市星塘村李家祠堂中堂藻井（来源：作者自摄）

图 5-1-111 资兴市秧田村段氏公厅藻井（来源：资兴市住建局）

图 5-1-112 汝城县土桥村何氏祠堂（登贤坊）前厅藻井（来源：作者自摄）

图 5-1-113 汝城县先锋村周氏宗祠前厅藻井（来源：作者自摄）

图 5-1-114 茶陵县皇图村龙氏家庙前厅藻井（来源：作者自摄）

图 5-1-115　永兴县板梁村民居堂屋中藻井组图（来源：作者自摄）

图 5-1-116　宜章县千家岸村琅公宗祠入口　　图 5-1-117　宜章县腊元村陈氏宗祠入口门廊

门廊中藻井及檐下装饰（来源：作者自摄）　　中藻井及檐下装饰（来源：宜章县住建局）

三、柱础、墙体与屋脊装饰

(一)柱础装饰

1. 柱子形式

湘江流域乡村祠堂与民居建筑中的柱子多为圆形木柱。调查中发现,石柱在湘东北和湘东地区的祠堂和民居中使用较多,在湘南地区的祠堂和民居中使用较少,与比邻的广州府地区的祠堂"檐下多用石柱、石梁而室内用木构架"的做法不同①。湘东北和湘东地区的祠堂和大屋民居中较多使用方形石柱,主体建筑入口前外廊和天井四周常常使用当地生产的方形麻石柱或方形红石柱,以方形麻石柱较多,在石柱上端或中间部分开卯口与梁枋连接。方形石柱四角向内钝化或切角,形成一组向上的垂直线条,柱径与柱高之比在1∶9~1∶10,向上略有收分,形成很好的视觉效果(图5-1-118~图5-1-123)。

图 5-1-118 平江县虹桥镇高桥村李氏家庙寝堂(来源:作者自摄)

图 5-1-119 平江县虹桥镇向阳村李氏家庙过亭与前厅(来源:作者自摄)

---

① 冯江. 明清广州府的开垦、聚族而居与宗族祠堂的衍变研究[D]. 广州:华南理工大学,2010:183.

图 5-1-120　浏阳市锦绶堂涂家大屋公厅
天井与寝堂（来源：作者自摄）

图 5-1-121　醴陵市石子岭村萧氏宗祠内院
与寝堂（来源：作者自摄）

图 5-1-122　醴陵市荷田村吴氏宗祠过亭
与寝堂（来源：作者自摄）

图 5-1-123　醴陵市白果新南组杨氏宗祠
中堂与寝堂（来源：作者自摄）

　　湘江流域，尤其是湘南的祠堂中常常出现"一柱双料"的做法，即除石柱础外，柱子下面有一截为石料，石料断面有圆形、四边形或八边形，高度约1～2m，上面多为圆木柱，如平江县伍市镇白杨村七组姚氏宗祠，茶陵县的枣市镇曹柏村3组曹氏宗祠、下东乡齐溪村9组萧模公祠、虎踞镇黄坪村祠堂组陈氏家庙，攸县皇图领镇新乐付岩上潭头领北江组丁氏宗祠，汝城县沙洲瑶族村朱氏宗祠、金山村叶氏家庙（敦本堂和别驾第）、洪流村黄氏家庙，宜章县五甲村成公宗祠，资兴市三都镇的中田村李氏际公祖厅、夏廊村李氏四家公厅等均有"一柱双料"的做法。

　　2. 柱础形式与装饰

　　湘江流域传统民居与祠堂建筑中柱子底端的柱础多用当地产的石头制作，

直接落在屋基上，多用矮柱础，高度一般不超过 0.5m。柱础分上、中、下三节：础顶多为鼓形，中间础腰多为八边形，底部础基为方形。础顶和础腰的造型多样，如础顶有平鼓形、腰鼓形和莲花形等，础腰有覆盆形、方形、多边形和瓶颈形等。柱顶的造型多与柱形结合，方形柱子多用方形础顶，圆形柱子多用鼓形础顶，石柱一般为方形础顶（图 5-1-124、图 5-1-125）。柱础上多雕刻寓意吉祥的动植物图案与几何纹样。多样的柱础造型丰富了民居与祠堂建筑的室内外环境，对于木柱起到了很好的防潮作用。

图 5-1-124　湘江流域民居及祠堂中形式多样的柱础组图一（来源：作者自摄）

图 5-1-125　湘江流域民居及祠堂中形式多样的柱础组图二（来源：作者自摄）

（二）墙体与屋脊装饰

1. 山墙形式

明朝，由于全国砖瓦业发展迅速，砖瓦已普遍应用于重要建筑物，并普及到民居建筑。明清时期，湖南湘江流域和资江流域的砖瓦业发展迅速，技术较高，砖瓦成为民居重要的建筑材料。富裕家庭的建筑外墙使用清水砖墙较多，但一般民居建筑的外墙还是以土坯砖墙为主，也有少数民居采用夯筑和石砌外墙。大屋民居和祠堂中的主体建筑多为清水砖墙，外墙不承重时，为加强墙体的稳定性，多用 T 形铁件将其与内部柱子相连。T 形铁件在墙外部分常打造成各种吉祥图案。

适应地区炎热多雨、夏季潮湿天气较多的气候特点，湘江流域传统民居与祠堂建筑外墙基多采用当地生产的麻石、红石、青石或青砖砌筑，高度在 0.5～1.5m 左右，也有用碎砖石或卵石夯筑的。内墙基高度一般齐门槛，材料多为条石或青砖。大屋民居和祠堂建筑，主体建筑多为青水砖墙。内墙多用土坯砖或木板分割空间。产木较多的山区，有的民居建筑墙体全为木质，称为"木心屋"。民居与祠堂建筑墙体阳角常用 1～1.5m 左右高的条石竖砌作护角，富裕之家建筑主要界面处的墙体护角多有雕刻，形式多样，内容丰富（图 5-1-126～图 5-1-128）。

图 5-1-126　郴州市北湖区陂副村民居外墙护角石刻组图（来源：作者自摄）

图 5-1-127　宜章县皂角村民居外墙护角石刻（来源：作者自摄）

图 5-1-128　桂阳县溪口村民居外墙护角石刻（来源：作者自摄）

湘北地区现存传统村落和大屋民居屋顶以悬山式为主，前后檐出挑较多，只是在入口门屋或主体建筑的两端用硬山式。如岳阳市平江县上塔市镇黄桥村黄泥湾叶家大屋、浏阳市大围山镇楚东村锦绥堂涂家大屋和楚东村涂家老屋全部为悬山式屋面；岳阳市张谷英大屋主体建筑全部为悬山式，只是在"王家塅"的第二道大门的左右山墙上以及上新屋前面沿渭洞河岸用金字山墙；浏阳市龙伏镇沈家大屋的主体建筑也全为悬山式，入口槽门用三山式封火山墙；浏阳市金刚镇清江村桃树湾刘家大屋大部分为悬山式，入口槽门为金字山墙，主轴线上建筑两端用三山式封火山墙。而湘南地区传统村落和大屋民居多为硬山式，以金字山墙为主，村落中的公厅与祠堂建筑多用封火山墙。

湘江流域传统民居与祠堂建筑的封火山墙有三山式、五山式和七山式等形式，以三山式和五山式居多。宜章县黄沙镇五甲村黄氏成公宗祠中堂（寝堂)多达十一山。祠堂作为乡村社会中宗法礼制等级最高的建筑,不但空间布局规整,秩序井然,其外观形态也尽显端庄沉稳,尤其强调建筑正面整体形态的视觉效果。湘江流域大屋民居公厅和乡村祠堂前门处建筑两端多为五山式或三山式封火山墙,以五山式居多。中堂与寝堂或用金字山墙,或用封火山墙,有时中堂用封火山墙,寝堂用金字山墙。有的祠堂入口建筑两端封火山墙和金字山墙并用,如宜章县黄沙镇五甲村黄氏祠堂(中间为金字山墙)、资兴市清江乡加田村射前岭新屋何氏祠堂(中间为封火山墙)(图 5-1-129);有的祠堂入口建筑两端封火山墙和猫拱背山墙并用,如祁阳县潘市镇老司里村邓氏宗祠(中间为封火山墙)(图 5-1-130);有的祠堂正面入口大门的门头和门脸整体为牌楼式样,如茶陵县虎踞镇乔下村陈家大院陈氏五房宗祠、汝城县卢阳镇津江村克纪公祠、汝城县马桥镇高村宋氏西荘公祠、祁阳县潘市镇侧树坪村杨氏宗祠(图 5-1-131)、长沙县开慧镇开慧村杨家组杨公庙(图 5-1-132);有的祠堂在正面入口大门上方门头用封火山墙式样,如茶陵县严塘镇湾里村林氏祖厅,平江县伍市镇柏杨村七组姚氏宗祠(图 5-1-133)、虹桥镇毛源村二组毛氏家庙(图 5-1-134)、岑川镇包湾村李氏宗祠、梅仙镇哲寮村湛氏宗祠,在入口大门上方屋顶上立三山式封火山墙。

图 5-1-129 资兴市加田村射前岭新屋何氏祠堂(来源:资兴市住建局)

图 5-1-130 祁阳县潘市镇老司里村邓氏宗祠(来源:祁阳县住建局)

图 5-1-131 祁阳县侧树坪村杨氏宗祠

（来源：祁阳县住建局）

图 5-1-132 长沙县开慧村杨公庙

（来源：作者自摄）

图 5-1-133 平江县柏杨村姚氏宗祠

（来源：作者自摄）

图 5-1-134 平江县毛源村二组毛氏家庙

（来源：黄磊《湘东传统民居建筑地域特色研究》，2013）

　　湘江流域少数祠庙和民居建筑山墙采用猫拱背形，如永州市零陵区柳子庙（图 5-1-135）、长沙县榔梨镇陶公庙（图 5-1-136）、桂东县沙田镇文昌村郭氏宗祠（琼祖祠）（图 5-1-137）、平江县三市镇白雨村余氏宗祠（图 5-1-138、图 5-1-139）、资兴市三都镇辰岗村木瓜塘组袁氏大屋和永兴县金龟镇牛头下村民居（图 5-1-140）、浏阳市大围山镇白沙社区街上组刘氏宗祠（图 5-1-141）、衡南县栗江镇隆市村渔溪组王家祠堂、浏阳市镇头镇跃龙村塘湾组罗氏宗祠等建筑上都有猫拱背式封火山墙形态。

图 5-1-135　永州市零陵区柳子庙　　　　图 5-1-136　长沙县榔梨镇陶公庙

（来源：作者自摄）　　　　　　　　　（来源：作者自摄）

图 5-1-137　桂东县文昌村郭氏宗祠　　　图 5-1-138　平江县白雨村余氏宗祠

（来源：陈俊文《寻访桂东古民居》，2009）　　（来源：作者自摄）

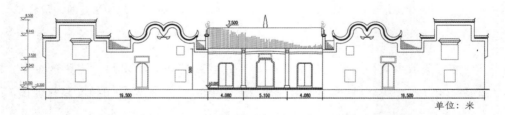

单位：米

图 5-1-139　平江县白雨村余氏宗祠立面图（来源：刘俊成绘）

图 5-1-140　浏阳市白沙社区街上组刘
氏宗祠后侧鸟瞰图(来源：作者自摄)

图 5-1-141　永兴县牛头下村民居
(来源：作者自摄)

2. 山墙装饰

　　民居和祠堂建筑的墙头、翼角、墀头和屋脊，是外立面装饰的重点部位。湘江流域传统村落中民居建筑和祠堂建筑的金字山墙和封火山墙的墙头常用砖石叠涩出挑，与檐口有机结合。墙头叠瓦下多配以起伏变化的白色腰带，形成对比强烈、清新明快的格调，加上建筑前低后高的层次变化，错落有致，主体建筑在构图中的位置十分突出(图 5-1-142～图 5-1-145)。民居和祠堂建筑山墙墀头上方常常灰塑成八字凤鸟图案(俗称鸡公垛)，少数灰塑成八字盘龙(凤)等图案。民居建筑的山墙翼角装饰形态相对简单，以向上反翘的鹊尾形式为主；祠堂建筑的山墙翼角及檐角常见有向前昂立的龙首、凤头、麒麟等图像装饰(图 5-1-146～图 5-1-148)。

图 5-1-142　永兴县柏树村民居
(来源：作者自摄)

图 5-1-143　桂阳县大湾村夏氏榜眼第后进屋
(来源：作者自摄)

图 5-1-144　浏阳市张家坊镇李氏宗祠

（来源：作者自摄）

图 5-1-145　浏阳市江口村七溪组陈五星祠

（来源：作者自摄）

图 5-1-146　湘江流域乡村中内容多样的墙头翼角装饰组图一（来源：作者自摄）

图 5-1-147　湘江流域乡村中内容多样的墙头翼角装饰组图二（来源：作者自摄）

图 5-1-148　湘江流域乡村中内容多样的墙头翼角装饰组图三（来源：作者自摄）

　　湘江流域传统民居和祠堂建筑山墙的墀头、翼角、檐角及屋脊处的灰塑、雕刻、彩画等内容丰富，造型生动。从现有的建筑来看，湘南和湘东地区民居与祠堂建筑的山墙的墀头、翼角、檐角及屋脊处，无论是在装饰内容方面还是在形态造型方面，都比湘北和湘中地区要丰富得多。湘南和湘东地区常见有在山墙翼角或檐角的鹊尾、龙首、凤首或象鼻之下灰塑象首、麒麟、金蟾、金猪、蝙蝠、龙凤、金猴、喜鹊、八仙、观音、寿星等寓意吉祥的动物和人物图像，如江永县上甘棠村民居墙头堆塑象首与蝙蝠的组合图像，宜章县腊元村民居门头翼角灰塑金猪和金蟾，新田县骆铭孙村门楼檐角灰塑麒麟，新田县谈文溪村郑家大院民居墙头翼角灰塑蝙蝠，宁远县下灌村李氏宗祠飞檐灰塑金蟾，浏阳市星星村柘溪组李氏家庙墙头翼角灰塑八仙图像，常宁市松石村柑子塘组李氏宗祠屋脊处灰塑麒麟（图 5-1-149）。

图 5-1-149　湘江流域乡村中内容多样的翼角装饰组图（来源：作者自摄）

　　湘江流域传统民居和祠堂建筑的山面檐下常灰塑有太阳、鸟纹、蛇纹、三叉戟纹、如意头（纹）、宝瓶、凤凰、麒麟、蝙蝠、仙鹿等寓意多子与富贵的吉祥图案。如桂阳县欧阳海乡下山村下山组祭祀厅堂（礼堂）山墙上，以红太阳为中心，四周环以鸟纹，两侧各有一只凤凰迎日飞舞（双凤逐日）；嘉禾县塘村镇英花村民居山墙上，以两层宝瓶为中心，四周环以鸟纹，两侧分别灰塑蝙蝠和麒麟；新田县枧头镇黑咀岭村龙家大院民居山墙上，最上层为三叉戟纹，其下以单层宝瓶为中心（宝瓶中间为红太阳），环以鸟纹；浏阳市金刚镇清江村桃树湾刘家大屋山墙上灰塑倒挂蝙蝠；祁阳市潘市镇柏家村民居山墙上灰塑驾云仙鹿（图 5-1-150）。

图 5-1-150　湘江流域传统民居与祠堂建筑墙面装饰组图（来源：作者自摄）

3．照墙装饰

湘江流域传统民居和祠堂多在建筑入口两侧的檐下墙面和不同部位的照墙上堆塑象征祥和瑞气、招财纳福、驱邪避恶的人和动植物图案。有的在墙头叠瓦下饰以彩绘、灰塑或砖雕，有的彩绘山水、人物、故事，并配以书法诗词以达到励志警悟、勤勉戒慎的目的。堆塑和彩画的工艺精湛，形态生动，通常一组堆塑或彩画就是一个主题或一个故事，反映了民间的工艺技术和审美观念（图 5-1-151～图 5-1-159）。

图 5-1-151　浏阳市沈家大屋三寿堂后照壁
（来源：作者自摄）

图 5-1-152　茶陵县官溪村周宅厅堂后照壁
（来源：作者自摄）

图 5-1-153　醴陵市新南组杨氏植公祠(左)、槐公祠(右)（来源：作者自摄）

图 5-1-154 浏阳市丹桂村青山组唐氏家庙入口（来源：作者自摄）

a）左侧照墙   b）右侧照墙

图 5-1-155 茶陵县南岸村谭氏家庙入口照墙上装饰组图（来源：作者自摄）

图 5-1-156 茶陵乔下村陈家祠堂入口檐下
装饰（来源：茶陵县住建局）

图 5-1-157 湘江流域民居入口檐
下装饰组图（来源：刘洋摄）

图 5-1-158　永兴县文子洞村民居入口檐　　图 5-1-159　东安六仕町村唐氏公厅后照壁
下装饰(来源：作者自摄)　　　　　　　　　　　　(来源：作者自摄)

4. 屋脊装饰

　　湘江流域现存传统民居建筑的屋面几乎都为小青瓦，瓦一般直接搁置在椽子上。普通民居的屋顶装饰简单，祠堂和大屋民居公厅的屋顶装饰内容丰富。屋顶的装饰主要体现在正脊、戗脊、檐角等部位。正脊由脊身、中间的中脊花和两端的脊头组成，脊身通常是由小青瓦依次垂直或斜向排列在屋架脊檩上，有压实之用。中脊花受各地文化影响，形态多样、造型端庄、特色明显。普通民居的中脊花通常用叠瓦做简单造型，祠堂和大屋民居公厅的中脊花通常灰塑祥花瑞兽、宝塔、宝瓶、太阳、火焰纹、鸟纹等带有民间信仰或是民俗习惯、寓意吉祥且能驱魔辟邪的装饰图案(图 5-1-160、图 5-1-161)。普通民居的脊头一般不做装饰，宗祠建筑和戏台的脊头装饰形态多样，装饰内容以龙首、凤头、鹊尾、朝笏为主。形态生动、起翘较大的墙头翼角和檐角，内容丰富、造型端庄的墀头、墙头、墙面和屋脊装饰，寓意多样，既美化了建筑立面，又彰显了建筑特色，体现了人们的审美情趣和理想追求，是建筑审美文化人文适应性的地方性表现。

图 5-1-160　湘江流域乡村祠堂中形式多样的脊饰组图一（来源：作者自摄）

图 5-1-161　湘江流域乡村祠堂中形式多样的脊饰组图二（来源：作者自摄）

第二节　湘江流域传统村落建筑
装饰题材与文化内涵

　　自然地理环境是地域民族文化形成和发展的物质基础，地域民族文化的长期涵化、扩衍，促进了地域文化景观的形成和发展。地域文化景观是在特定的地域环境与文化背景下形成的，是人类活动的历史纪录和文化传承的载体，是地域历史物质文化景观和历史精神文化景观的统一体，体现了人的地方性生存环境特征①。

　　地域民族传统的思维方式、民俗习惯、宗教信仰、价值观和审美取向都与其所处的自然环境和历史社会环境密切相关。地域民族建筑技艺的表达方式、方法各有不同。建筑装饰图案是建筑艺术观念的具象化表达，尽管图案的主体常以不同的形式出现，有写意的，也有写实的，但都是通过艺术手段将自然环境中的或是传统观念上的元素提取出来，通过简化、引申、象征等不同的方式表达出来。

　　中国建筑的装修发展缓慢，从唐代的版门、直棂窗，到宋代《营造法式》中的乌头门、格子门、睒电窗、水纹窗、阑槛钩窗等；从先前的屋架"彻上明造"到宋代的藻井、平棊、平闇等；从大空间不做分隔，到采用木隔断、屏风等等，装修形式和技术逐渐向前发展。尤其是到了清代，不但门类增多，而且装饰性增强，带有各种寓意的动物图案、植物纹样成为室内外装修不可缺少的内容，这些正是人们追求建筑理想美的产物，通过装饰题材的寓意，寄托着使用者对理想美的追求。

　　湘江流域传统村落是地区重要的历史文化景观，传统民居、祠堂等建筑在结合当地传统的建造技术、构造方式以及地区的气候条件、历史传统、生

---

① 伍国正. 永州古城营建与景观发展特点研究［M］. 北京：中国建筑工业出版社，2018：7.

活习俗和审美观念的建造中体现了较高的建筑技艺[①]。湘江南源南岭，北通长江，南北跨度较大，过去通过湘江和湘粤古道（如茶亭古道、星子古道、秤架古道、宜乐古道和城口湘粤古道等[②]）等渠道，楚文化、中原文化、粤文化在此实现融糅与发展，加上多次移民文化的直接影响，传统建筑技艺既有明显的地域特色，又与周边地区存在明显的地域相似性。如湘南祠堂木结构牌楼门的木雕技艺与其比邻的广式木雕技艺有较多的相似之处，其装饰艺术风格是湘楚文化与南越文化融糅的结晶，见第四章第三节。

湘江流域传统村落中建筑装饰的工艺类型主要有木雕、石雕、灰塑、彩绘等四种类型，木雕主要用在门窗、梁枋、檐枋、额枋、梁间柁墩、柱头雀替及家具上，石雕主要用在柱础、门墩、门槛、抱鼓石及墙体护角上，灰塑主要用在山墙墀头、山墙翼角、墙面、檐角及屋脊的中脊花和脊头处，彩绘常与木雕和灰塑结合，在藻井和檐下空间使用较多，如檐下卷棚、柱头雀替、檐枋、檐口灰塑等，常常加以彩绘来增强装饰的艺术效果，美化建筑立面。

湘江流域传统村落中建筑装饰题材内容丰富，表现形式多样，图案形象生动，工艺手法精湛，是历代人们在长期的生产生活实践中积累而成的，具有一定的原始性与传统性。依据装饰题材分类，可将湘江流域传统村落中的建筑装饰题材分为动物图案、植物图案、人物图案、风景图案、文字图案、器物图案、几何图案以及由多种题材组合而成的复合图案等多种类型。

一、动物、植物图案

（一）自然界和生活中的动物类图案题材

湘江流域传统民居与祠堂建筑中的动物图案装饰题材可分为两类：一是自然界和生活中的寓意吉祥、避灾的动物，二是从传统文献记载、传说故事中提取的灵瑞类动物。在中国传统建筑装饰艺术中，取自自然界和生活中的寓意吉祥如意、辟邪消灾的动物类装饰题材主要有狮子、鹿、鹤、蝙蝠、猴子、大象、喜鹊、猪、蟾、鱼、牛、马等。

---

① 伍国正，余翰武，隆万容. 传统民居的建造技术——以湖南传统民居建筑为例[J]. 华中建筑，2007，25（11）：126-128.

② 朱雪梅. 粤北传统村落形态及建筑特色研究[D]. 广州：华南理工大学，2013：205.

①狮子，中国古代称狻猊，是百兽之王。中国最早的古籍《竹书纪年》记载周穆王驾八骏巡游西域："狻猊野马走五百里。"郭璞注："狻猊，师子（狮子）。"汉代狮文化随佛教文化传入中国，因其在佛教中代表智慧、刚毅、勇猛，所以深受我国人民的喜爱，称其为瑞兽。狮子的声音如闷雷炸响，低沉而极具穿透力，古人认为其有驱煞辟邪、亨通家宅时运之功效，常常把石狮安置在家宅或是宗祠大门前作为守门兽，左右各一只。通常我们面向大门所见，左边的为雌狮，脚下通常有一只小狮子，寓意团圆美满；右边的为雄狮，脚踩绣球，寓意多子多福。过去只有权贵人家和官宦之家的门前才可以用狮子。权贵人家公厅和祠堂大门外抱鼓石上的狮子较大，普通官宦家门外抱鼓石上的狮子只能做得很小，有时只能在圆形的抱鼓石上雕出一个小狮子头（图5-2-1、图5-2-2）。见第五章第一节的"门框、门簪与门枕石装饰"。

图 5-2-1　祁阳县龙溪村李氏宗祠大门抱鼓石 　　图 5-2-2　宜章县车田村刘氏仪公祠大门
　　　　　（来源：作者自摄）　　　　　　　　　　抱鼓石（来源：作者自摄）

②鹿与鹤，自古被称为瑞兽仙禽。鹿与"禄"同音，在旧时代表着王权、爵位。西汉史学家司马迁的《史记·淮阴侯列传》载："秦失其鹿，天下共逐之，于是高材疾足者先得焉。"唐朝宰相魏征的《述怀》诗曰："中原初逐鹿，投笔事戎轩。"都是以鹿作为权力的代表与象征。鹿生性温顺，浑身是宝，其角常被做成占卜器物。北宋刘恕撰《通鉴外纪》载："上古男女无别，太昊始设嫁娶，以俪皮为礼。"这里的俪皮即是鹿皮，因此鹿皮在古代常被当作聘礼，喻指夫妻同心、幸福美满。

鹤在中国传统吉祥文化中占有很重要的地位，是德高望重、孤傲高洁、吉祥长寿、幸福忠贞的象征。《周易·中孚》载："鹤鸣在阴，其子和之。"《诗·小雅·鹤鸣》载曰："鹤鸣于九皋，声闻于野。"都以鹤喻指德高才贤之人。1923年河南省新郑李家楼郑公大墓出土的春秋时期的莲鹤方壶的盖顶中间，一鹤耸立，昂首张翅欲飞，说明鹤在很早以前就是吉祥和高贵的象征。道教认为鹤既是仙人的坐骑，又是仙人的化身，是长寿的象征，有仙鹤之说。人们常以"鹤寿""鹤龄"等作为祝寿之词。唐杜甫的《遣闷》曰："白水鱼竿客，清秋鹤发翁。"鹤雌雄相随，步行规矩，情笃而不淫，品德高尚，人们常以雌雄双鹤象征夫妻恩爱，幸福美满。

在中国传统文化中，松被视为"百木之长"，长青不朽，是长寿和高洁的象征；鹤被视为"百羽之宗"，祥和优雅，是瑞寿和高贵的象征；龟是长寿、坚毅的象征，寓意招福纳财、辟邪消灾。人们常将仙鹤与苍松、寿龟等组合在一起，寓意高风亮节、延年益寿，有松鹤长春、龟年鹤寿之说。鹤为仙禽，鹿为瑞兽，鹤鹿同框，寓意万物滋润、六合同春（鹿鹤同春）、平静安逸的美好生活状态。湘江流域传统民居和祠堂建筑的隔扇门窗绦环板、檐枋、墀头、墙护角、柱础、门墩及门簪等处，常用鹿与鹤的图案来装饰（图5-2-3）。

图 5-2-3　湘江流域传统村落建筑中鹿、鹤、龟装饰图案组图（来源：作者自摄）

③蝙蝠，头部和躯干体小似鼠，擅长飞行，昼伏夜出。在中国民间又称飞鼠、天鼠、仙鼠、燕扁虎、檐(盐)老鼠(常栖息于屋檐下)等。在西方蝙蝠被认为是不祥的凶兽，代表着黑暗和死亡，是邪恶的象征。但在中国，因"蝠"与"福"同音，有幸福美满之意；与"符"同音，有驱凶化吉之效，是吉祥之物。在中国传统的装饰艺术中，蝙蝠是一种重要的装饰题材，经常被用在一些古建筑的灰塑、木雕、石雕等装饰上，以及服饰和日常用品上。人们常将蝙蝠与其他装饰题材组合起来使用，创造出丰富多彩的吉祥图案和文化寓意，如蝙蝠与蟠桃、梅花鹿(或铜钱)组合寓意"福寿双全"，蝙蝠与铜钱组合寓意"福在眼前"，蝙蝠与"寿"字、如意组合寓意"福寿如意"，蝙蝠与马组合寓意"马上得福"，蝙蝠与云纹组合寓意"洪福齐天"，五只蝙蝠围绕"寿"字寓意"五福捧寿"，五只蝙蝠构图寓意"五福临门"。湘江流域传统民居和祠堂建筑的隔扇门窗绦环板、花窗、天花、藻井、檐枋、墀头、墙面、柱础、门墩及门簪等处，常用蝙蝠图案来装饰(图5-2-4)。

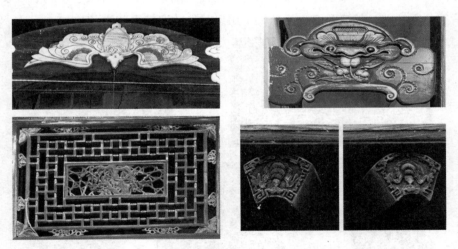

图 5-2-4　湘江流域传统村落建筑中蝙蝠装饰图案组图(来源：作者自摄)

④大象、猴子，在中国传统文化中有很好的寓意。因象与宰相的"相"同音，猴与侯爵的"侯"同音，故在传统乡村建筑上，常见有大象与猴子的图像，寓意"拜相""封侯"，以及猴子骑在骏马上，寓意"马上封侯"。传统民居和祠堂建筑上的大象或猴子，常见于檐角、檐枋、墀头、柱础、墙护角、天井、

隔扇门窗绦环板等部位，寓意家族兴旺，子孙发达(图 5-2-5)。宁远县九嶷山黄家大屋挑檐枋为大象造型，其上圆雕一坐姿猴子(图 5-1-88)。株洲市茶陵县秩堂乡毗塘村 11 组谭氏家庙(惇伦堂)前立一对石狮和石象。

图 5-2-5　湘江流域传统村落建筑中象、猴装饰组图(来源：作者自摄)

⑤喜鹊在民间有"报喜鸟"的称呼，人们认为喜鹊具有感应预兆的神异功能，喜鹊在房前欢叫预兆有好运好事要来到，是好运和福气的象征。如《周易·统卦》载："鹊者，阳鸟，先物而动，先事而应。"《禽经》载："鹊俯鸣则阴，仰鸣则晴，人闻其声则喜。"喜鹊有预知风向的能力，《淮南子·人间训》云："夫鹊先识岁之多风也，去高木而巢抉枝。"象生于意，中国自古有"画鹊兆喜兆吉"的风俗，在建筑、家具、服饰上，常常雕刻或绘制喜鹊图案，寓意喜气和好运。如鹊登高枝寓意节节向上、出人头地，鹊站梅梢寓意"喜上眉梢"，树下獾与树上鹊对望寓意"欢天喜地"，一只喜鹊仰望太阳寓意"日日见喜"，双鹊中加一枚铜钱寓意"喜在眼前"，两只喜鹊立于盆上啄食寓意"双喜临门"(图 5-1-6)，两只喜鹊面对面寓意"双喜相逢"，喜鹊与莲花同框寓意"喜得连科"，喜鹊俯视或仰视三个圆果子(桂圆、荔枝、核桃、枇杷等)寓意"喜报三元"等①。湘江流域传统民居和祠堂建筑上的喜鹊，常见于隔扇门窗绦环板、

---

①　王芳芳. 民间美术中的喜鹊图像研究[D]. 济南：山东工艺美术学院，2015.

花窗、檐枋、墀头、柱础、天井及门簪等部位(图 5-2-6)。

图 5-2-6　湘江流域传统村落建筑中喜鹊装饰图案组图(来源:作者自摄)

⑥猪、蟾,在中国传统装饰文化中有"金猪""金蟾"之谓,都是财富的象征。古人认为猪一身是宝,将其称为"乌金"。俗话说:"猪为家中宝,无豕不成家。"猪在十二生肖中排行最后一位,亥之属。猪一直是祭祀、崇拜所用的瑞兽,象征着财富和权力,古时也用作随葬品。"猪同马、牛、羊、鸡、犬共为'六畜',自古与人类生活有着密切的关系。在原始父系氏族公社时期,猪是可以夸耀的财富标志。猪头骨或下颚骨被作为财产的象征,用做随葬品,在甘肃临夏(永靖县)大河庄的墓葬中,有用十六块、三十六块猪骨陪葬的。"①传说中月宫住着三条腿的蟾蜍,以金为食,能口吐钱,故称"金蟾"。传说刘海修道以金钱为诱饵收服了修行多年的金蟾而成仙,民间流传有"刘海戏金

---

① 吴裕成. 中国生肖文化[M]. 天津:天津人民出版社,2004:13.

蟾，步步钓金钱"之说。蟾宫即"月宫"，人们常用"蟾宫折桂"来寓意考取进士，官运亨通。民间以"金猪""金蟾"为装饰题材，寓意吉祥如意、财源广进。湘江流域传统村落建筑上现存的"金猪"与"金蟾"图案不多，可见的如湘北岳阳市平江县新源村界培组老屋柱头梁下倒挂一木作圆雕三腿金蟾，口吐金钱，憨状可掬（图 5-1-85）；湘南郴州市宜章县白沙圩乡腊元村民居门头翼角同时灰塑金猪和金蟾，金猪匍匐在金蟾之上（图 5-1-149）。

（二）灵瑞动物类图案题材

灵瑞类装饰题材，是从远古时期流传下来的神话中提取出来的，以龙、凤、麒麟、龟四大圣兽为主。《礼记·礼运第九》曰："何谓四灵？麟凤龟龙，谓之四灵"。

①龙：早在炎黄时期，华夏族就以龙为图腾，并认为自己是龙的传人。龙为四大圣兽之首，其形象在各个时代有所差异，炎黄时期龙的造型较为简洁，体现在器物上以"C"形图案为主。如红山文化的发源地内蒙古赤峰地区出土的距今五千余年前的大型碧玉 C 形猪首龙，安徽含山县铜闸镇凌家滩出土的距今五千左右的首尾相连的扁环形白玉牛头龙。秦汉以后龙的造型逐渐演变得较为复杂，形象也逐渐具象化，东汉许慎的《说文解字》云："鳞虫之长，能幽能明，能巨能细，能长能短，春分而登天，秋分而潜渊。从肉，飞之形，童省声。"明代以后对龙形象的研究也逐渐深化，龙文化已经波及社会的各个领域，各族人民有了一个共同的图腾——龙图腾[①]。龙是一种虚拟的综合性神灵，其形象综合了自然界诸多生物的特征，如蛇身、鱼鳞、猪头、牛耳、鹿角、羊须、鹰爪等。《辞海》云："龙是古代传说中一种有鳞有须能兴云作雨的神异动物。"

在中国古代，龙的形象是帝王的符瑞，是皇室帝权的象征，代表着至高无上的权力，因此在宫殿建筑中使用较多。龙是中国最大的吉祥物，是吉祥、幸福、勇敢、智慧等各种优秀品质的集合体。随着时代的发展，地方建筑上也出现了将龙作为象征吉祥的装饰图案。例如，祠堂建筑的门头、门簪、墀头、檐角、屋脊、檐枋、藻井、门墩及柱础等部位，时常灰塑、雕刻或彩绘龙的图案，形态多样，造型生动（图 5-2-7、图 5-2-8）。

---

① 孙丁丁. 浅析龙图腾的演变及意义[J]. 美术文献，2020(11)：44-45.

②凤：为凤凰之略称，《禽经》载："凤雄凰雌"。传说凤是从东方殷族的鸟图腾演化而成，为百鸟之王，头顶华冠，羽披百眼，形似今日之孔雀。凤凰的形象也是杂取多种动物形象组合而成的。《说文解字》云："凤，神鸟也。天老（黄帝臣）曰：凤之象也，鸿前鹿后，蛇颈鱼尾，鹳颡鸳思，龙文龟背，燕颔鸡喙，五色备举。出于东方君子之国，翱翔四海之外，过昆仑，饮砥柱，濯羽弱水，莫宿风穴，见则天下安宁。"

凤凰亦称为朱鸟、丹鸟、火鸟、鹍鸡等，又叫不死鸟、火之鸟、长生鸟、火烈鸟。传说凤凰每五百年就要负香木飞入太阳神庙中浴火重生一次，即"凤凰涅槃"。《淮南子·天文训》云："火气之精者为日"，所以古人认为凤凰为火精，为日之征象，谓之"金鸟"。在河姆渡文化、仰韶文化、大汶口文化、良渚文化、红山文化等文化遗址中出土的有关太阳鸟、太阳纹的形象表明，中华民族自古有太阳神鸟崇拜习俗。凤凰与龙一样，也是中国皇权的象征，常和龙一起使用，以龙喻皇帝，以凤喻皇后和嫔妃。凤凰也是中华民族的吉祥物，更是真善美的化身，能给人民带来光明、温暖、安宁与幸福，在古代是尊贵、崇高、贤德的象征，含有美好而又不同凡俗之意。人们常以"凤凰"命名山川城邑，用其图案装饰建筑与器物，表达对美好生活的向往和追求。

湘楚文化与凤文化有着不解之缘，楚之先民以凤鸟为图腾，认为凤是其始祖火神"祝融"的化身，既是祝融的精灵，也是火与日的象征，故尊崇日中之乌——火鸟（凤）。随着楚人北来，崇凤敬日文化在湘楚大地得以广泛传承，凤凰成为湖湘文学、绘画、雕刻和建筑艺术的重要题材。在湘江流域传统民居和祠堂建筑的墀头、墙面、檐角、檐枋、藻井、柱础、门墩及门簪等部位，时常灰塑、雕刻或彩绘有多姿多彩的凤鸟形象（有的为凤尾纹）。

凤凰与不同题材组合，形成多种不同的寓意。如龙凤组合寓意"龙凤呈祥"；传说凤凰非梧桐不栖，凤栖梧桐寓意贤才择主而恃；丹凤朝阳寓意贤才逢明时；双凤朝"福""寿""喜"字寓意"双凤献福""双凤献寿""金凤送喜"（图5-2-7、图5-2-8）。

图 5-2-7　湘江流域传统村落建筑中龙、凤装饰图案组图一（来源：作者自摄）

图 5-2-8　湘江流域传统村落建筑中龙、凤装饰图案组图二（来源：作者自摄）

③麒麟：麒麟也是雌雄统称，简称"麟"，其形象亦是杂取多种动物形象组合而成。《史记索隐》载："雄曰麒，雌曰麟。其状麇身，牛尾，狼蹄，一角。"传说麒麟口不食生物，足不践生草，有王者则至，为仁德之兽。《公羊传·哀公十四年》载："麟者，仁兽也。有王者则至。"《文选·刘桢》载："灵鸟宿水裔，仁兽游飞梁。"刘良注："仁兽，麟也。"古人把麒麟当作仁兽，是吉祥的象征，主太平、长寿，认为麒麟出没处，必有祥瑞。传说中，麒麟是圣贤之人的标志，在文庙、祠堂等建筑上，多有石刻"吐书麒麟"；麒麟能为人带来子嗣，民间常把麒麟当作多子多福的象征，有"麒麟送子"的说法。在湘江流域传统民居和祠堂建筑的门墩、抱鼓石、门楣、门簪、墀头、墙护角、柱础、檐枋、雀替、藻井、檐角及墙面等部位，常以石雕、木雕或彩画等工艺塑造麒麟图案，工艺精湛，形态丰富。装饰在大门两侧的石雕麒麟，一方面能够显示门庭高贵，另一方面用以镇宅招财、求嗣（图5-2-9）。见第五章第一节的"门框、门簪与门枕石装饰"。

图5-2-9　湘江流域传统村落建筑中麒麟装饰图案组图（来源：作者自摄）

（三）植物类图案题材

植物类图案题材大致可分为两类：其一是代表高尚品格的植物，如梅、兰、竹、菊、莲、松等；其二是象征五谷丰登或是寓意富贵、多子、长寿的花果或植物，如金瓜、石榴、葫芦、葡萄、牡丹、海棠、蟠桃、桐树等。植物类的装饰图案主要用于表达主人对崇高品格的歌颂与赞扬，以及对美满生活的憧憬与向往，多采用"表现性象征"的表现手法，"用形象的隐喻、暗示、激唤机能去引发主体的想象与情感体验，传达某种不确定的情感或意蕴，其内在机制是作品特征图式与主体心灵图式的同构契合。"[①]"清高雅洁"是其审美文化主题。如莲"出淤泥而不染，濯清涟而不妖"，质柔而能穿坚；佛教尊莲花为神圣净洁之花，为佛教"八吉祥"（"佛八宝"）之一，常喻指高雅、圣洁、清廉。松、竹、梅为"岁寒三友"，竹"人怜直节生来瘦，自许高材老更刚"（北宋王安石《咏竹》），可弯不可折，四季常绿，本色不改。梅花、海棠花在冬季开放，不畏严寒，常喻指坚毅、刚正、顽强、勇敢。梅花的花瓣多为五片，常喻指五福俱全。海棠花型妩媚，给人温文尔雅之感；花开似锦，尽显富丽大方。人们常以青莲和白鹭组合喻指为官清正，"一路清廉"；以荷花、海棠、飞燕构成"何（荷）清海宴（燕）"图，喻指天下太平；以莲花和鲤鱼组合喻指"连年有余"。"棠"与"堂"同音，牡丹象征着高贵富丽，所以常用玉兰花、海棠花、牡丹花、桂花组合寓意"玉堂富贵"；以蝴蝶、菊花、海棠花组合寓意"捷报寿满堂"；以海棠花、五个柿子组合寓意"五世同堂"。石榴、葫芦、葡萄，均多籽，寓意子嗣繁衍、多子多福。植物类图案题材常用在传统民居和祠堂建筑的隔扇门窗绦环板、花窗、天花、藻井、门墩、抱鼓石、窗楣、柱础、檐枋、雀替、墀头及墙面等部位（图5-2-10、图5-2-11）。

---

① 刘晓光，姜宇琼. 中国建筑比附性象征与表现性象征的关系研究[J]. 学术交流，2004（04）：133-136.

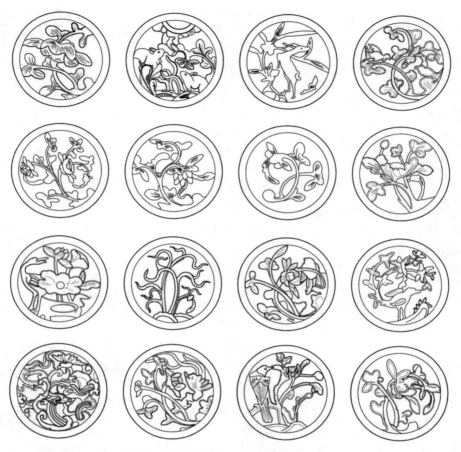

图 5-2-10　湘江流域传统村落建筑中植物装饰图案组图一（来源：朱昕绘）

图 5-2-11 湘江流域传统村落建筑中植物装饰图案组图二（来源：作者自摄）

二、人物、风景图案

(一)人物类图案题材

在传统乡村中，建筑装饰的人物类图案题材，按照其内容大致可分为两类：一类是纪实人物故事题材，主要记述住宅主人及其祖辈的生平事迹，或者记述当地著名的商人、诗人，或是历史典故中的文臣名将，如战国时期的蔺相如、廉颇，三国时期的诸葛亮、关羽、张飞，南宋时期的岳飞等、"二十四孝"中的孝子形象等。纪实类人物故事题材多以纪念先辈、引领后人为主要目的。另一类是戏曲、小说故事、神话传说、宗教等文献中记载的虚拟人物题材，其中又以道教中的八仙为主。吴承恩《西游记》第八十一回："正是八仙同过海，独自显神通"，其中的八仙指汉钟离、何仙姑、吕洞宾、张果老、曹国舅、铁拐李、韩湘子、蓝采和。他们是基于现实神话出来的人物形象。此外还有"福、禄、寿"三星，也时常出现。相较于纪实类人物故事题材，虚拟人物题材重在写意、寓意[①]。

在湘江流域的传统民居与祠堂建筑中，人物题材的装饰图案多用在牌楼门、檐枋、山墙墀头、翼角、藻井及不同部位的照墙等部位。不论是写实的纪实类人物故事题材还是虚拟人物题材，在表现方式上基本相同，主要以雕塑辅以彩绘的方式出现，如醴陵市明月镇白果新南组杨氏宗祠过厅藻井上彩绘二十四孝故事(图5-1-109)；汝城县金山村卢氏家庙牌楼门上浮雕"三英战吕布"和"一品当朝"；卢氏家庙与津江村的朱氏祠堂、范氏家庙，益道村黄氏宗庙，宁远县路亭村王氏宗祠的牌楼门上都圆雕有八仙及太白金星图像；浏阳市星星村柘溪组李氏家庙照墙上浮雕"周文王渭水访贤"，檐枋上木雕"将相和""元霸显威""定军山""(刘)金定下山""古城会"，檐角鹊尾下灰塑八仙。"一品当朝""天官赐福"或"众仙祝寿"图案几乎在所有官宦之家的大屋民居主体建筑与祠堂建筑上都有体现(图5-2-12、图5-2-13)。

---

① 王浩威. 浙江地区古建筑装饰中的人物图案研究[D]. 杭州：浙江工业大学，2019.

图 5-2-12　湘江流域传统村落建筑中人物装饰图案组图（来源：作者自摄）

图 5-2-13 桂阳县阳山村民居隔扇窗上的雕刻（来源：桂阳县住建局）

（二）风景图案题材

中国自古就有将人的品格与自然山水相联系，寄情山水，借物抒情，托物言志，表达审美理想的做法。两千多年前，孔子的"智者乐水，仁者乐山"（《论语》）成为后世模拟和效仿的典范。晋宋时期山水田园诗的兴起，奠定了中国山水田园诗发展的基础；山水画也逐步脱离人物画，慢慢成为独立画种。盛唐时期中国山水田园诗达到艺术顶峰，并形成了诗学意境理论[①]。隋唐时期，中国山水画逐渐发展成独立画科，追求意境营造和情景交融。

中国山水诗画艺术的发展，促进了人们对于自然山水的热爱。从皇宫内院到乡村茅宅，从园林逸趣到居家生活，人们借景抒情，托物寄兴之风盛行。寄情自然山水，托物以比拟人品、人格，成为各朝文人雅士装点门户的审美追求。湘江流域传统民居与祠堂建筑中的风景图案在檐枋、照壁和藻井上有较多体现，装饰题材多以山、水、古松为主题构图，配以楼阁，拱桥，渔舟，历史（神话）故事中的人物，寓意吉利祥瑞、趋利避害的飞禽、走兽、祥云等，构成写意和抒情的画面，体现生活气息，表达崇尚自然、追求真趣的自然哲学审美情感，真是"此中有真意，欲辨已忘言"（东晋陶渊明《饮酒·其五》）（图5-2-14～图5-2-18）。

---

① 徐子涵. 中国传统艺术意境理论研究[D]. 南京：东南大学，2019.

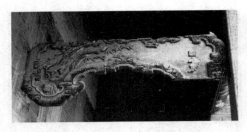

5-2-14　浏阳市汤氏宗祠檐枋

（来源：作者自摄）

图 5-2-15　资兴市星塘村民居隔扇门绦

环板上雕刻（来源：作者自摄）

图 5-2-16　浏阳市桃树湾刘家大屋檐枋组图（来源：作者自摄）

图 5-2-17　浏阳市桃树湾刘家大屋藻井

（来源：作者自摄）

图 5-2-18　醴陵市白果新南组杨氏宗祠

过厅藻井（来源：作者自摄）

三、文字、器物图案

（一）文字图案题材

建筑上的诗词、书画、匾额、楹联，堂联、物境旁的景题、刻石等文字

"点题"和气氛渲染，是中国传统园林"意境"的表现方式之一[①]。在中国传统乡村建筑中也常常运用文字图案题材装点空间，表达"吉祥如意"的生活理想。多采用"比附性象征"的表现手法，"用形象来喻指某种确定的观念或意义，其意义的获得主要依靠主体联想与想象，形象与意义间的联系的建立主要依靠约定俗成，人们通过习惯性联想而获知其内涵。"[②]如吉祥物、谐音物、象形物或象形文字等。比附性象征应用得较为广泛，"福、禄、寿、喜"是其表现的审美文化主题。

相对于其他类型的装饰题材，文字题材可以更加直观地表达主人的审美理想。在湘江流域传统民居与祠堂的建筑装饰中，文字图案题材运用较多，主要装饰在牌楼、窗户、照壁、墀头、檐下卷棚、门头横披及家具上，蕴含的意义十分明显。既有"金玉满堂""福禄寿喜""福如东海、寿比南山""前程似锦""源远流长""五福临门"等直叙胸臆的单个文字题刻，也有象征祥和瑞气，表达励志警悟、勤勉戒慎的配图诗词墨书（图 5-1-33、图 5-1-34，图 5-2-19、图 5-2-20）。

---

①　郭俊明，伍国正. 中国传统园林之意境分析[J]. 湘潭师范学院学报（社会科学版），2005(01)：79-83.

②　刘晓光，姜宇琼. 中国建筑比附性象征与表现性象征的关系研究[J]. 学术交流，2004(04)：133-136.

图 5-2-19 湘江流域传统村落建筑中文字装饰图案组图一（来源：作者自摄）

图 5-2-20 湘江流域传统村落建筑中文字装饰图案组图二（来源：作者自摄）

建筑中的对联和门楼牌匾题字，常常既是家族源流地、发展史的展示，也是家族兴旺发达愿景的表达。如汝城县土桥镇(永丰乡)先锋村是周氏族人聚住地，理学鼻祖周敦颐曾在汝城县为官、讲学，对汝城影响深远。《永丰周氏族谱》载有周敦颐的名姓、简介和墓记铭。先锋村现有周氏家庙、周氏宗祠、世楚祖祠、文龙公祠、钦选房祖祠、世楚祖祠、又鲤祖祠、经邦公祠堂等祠堂八座。周氏宗祠始建于明成化十八年(1482年)，曾经四次大修，最近一次大修在1984年[①]。周氏宗祠入口两侧八字照墙上分别大字书写"忠孝""节廉"；牌楼木柱上悬挂木刻对联"世德千秋重，君恩万代荣"；牌楼从下往上依次在额枋间封板(走马版)上书写"诏旌第"，在层叠斗栱(如意斗栱)中部悬挂"圣旨"(朝廷为旌表周氏九世孙如尧公运输粟米济贫等义举，特赐圣旨嘉奖)，在上部栱间镶嵌"金玉满堂，福禄寿喜"；在大门门头悬挂有诏封匾刻"尚义"；在前厅左右门洞两侧墙上粉饰竖向条幅，分别墨书对联"诗书绵世泽，礼乐振家声"和"道统延姬旦，心传接濂溪"；在中堂(寝堂)楹柱上悬挂木刻对联"溯岐丰肇基以来父作子述孝弟忠贞光百代，由汝泥衍派而后家弦户诵诗书礼乐振千秋"(图5-2-21、图5-2-22)。

图5-2-21　汝城县先锋村周氏宗祠
（来源：作者自摄）

图5-2-22　汝城县先锋村周氏宗祠中堂（寝堂）(来源：作者自摄)

① 李英晓，范迎春. 汝城永丰周氏宗祠及其建筑装饰艺术研究[J]. 美与时代(上)，2019(09)：68-71.

（二）器物图案题材

在湘江流域传统民居与祠堂的建筑装饰中，器物类图案主要出现在隔扇门窗绦环板、花窗、牌楼、檐枋及柱础等部位。按器物题材来源大致可分为两大类：一是来自日常生活，如借谐音寓意幸福美好的器物题材、寄物表现文人雅士高雅脱俗的器物题材。在生活中，"瓶"与"平"同音，牡丹象征着高贵富丽，月季花四季开放，故瓶中插入盛开的牡丹寓意"平安富贵"，月季花插入瓶中或绘于瓶上寓意"四季平安"；借琴、棋、书、画图案表现超脱凡俗、品格高雅。钱币、如意等来自日常生活的器物，也常常是建筑装饰图案题材（图 5-2-23～图 5-2-26）。二是来自神话故事与宗教，以神话故事中的人物所使用的法器法宝以及宗教中的神仙所使用的法器供器为原型，演变而来的寓意吉庆祥瑞的雕塑或是彩绘。如传说中佛教的八种吉祥之物——莲花、法轮、海螺、雨伞、盘肠、双鱼、罐、盖等称为"佛八宝"（又称"八吉祥""八瑞相"）；以神话故事中道教八仙所使用的法器——宝剑、扇子、云板、葫芦、荷花、渔鼓、花篮、笛子等代表道教八位仙人（"暗八仙"）[①]（图 5-2-27～图 5-2-30）。

图 5-2-23　汝城县司背湾西村民居隔扇门窗绦环板雕刻（来源：汝城县住建局）

---

① 郭黛姮. 中国传统建筑的文化特质[C] // 吴焕加，吕舟. 清华大学建筑学术丛书：建筑史研究论文集（1946—1996）. 北京：中国建工出版社，1996：161.

图 5-2-24　浏阳市新开村沈家大屋崇基堂檐枋（来源：作者自摄）

图 5-2-25　桂阳县阳山村民居隔扇门窗绦环板上的雕刻（来源：桂阳县住建局）

图 5-2-26　沈家大屋崇基堂隔　　图 5-2-27　道县龙村柱础组图（来源：作者自摄）

扇窗（来源：作者自摄）

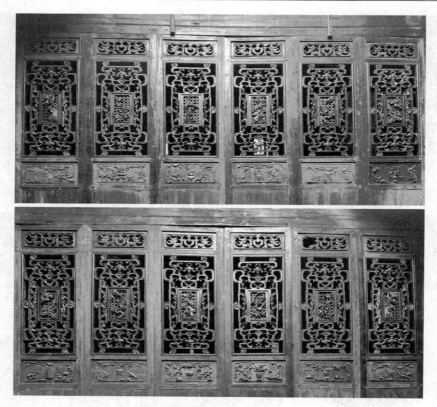

图 5-2-28　双牌县坦田村隔扇门窗木雕组图（来源：作者自摄）

图 5-2-29　宜章县腊元村门楼前檐天花（来源：作者自摄）

图 5-2-30 道县龙村隔扇窗绦环板上的木刻组图（来源：作者自摄）

四、几何图案

几何图案主要以线条为基础，经过创作设计构成有一定象征意义的"符号"或"文字"，多采用"符号性象征"的表现手法。美国符号学的创立者、哲学家皮尔士（1839—1814 年）认为，对于现实世界中的现实的实体而言，符号的表现形式有三种[①]：一种称为图像，"它是某种借助自身和对象酷似的一些特征作为符号发生作用的东西"；另一种称为标志，"它是某种根据自己和对象之间有着某种事实的或因果的关系而作为符号起作用的东西"；再一种是象征，"这是某种因自己和对象之间有着一定惯常的或习惯的联想的'规则'而作为符号起作用的东西"。

几何图案在湘江流域传统乡村建筑装饰中运用得十分广泛，不管是在大屋民居还是在普通民居，或是宗祠建筑中都有体现，一般出现在隔扇门窗、花窗、柱础、牌楼、墀头、檐枋、门簪、藻井及家具等构件上。主要有回纹、鸟纹、壶门（纹）、日纹、火焰纹、三叉戟纹、如意头（纹）、太极八卦纹、莲花纹、云纹等，并且常常是多个装饰题材组合，样式多变，文化内涵丰富（图5-2-31、图 5-2-32）。此外，十字（花）纹、三角纹、冰裂纹、龟纹、水纹[②]、卍

---

① （英）特伦斯·霍克斯. 结构主义与符号学[M]. 瞿铁鹏，译. 上海：上海译文出版社，1987：131.

② 李元珍. 浅谈中国传统吉祥图案之——水纹[J]. 中国民族博览，2019（01）：173-174.

字纹、忍冬纹等，在门窗、藻井等构件上也有较多使用（图 5-2-33、图 5-2-34）。

图 5-2-31　湘江流域传统村落建筑中的几何图案装饰题材组图（来源：作者自摄）

图 5-2-32　道县永兴县高亭乡板梁村隔扇窗（来源：作者自摄）

图 5-2-33　汝城县先锋村民居天井边隔扇窗（来源：作者自摄）

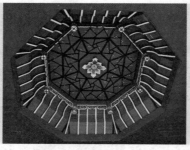

图 5-2-34　湘江流域民居门窗、藻井上的几何图案装饰题材组图（来源：作者自摄）

第三节　湘江流域传统村落建筑装饰
景观基因识别与提取

一、传统聚落与建筑装饰景观基因理论

（一）传统聚落景观基因理论

1. 国外传统聚落景观基因理论

生物学的基因，是呈线状排列的具有遗传效应的 DNA 片段，是控制生物性状的基本遗传单位，储存着生命过程的全部信息，具有物质性（存在方式）和信息性（根本属性）两大属性。生物体的生、老、病、死等一切生命现象都与基因有关。基因具有稳定性、遗传性和变异性等三种特性。一方面，基因的分子结构稳定，不容易发生改变，随细胞分裂将其携带的全部信息分配给子细胞，保持着生命的基本构造和性能，并在生命的代际繁衍中将特定遗传信息传递给下一代，保持着生命体上下代遗传信息的稳定性；另一方面，基因也会因细胞内外诱变因素的影响发生变异，即"基因突变"，出现了新的基因类型。基因有显性基因与隐性基因之分。基因的变异性，是生物多样性存在的基础。

文化是社会化的产物，每一种文化都随着社会生产的发展而发展，是一个连续不断的动态过程，在不断继承和更新发展中演进。文化具有实践性、传承性、群体性、多样性、共同性、功能性、民族性、时代性和地域性等多方面的特征。文化的传承性体现了文化的稳定性发展，文化的多样性和地域性体现了文化的差异性存在和变异性发展。在文化结构的三个层次中，物质文化为显性文化，制度文化和精神文化为隐性文化。"文化由外显的和内隐的行为模式构成"，既包含显性式样又包含隐性式样。文化的这些特性与基因的稳定性、遗传性和变异性等非常相似。实际上，文化正是通过"基因"形式传承和发展的，那些具有共同特性的文化基因（如类型、符号、风格等），在社会生产的发展中不断得到继承和更新发展。

（1）文化基因理论

20 世纪 50 年代，美国文化人类学家阿尔弗雷德·克罗伯（Alfredl Kroeber）和克莱德·克拉克洪（Clyde Kluck-hohn）首先提出不同文化中是否也有类似生物基因（Gene）那样的基本而又齐一的"文化基因"的假设。20 世纪 60 年代，一些学者建议把这些类似生物基因可以交流传递的文化微观单元称为"特征从"（Trait-complex）或"行子"（Actone）①。这一假设为"文化基因"的研究提供了思想与理论基础。

1976 年，英国著名物理学家、生物学家理查德·道金斯（Richard Dawkins）在其出版的《自私的基因》（Selfish Gene）②一书的最后一章创造了一个新词：谜米（Meme），即"被模仿的东西"，用以描述"文化的复制因子"，将人类社会文化中类似于基因（Gene），而又有别于基因来进行文化复制和传播的事物归为谜米。他提出："人类是非同寻常的生物，在动物中具有独特的模仿能力，因此可以相互复制想法、习惯、技能、行为、发明、歌曲和故事。"他认为，一个观念在人的头脑之间传播、流行的过程，与基因复制自己并遗传下去的过程十分相似，表达了文化传播与基因传播的相同点，认为基因是一个表达文化传播的单位，或一个复制的单位③。之后，"Meme"一词与文化基因学理论在全世界学术界得到广泛关注和深入探讨，推动了文化人类学的研究与发展。如 1981 年，美国学者查尔斯·拉姆斯登（C. Lumsden）和威尔逊

---

① 章启群.思维原发性创造力与"文化基因"——中国教育大战略再思考[N].中华读书报，2016-05-04(13 版).

② Dawkins, C. R. The Selfish Gene[M]. Oxford：Oxford University Press，1976.

③ （英）理查德·道金斯（Richard Dawkins）.自私的基因[M].卢允中，张岱云，陈复加，等译.长春：吉林人民出版社，1998.

(E. O. Wilson)提出基因—文化共同进化理论(Gene-culture Eoevolution)[①]。1998 年，荷兰德尔富技术大学的斯佩尔(Hans-Cees Speel)在比利时召开的"Memetics"国际研讨会上，提交论文 Memes are also Interactors，认为"Meme"与基因类比，它不仅像 DNA 是复制器，而且也像 RNA 是中间媒介(Interactors)[②]。Lynch 认为，"Meme"是一个记忆项(Memory Item)或是脑神经内资讯储存的一个部分[③]。Wilkins 认为，"Meme"是选择过程中社会—文化资讯(Socio-Cultural Information) 的最小单位[④]。1998 年，《牛津英语词典》中将"Meme"解释为文化的基本单位，通过非遗传的方式，特别是模仿而得到传播。

1999 年，道金斯的学生、英国西英格兰大学的苏珊·布莱克摩尔(Susan Blackmore)在其所著的《谜米机器》(The Meme Machine)一书中认为，"Meme"的功能和作用在某种程度上可以与生物学意义上的基因相类比，每个人都不过是一个巨大的"Meme"复合体；认为文化基因与生物基因一样，是通过复制转译来传播遗传因子的；明确提出那些在人与人之间通过相互模仿而传递的东西，如观念、教诲、行为、消息等，都可被称之为"Meme"[⑤]。

随着研究的深入，"文化基因"的研究范围不断扩大，文化基因理论也在实践的过程中得到了完善。

(2)传统聚落景观基因理论

实际上，"景观基因"理论早于"文化基因"理论。19 世纪末，德国人文地理学家施吕特尔(O. Schlüter)发表的著名论文《城镇平面格局》(Über den

---

① Charles J. Lumsden, Edward O. Wilson. Genes, Mind and Culture, a theory of gene-culture coevolution[M]. Cambridge, Massachusetts: Harvard University Press, 1981.

② Speel H C. Memes are Also Interactors[C] // Belgium: Congress on Memetics Symposium, 1998.

③ Lynch A. Units, events and dynamics in memetic evolution[J]. Journal of Memetics, 1998, 2(01): 11-19.

④ Wilkins J. What's in a meme? Reflections from the perspective of the history and philosophy of evolutionary biology[J]. Journal of Memetics, 1998, 2(01): 1-10.

⑤ Susan Blackmore. The Meme Machine[M]. Oxford: Oxford University Press, 1999.

Grundriss der städte)①，标志着城市形态学作为一门学科的诞生。而由他提出的"形态基因"（Morphogenesis）研究，是城市形态学理论最早的理论基础，也是"景观基因"最早的理论基础。

20 世纪 40 年代，澳大利亚地理学家泰勒（Griffith Taylor）提出用基因分析的方法寻找传统乡村和城市的空间布局规律②。泰勒是最早将生物基因的研究方法应用到传统聚落景观研究之中的学者之一，他认为聚落景观空间特征演变发展有类似生物基因的特点，并在研究传统聚落的空间形态特征时，引入了生物学基因的概念，通过用基因分析的方式来提炼聚落空间形态特征最为核心的共同因子，即提炼基因。

20 世纪 50 年代，英国城市形态学家、历史地理学家康泽恩（M. R. G. Conzen）进一步发展了"形态基因"理论，将"形态基因"引入英国的历史市镇的规划与形态分析，并提出了"城市景观细胞"概念，认为历史市镇景观是市镇传统记忆的重要组成部分，具有某种特定的形态基因，可从复杂的市镇结构中提取历史市镇景观的形态基因，他的研究在英国形成了著名的"康泽恩形态研究学派"（Conzenian School）③。

景观包括自然景观或文化景观，其构成要素包括自然要素、人文要素、情景要素和过程要素等四个方面。2000 年的《欧洲景观公约》指出：景观的性格是人类与自然要素相互作用的结果④。文化景观是人地作用的产物，具有功能性、空间性、时代性、审美性和异质性等五个方面的特征。作为人类活动的产物，文化景观必定或显或隐地蕴含着历史中积淀下来的人类的文化心理与文化精神，反映人们的意识形态和价值观。文化与景观的关系是相互的，文化不仅改变着景观，还通过景观来反映，文化与景观在一个反馈环中相互

①　Schlüter O. Über den Grundriss der Städte[J]. Zeitschrift der Gesellschaft für Erdkunde zu Berlin，1899(34)：446-462.

②　Taylor，Griffith. Environment，Village and City：A Genetic Approach to Urban Geography；with Some Reference to Possibilism[J]. Annals of the Association of American Geographers，1942，32(1)：1-67.

③　Conzen，M. R. G. Morphogenesis，Morphogenetic Regions，and Secular Human Agency in the Historic Townscape, as Exemplfied by Ludlow[C]// Dietrich Denecke，Gareth Shaw. Urban Historical Geography. Cambridge：Cambridge University Press，1988：253-272.

④　Council of Europe. European Landscape Convention[Z]. Florence，2000.

影响，文化建造各种景观，同时景观影响着文化①。文化景观功能的变化反映了它所在的地区文化集团文化的变迁，其形态与内涵的不同，反映了区域政治、经济、文化等方面的人文差异。文化景观在空间上的固定性或稳定性传承、在内涵上的多义性存在以及在时间上的历时性变化发展，都是通过对"景观基因"的继承与更新得以实现。与生物界的优胜劣汰、自然选择一样，景观文化也会随自然与社会环境的变化而产生一系列的细微变化，从而诞生更为适应自然与社会环境的景观文化，其中起核心作用的就是"文化基因"的重构，它是传统聚落景观文化演变与发展的内在原因。

美国人文地理学家沃姆斯利（Walmsley D. J.）和刘易斯（Lewis G. J.）把景观看作是人们周围能观察的连续平面，它是人类利用环境的一种产物②。1979年，刘易斯基于所有的人都以类似的方式体验环境且对环境的反映可由社会和文化进行传播的假定基础，提出了七项景观解释和研究的原则，即文化线索原则、要素分析原则、人文分析原则、历史考察原则、地域比较原则、自然环境原则、文化传播原则，认为景观解释和研究的实质是基因③④。

传统聚落文化景观基因理论为有效推进传统聚落文化景观区划分及文化区划、传统聚落地理学结构解析，以及传统聚落景观特征分析提供了重要帮助，具有重要的理论与实践意义。虽然国外文化基因理论与传统聚落景观基因理论发育较早，在实践的过程中也不断得到完善，但是对于传统聚落景观基因的研究还是"都倾向于对聚落二维平面景观基本因子的研究，对三维立面景观及其基因的研究，却尚未涉及。对景观基因图谱的研究，更未提及。"⑤

2. 国内传统聚落景观基因理论及其意义

世纪之交，受生物学基因概念的启发，中国学者王竹、刘莹、刘沛林、申秀英等人针对传统聚落景观的地域特色挖掘、保护与发展，以及现代地域文化景观建设传承地域传统特色景观文化等议题，提出了"地域基因"和"文化

---

① 李团胜. 景观生态学中的文化研究[J]. 生态学杂志，1997，16(2)：78-80.

② 汤茂林. 文化景观的内涵及其研究进展[J]. 地理科学进展，2000(01)：70-79.

③ Walmsley D. J., Lewis G. J. Human Geography: Behavioral Approaches[M]. New York: Longman Group Limited，1984：141-142，159.

④ 汤茂林，金其铭. 文化景观研究的历史和发展趋向[J]. 人文地理，1998(02)：45-49，83.

⑤ 刘沛林. 中国传统聚落景观基因图谱的构建与应用研究[D]. 北京：北京大学，2011：132.

景观基因"的概念。主张在传统聚落研究和现代景观建设中引入地域"景观基因"理论，加强对地域传统聚落的"景观基因"与"景观基因图谱"研究。

王竹、刘莹、魏秦等建筑学学者从原型理论角度分析了地区建筑原型，将地区建筑营建体系中生成与生长的各个环境因素及对各个环境因素主观应对的系统集合称为住居的"地域基因"。研究指出，借助"地域基因"理论与方法，剖析地区营建系统中的设计原理与演变规律，可以从深层次把握地区建筑生成与发展机理；发掘地区营建系统中具有恒久生命力的"地域基因"，并加以激活、重组和整合，建立地区绿色与可持续发展的"地域基因数据库"，有助于地区传统建筑的保护与发展，为现代绿色宜居人居环境建设提供科学的方法和依据[1]。

地理学学者刘沛林指出："文化景观基因是指文化'遗传'的基本单位，即某种代代传承的区别于其他文化景观的文化因子，它对某种文化景观的形成具有决定性的作用，反过来，它也是识别这种文化景观的决定因子。"[2] 基于这一认识，之后，包括刘沛林在内，地理学人申秀英、邓运员、胡最等人基于"景观基因"理论，开展了地域传统聚落的保护与开发研究、传统聚落景观基因的识别与提取方法研究、传统聚落景观基因组图谱特征与图谱建构研究、中国传统聚落文化景观区系划分研究等[3]。

传统聚落文化景观基因理论通过借鉴生物基因学、景观形态学、聚落类型学、人文地理学、人类文化学、历史地理学、建筑学等不同学科的研究范式和研究方法而形成体系。其中，生物基因学提供了景观基因文化特征分析

---

① 王竹，魏秦，贺勇，等.黄土高原绿色窑居住区研究的科学基础与方法论[J].建筑学报，2002(04)：45-47.刘莹，王竹.绿色住居"地域基因"理论研究概述[J].新建筑，2003(02)：21-23.王竹，魏秦，贺勇.从原生走向可持续发展——黄土高原绿色窑居的地区建筑学解析与建构[J].建筑学报，2004(03)：32-35.王竹，魏秦，贺勇.地区建筑营建体系的"基因说"诠释——黄土高原绿色窑居住区体系的建构与实践[J].建筑师，2008(01)：29-35.

② 刘沛林.古村落文化景观的基因表达与景观识别[J].衡阳师范学院学报(社会科学)，2003(04)：1-8.

③ 刘沛林，刘春腊，邓运员，等.基于景观基因完整性理念的传统聚落保护与开发[J].经济地理，2009，29(10)：1731-1736.胡最，刘沛林，邓运员，等.传统聚落景观基因的识别与提取方法研究[J].地理科学，2015，35(12)：1518-1524.申秀英，刘沛林，邓运员.景观"基因图谱"视角的聚落文化景观区系研究[J].人文地理，2006(04)：109-112.胡最，刘沛林.中国传统聚落景观基因组图谱特征[J].地理学报，2015，70(10)：1592-1605.

的技术理念，景观形态学提供了景观基因的描述和测度方法，聚落类型学提供了景观基因类别划分的理论依据，历史地理学提供了传统聚落形成与发展的解析方法论，建筑学提供了景观基因分析的切入点[①]。

　　文化景观的定义、类型及地域文化景观的特征在第一章第二节已论述过，按照可视性原则可以把文化景观分为物质文化景观和非物质文化景观，物质文化景观都有一定的物质形态。不同于地理学人对于"文化景观基因"的认识，本研究认为，根据文化景观的定义与文化景观的分类，文化景观基因与"文化因子"有区别，应区分物质文化景观基因与非物质文化景观基因；物质文化景观基因又分为景观显性形态基因和景观隐性意象基因。文化景观显性形态基因通过景观的具体形态来展现，景观形态本身就是"景观基因"，是"文化因子"的物质表现形式，在可视空间有时可以直接识读其所蕴含的文化内涵与精神意义，如龙、凤、狮子、麒麟、龟、鹿、鹤、喜鹊、宝瓶、牡丹、"福、禄、寿、喜""明八仙"等传统文化中约定俗成的图案题材；文化景观隐性意象基因是指文化景观所蕴含的"文化因子"，有时虽有具体的物质表现形态，但需要主体在观察分析的基础上，通过"文化联想"识读出其所蕴含的文化内涵与精神意义，如传统村落与大屋民居的空间布局结构形态，传统民居与祠堂建筑上的山水、琴棋书画、松竹菊梅兰莲、"暗八仙""佛八宝"、三叉戟纹、三角纹、壸门等图案题材，虽有具体的物质表现形态，但其背后所蕴含的文化内涵与精神意义，需要通过主体的"文化联想"才能识读出来。非物质文化景观基因对应于非物质文化景观，没有具体的物质表现形态，如语言、文字、地名、艺术表演、仪礼制度、生活方式等，在不同的自然环境、人文环境和社会制度下，体现不同的文化内涵与精神意义。

　　中国学者倡导的传统聚落文化景观基因理论，以及传统聚落文化景观基因的识别与提取方法，对于地区传统聚落景观基因研究和"基因组图谱"的建立具有重要借鉴意义，为文化景观区划及文化区划、聚落地理学结构解析、地域传统聚落景观特征分析、景观文化内涵挖掘，以及传统聚落保护与开发

---

　　① 胡最，刘春腊，邓运员，等. 传统聚落景观基因及其研究进展[J]. 地理科学进展，2012，31（12）：1620-1627.

提供了新视角，具有重要的理论与实践价值。

　　基于"景观基因"的地域传统村落景观文化的挖掘和村落景观基因及其基因图谱、建构的研究，揭示了地域传统村落景观的基因组图谱特征和地域文化特征，建立地域传统村落景观基因组图文资料库，有利于促进对全国传统村落的"景观区系"划分，推进中国传统村落谱系建构；有利于丰富文化人类学的"特征文化区"理论、考古学的"地区类型学"理论以及文化生态学的"文化区系"理论；有利于推动定量分析方法在传统村落景观特征研究中的深化应用[1]；有利于促进地域传统村落景观的保护与更新，促进其可持续发展；有利于促进地区民俗景观文化旅游资源开发，提升区域发展竞争力；可以为建设具有地域特色的现代文化景观提供理论、方法和素材，为地区文化景观管理提供理论与文化依据[2]；有利于促进传统村落景观文化传承，建立与现代化相适应的道德价值观念、文化审美观念和景观环境生态观念，促进社会和谐发展。

（二）传统村落建筑装饰景观基因理论

　　传统建筑装饰是为了在保护建筑的主体结构、完善建筑物的物理性能和使用功能的同时，美化建筑、呈现建筑物主人的审美观念及社会地位的产物。建筑装饰具有物质性与精神性两重属性，物质性主要表现在建筑装饰是采用自然界的物质材料，通过精细的人为加工造就的产物；精神性表现在建筑装饰不仅起到稳定建筑主体结构的作用，还包含了历史人文、社会精神、意识形态、价值观念、风土人情、审美情趣等多方面精神层次的内容。

　　景观基因在传承与传播的方式上与生物基因的表达及生物进化的规则存在着高度的相似性。生物基因在表达遗传信息的过程中，一方面能忠实复制自己的遗传信息，以保持自身基本的生物特征；另一方面也会受外在自然环境影响而产生一定程度的变异，从而进化出更为适应自然法则的个体。传统建筑装饰的物质性与精神性，犹如生物基因的物质性与信息性，在传承与传播的过程中，一方面能较好地保留自身的历史形态特点与文化特征，另一方

---

①　胡最，刘沛林.中国传统聚落景观基因组图谱特征[J].地理学报，2015，70(10)：1592-1605.

②　刘沛林.家园的景观与基因：传统聚落景观基因图谱的深层解读[M].北京：商务印书馆，2014：40.

面，也会受不同自然环境和人文环境的影响而产生一定程度的变异，在保留装饰图案基本形态的同时也会转译出新的文化内涵，体现不同自然与人文环境下装饰景观形态与文化特征的差异性。各地传统村落建筑中呈现的多样的装饰题材与装饰形态特点，是景观基因文化适应地域不同自然与人文环境发展与演变的结果。

因此，在研究地域传统村落建筑装饰景观的特点时，可以借鉴生物基因理念，采用景观基因的分析方法，挖掘传统村落建筑装饰的物质性与精神性之间的内在联系，并通过装饰景观基因图谱，剖析装饰景观基因的外在形态特征与表达方式、内在文化意象与作用规律。

二、湘江流域传统村落建筑装饰景观基因的分类与识别原则

(一)湘江流域传统村落建筑装饰景观基因的表现形式

地域文化景观是在特定地域环境与文化背景下形成并留存至今的，是人类活动历史的记录和文化传承的载体[1]。地域传统村落建筑装饰是重要的地域文化景观，具有一定的物质形态，是具体可感的。因此，地域传统村落建筑装饰景观基因在形态特征上是具体的，其文化内涵是可读的。

一般而言，传统村落建筑装饰景观基因的表现形式有三种(表5-3-1)：其一是二维的表现形式，即在二维空间中可以获取建筑装饰景观基因的基本元素或图案，如湘江流域传统村落建筑门窗、柱础、梁枋等处雕刻的动植物装饰题材、人物装饰题材、几何纹样装饰题材，藻井上的彩绘题材，墀头与山花处的灰塑题材等都是通过二维平面形式来表达装饰景观基因的。其二是三维的表现形式。二维的表现形式只能表达建筑装饰某一方面的形态特点，而在三维空间中，可以识别出建筑装饰三维的结构基因与空间形态基因。湘江流域传统村落建筑装饰景观基因的三维表现形式主要是通过建筑上的木雕、石雕、灰塑来实现的，例如，门前抱鼓石上圆雕的石狮、檐下整体造型的额枋、牌楼门上塑立的明八仙与麒麟，山墙与屋顶翼角昂立的灰塑龙头、象头、朝笏与鹊尾，以及室内梁架间整体造型的柁墩等，都是可以在三维空间中识

---

[1]　王云才. 传统地域文化景观之图式语言及其传承[J]. 中国园林，2009(10)：73-76.

别的装饰景观基因。其三是隐喻的表现形式。建筑装饰景观基因的二维与三维的表现形式，有的在可视空间可以直接识读其文化内涵，但是有的二维或三维的表现形式，却不能通过视觉直接识读其装饰题材所隐含的精神层面的文化内涵，需要主体在观察分析的基础上，通过"文化联想"来识别。

表 5-3-1　传统村落中建筑装饰景观基因的表现形式与文化特征表达

装饰景观基因的表现形式	文化特征表达
二维	平面图案、几何纹样直接表达文化特征
三维	立体空间形态直接表达文化特征
隐喻	需要主体"文化联想"感知其文化意象特征

建筑装饰不仅有"结构"与美化的作用，往往还有一定的象征与寓意，这是人们在长期的文化实践中，通过汲取民间信仰、民俗等传统文化的内涵而创造出来的。建筑装饰景观基因所表达的文化内涵往往没有固定的形态特征或是表现形式，但可以通过隐喻、暗示激发主体联想和感知其表达的内在精神寓意。例如，传统民居建筑装饰中的民族图腾文化、"堂"文化（一品当朝、众仙祝寿等题材）、"士"文化（琴棋书画、松竹菊梅兰莲等题材）、"崇文重教"文化（诗辞书画、对联等题材）、"暗八仙""佛八宝"文化等，需要通过主体的视觉观察和文化联想，才能很好地诠释其所蕴含的传统文化精神内涵，这个"文化联想"有赖于主体的文化背景与知识结构。

（二）湘江流域传统村落建筑装饰景观基因的分类

合理的传统聚落景观基因分类是其基因识别的基础与前提。刘沛林、胡最等地理学者依据不同的标准，结合数学逻辑映射模型，提出了面向对象的传统聚落景观基因分类模式，并在吸取元素、图案、结构和含义提取法的优点的基础上，结合"面向对象的景观基因分类模式"，提出了传统聚落景观基因"特征解构"的识别与提取方法[①]。如按"重要性及成分"分为主体基因、附着

---

① 刘沛林，刘春腊，邓运员，等. 客家传统聚落景观基因识别及其地学视角的解析[J]. 人文地理，2009，24(06)：40-43. 胡最，刘沛林，邓运员，等. 传统聚落景观基因的识别与提取方法研究[J]. 地理科学，2015，35(12)：1518-1524.

基因、混合基因和变异基因，按"外在表现形式"分为显性基因与隐性基因，按"特征解构"分为建筑基因、文化基因、环境基因与布局基因，按"文化内涵"分为单一要素基因与复合要素基因，按"表达与描述方式"分为符号基因、图形基因、文本基因，按"提取难易程度"分为直接提取基因与间接提取基因等。按"特征解构提取法"，传统聚落景观基因可以从环境特征、建筑特征、文化特征与布局特征等四个方面进行识别与提取。

　　传统村落建筑装饰景观基因的分类在一定程度上决定了识别结果能否完全诠释传统村落建筑装饰的典型特征。合适的装饰景观基因分类方法，有利于将传统村落中离散的装饰景观基因有层级、有秩序地进行排列组合，构建地域传统村落建筑装饰景观基因链。传统村落建筑装饰景观基因是"建筑特征基因"和"文化特征基因"的重要组成部分，对其分类也可采用传统聚落景观基因的分类方法。

　　地域传统建筑装饰景观是重要的地域文化景观，结合传统聚落景观基因的分类方法和湘江流域传统村落中的建筑装饰的技艺特点与表现形式，本研究将湘江流域传统村落中的建筑装饰景观基因分为：（1）装饰技法基因：根据建筑装饰的工艺类型主要有木雕、石雕、灰塑、彩绘等四种装饰技法基因。（2）装饰图案基因：依据装饰题材类型主要有动物图案、植物图案、人物图案、风景图案、文字图案、器物图案、几何纹样图案以及由多种题材组合而成的复合图案等多种装饰图案基因。（3）显性形态基因：有具体清晰的二维或三维的形态表征，视觉感知有时可以直接识读其文化内涵与精神意义。（4）隐性意象基因：虽有具体清晰的二维或三维的表现形式，但需要主体在观察分析的基础上，通过"文化联想"识读出其所蕴含的传统文化精神内涵。（5）还可从装饰材料、装饰布局、装饰构图、装饰色彩等方面，考察传统村落中建筑装饰景观基因的特点。湘南传统乡村祠堂的色彩装饰特色在第四章第四节有所论述。

（三）湘江流域传统村落建筑装饰景观基因的识别原则

　　2003年，刘沛林先生发表《古村落文化景观的基因表达与景观识别》一文，开启了地学"传统聚落文化景观基因"研究。文章指出："确定一个聚落或一定区域聚落景观的基因，大致可遵循如下原则：（1）在内在成因上为其它聚落所没有(即内在唯一性原则);(2)在外在景观上为其它聚落所没有(即外在唯一性原则);(3)某种局部的但是关键的要素为其它聚落所没有(即局部唯一性原则);(4)虽然其它聚落有类似景观要素,但本聚落的该景观要素尤显突出(即总体优势性原则)。"[1]本研究认为,传统聚落景观基因一定是在某个区域范围内(一个国家或某个地区)经过比较研究才能确定,在"一个聚落"内无法比较和确定景观基因(或者说不能在"一个聚落"内研究景观基因)。因为景观基因应具有共同性,在一定区域内普遍存在某种景观形式(不一定是物质形态,如非物质文化景观基因),同时应具有传承性,在历史时期有相对稳定的传承特点。识别地域传统村落建筑装饰景观基因在一定程度上可以参照以上地学中的四大原则,但是以上原则不能完全支撑建筑装饰进行基因识别。基于湘江流域传统村落中建筑装饰景观基因的表现形式,结合地理学者提出的传统聚落景观基因识别原则,本研究认为湘江流域传统村落中建筑装饰景观基因的识别可以遵循以下四个原则:

(1)可读性原则:建筑装饰景观题材以具体的二维图案或三维图案为表现形式,建筑装饰景观基因的文化内涵与精神意义通过文化溯源都是可读的。

(2)共同性原则:某种主题内容基本相同的装饰题材普遍存在于地域传统村落建筑上,被过去的乡村群体共同接受。

(3)传承性原则:某种建筑装饰景观题材在不同历史时代有相对稳定的图案形式,是审美意识的观照对象。传承性体现了装饰景观题材的审美价值超出了历史时代、文化变迁的限制而在一种共时形态中普遍存在。

(4)优势性原则:某种建筑装饰景观题材在其他地区也类似存在,但是在本地区尤显突出。

三、湘江流域传统村落建筑装饰景观显性形态基因识别

建筑装饰是建筑特征和文化特征的重要表现形式。传统村落建筑装饰虽然在不同地区、不同民族因地貌、气候、生产方式、民族信仰、民俗文化、民俗工艺、人口构成等条件的影响,会出现不同程度的差异,但在表现形式

---

[1]　刘沛林. 古村落文化景观的基因表达与景观识别[J]. 衡阳师范学院学报(社会科学),2003(04):1-8.

上都是通过二维、三维的具体图案形式表现出来的，是具体可见的。建筑装饰构件在美化建筑的同时，也增加了建筑的稳定性。从"基因"的角度看，建筑构件在其历史发展中，大多保留了自身的基本作用，但同一建筑构件也会因环境的变化而出现形式多样的表现方式。这是"景观基因"继承与更新理论的具体表现，因而建筑装饰构件形态可以作为形态基因来进行识别。

本研究将湘江流域传统村落中民居和宗祠建筑的门窗、梁枋、山墙、柱础、藻井、屋顶等装饰最为丰富的部位作为研究的重点(图 5-3-1)，基于湘江流域传统村落中建筑装饰景观基因的表现形式，运用"特征解构法"，从建筑装饰景观的显性形态基因和隐性意象基因两个方面对湘江流域传统村落中的建筑装饰景观基因进行识别与提取。

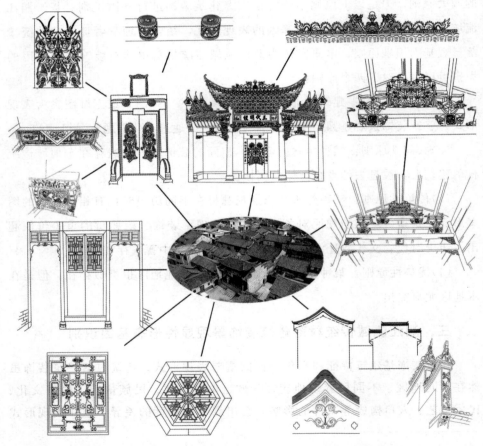

图 5-3-1　湘江流域传统村落建筑装饰景观显性形态基因识别示意(来源：刘灿松绘)

1. 门窗装饰形态基因识别

湘江流域传统民居与祠堂建筑中的门窗装饰形态基因识别，可以从门窗装饰的共同特征入手，对门窗的形制、类型、组成、装饰图案进行分析，剖析门窗形态与装饰图案的基本特点，进而识别出门窗的形态特征基因和装饰图案的特征基因。

2. 梁枋装饰形态基因识别

湘江流域传统民居与祠堂建筑中的梁枋装饰形态基因识别，可以从梁枋的形态、梁间支撑构件形态的共同特征入手，对不同部位梁枋的形态特征及其装饰特点进行分析，揭示其装饰的形态特征基因。例如，依据特征解构法，按照梁间支撑构件形态可以将梁架形式大致分为瓜柱式梁架、柁墩（驼峰）式梁架、博古式梁架及斗拱式梁架等；按照墙柱间檐枋的外观形态可以将其大致分为书卷形、山字画卷形、笔架形、蝙蝠形及案板形等；按照挑檐枋的外观形态可以将其大致分为龙首形、象首形、鱼形、多图案叠置形等。此外，湘江流域传统民居与祠堂建筑中的雀替与撑拱的形态，以及湘南祠堂建筑牌楼门的鸿门梁的形态，都有鲜明的地方特色，也是梁枋装饰形态基因识别的重要内容。

3. 山墙装饰形态基因识别

山墙装饰形态基因可以从山墙的形式与细部装饰两个方面进行识别。湘江流域传统民居与祠堂建筑的墙体装饰主要表现在建筑两侧的山墙处，如墙头翼角、墀头、山花等部位，以及主体建筑入口两侧的照墙处。依据山墙的形态特点，大致可以将湘江流域传统民居与宗祠建筑的山墙分为人字形山墙、封火山墙以及两者结合形成的混合式山墙三大类。人字形山墙有硬山式（金字式）与悬山式两种。封火山墙按外观形态有叠落式封火山墙和曲线式封火山墙，按墙体叠落方式有三山式、五山式和七山式等形式。金字山墙的墙头翼角形态多为鹊尾式和朝笏式，而封火山墙的墙头翼角形态多样，大致有坐吻式、鹊尾式、朝笏式、凤首式等多种形态（图5-1-146～图5-1-148），翼角下及墀头处以灰塑神仙人物及祥瑞动植物为主要装饰图案。人字形山墙山花处以灰塑鸟纹（或如意纹、祥云纹）环绕日纹（或宝瓶）、如意头（纹）、悬鱼等为主要装饰图案。

4. 柱础装饰形态基因识别

柱础装饰形态基因可以从柱础的构造形式与细部装饰两个方面进行识别。湘江流域传统民居与祠堂建筑中的柱础构造形式多样，底部础基为方形，中间础腰多为八边形，础顶多为鼓形。础基上多雕刻壶门（纹）和回纹图案，础腰上多雕刻麒麟、大象、鹿、锦鸡、喜鹊、云纹等图案，础顶多雕刻莲荷纹、云纹、三叉戟文等图案。

5. 藻井装饰形态基因识别

藻井装饰形态基因的识别，可以从藻井的外观形式与装饰图案两个方面进行识别。湘江流域传统民居与祠堂建筑中的藻井形式主要有八边形和正方形两种，极少数为长方形。藻井上的装饰图案以彩绘麒麟、龙、凤、蝙蝠、鱼、石榴、八仙、历史故事人物为主，少数藻井上绘有山水等图案。

6. 屋顶装饰形态基因识别

湘江流域现存传统民居与祠堂建筑的屋面几乎都为小青瓦，屋顶装饰形态基因识别，可以从屋顶正脊装饰、檐角装饰等方面进行分析。脊身通常是由小青瓦依次垂直或斜向排列在屋架脊檩上，中间的中脊花和两端的脊头是装饰造型的重点部位，普通民居的中脊花通常用叠瓦做如意头（纹）或日纹造型，祠堂和大屋民居公厅的中脊花通常灰塑蝙蝠、太阳、火焰纹、鸟纹、宝塔、宝瓶、寿星等图案，多以太阳或宝瓶为中心，两侧衬以火焰纹或鸟纹（图5-1-160、图5-1-161）。湘中与湘南地区祠堂建筑的中脊花有建"亭阁"，内塑仙人的做法，是其特色。普通民居的屋顶脊头一般用造型简单的鹊尾或鸟纹和祥云形态，祠堂和大屋民居公厅，以及戏台（多为歇山顶）的脊头装饰形态多样，以龙首、凤头、鹊尾、朝笏为主。普通民居的屋顶檐部翼角常为鹊尾和鸟纹图案，翼角下常常灰塑八字凤鸟图案（俗称鸡公垛），造型简单；祠堂和大屋民居公厅，以及戏台的檐部翼角形态多为坐吻式、鹊尾式和朝笏式，翼角下常灰塑八字凤鸟、蝙蝠、象首、麒麟、金蟾、金猪等图案。

四、湘江流域传统村落建筑装饰景观隐性意象基因提取

文化景观隐性意象基因是指景观所蕴含的"文化因子"，即文化景观的内在文化内涵与精神意义。建筑装饰是通过具体形态和色彩来体现的，建筑装

饰景观隐性意象基因是指隐藏于装饰具体形态和色彩背后的文化内涵与精神意义，有时通过二维或三维的装饰图案不能直接识读出，需要主体在观察分析的基础上通过"文化联想"才能识读出。

地域传统村落建筑装饰景观隐性意象基因通常是借用各类装饰题材，通过谐音、借代、隐喻、象征、比拟、写意等手法来体现（图 5-3-2）。湘江流域传统村落中建筑装饰题材内容丰富，表现形式多样。从本章第二节的建筑装饰题材类型及其文化内涵的介绍中可以看出，湘江流域传统村落建筑中的装饰题材没有固定的区域或位置，某个装饰题材往往有多个寓意，而且常常是几个装饰题材组合在一起，表达多重寓意或象征意义。如天官赐福、双鲤跃龙门、莲莲有鱼、鹿鹤同春、松鹤长春、龟年鹤寿、鹿衔灵芝、五蝠捧寿、丹凤朝阳、双凤献福、双凤献寿、金凤送喜、吐书麒麟、麒麟望日、双龙捧日、双龙戏珠、龙凤戏珠、蝙蝠与鹿（福禄双全）、蝙蝠与云纹（洪福齐天）、蝙蝠与铜钱（福在眼前）、五只蝙蝠环绕桃或寿字（福寿双全）、牡丹与蝙蝠（富贵吉祥）、公鸡与牡丹（功名富贵）、猴子骑马（马上封侯）、大象与猴（拜相封侯）、宝瓶与桃（平安长寿）、宝瓶与如意（平安如意）、宝瓶与牡丹（平安富贵）、喜鹊登梅（喜上眉梢）、盆沿两只喜鹊觅食（双喜临门）、喜鹊与莲花（喜得连科）、喜鹊仰视三个圆果子（喜报三元）、金蟾与桂花（蟾宫折桂）、青莲与白鹭（一路清廉）、蜻蜓与莲花（清正廉洁）、海棠花与五个柿子（五世同堂）等。

装饰题材   象征寓意

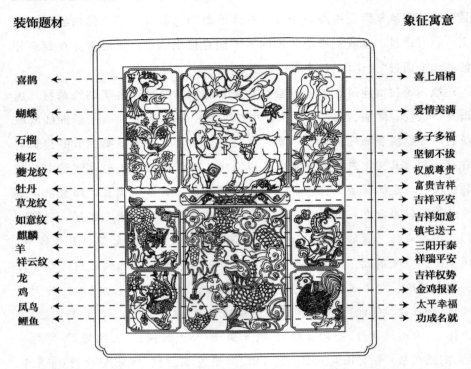

喜鹊	←		→	喜上眉梢
蝴蝶	←		→	爱情美满
石榴	←		→	多子多福
梅花	←		→	坚韧不拔
夔龙纹	←		→	权威尊贵
牡丹	←		→	富贵吉祥
草龙纹	←		→	吉祥平安
如意纹	←		→	吉祥如意
麒麟	←		→	镇宅送子
羊	←		→	三阳开泰
祥云纹	←		→	祥瑞平安
龙	←		→	吉祥权势
鸡	←		→	金鸡报喜
凤鸟	←		→	太平幸福
鲤鱼	←		→	功成名就

图 5-3-2　传统村落建筑装饰景观隐性意象基因提取示意（来源：刘灿松绘）

结合湘江流域传统村落中建筑的装饰题材和装饰图案内容，大致可以从以下 24 方面提取其建筑装饰景观隐性意象基因（表 5-3-2）。

表 5-3-2　湘江流域传统村落建筑装饰景观隐性意象基因例举

序号	基因名称	常用装饰题材
1	寿文化基因	仙鹤、鹿、麒麟、灵芝、桃、古松、仙人祝寿、寿星、龟、龟甲纹、寿字、双凤献寿、水纹、团寿纹
2	喜文化基因	喜鹊、金鸡、喜字、双凤献喜、水纹、团喜纹
3	福文化基因	蝙蝠、蝴蝶、福字、双凤献福、福星
4	道文化基因	仙鹤、明八仙、暗八仙、宝瓶、炼丹炉、太极纹、八卦纹
5	儒文化基因	儒家文化是中华优秀传统文化的主流文化，孝悌忠信、礼义廉耻、修身齐家、心怀天下、报国治国等文化基因通过不同装饰题材来体现

续表

序号	基因名称	常用装饰题材
6	佛文化基因	佛像、佛八宝、壶门(纹)、火焰纹、卍字纹、莲花纹、忍冬纹
7	"堂"文化基因	海棠花和五个柿子、门匾、堂匾、堂联
8	刚毅文化基因	狮、松、梅、竹、忍冬纹
9	雅士文化基因	梅、兰、竹、菊、莲、琴、棋、书、画、诗、辞
10	忠信文化基因	古城会、岳母刺字等历史故事、神话传说的图刻、堂联、楹联、忠字、诚字,以及家规、诗文
11	孝悌文化基因	二十四孝(如卧冰求鲤、乳姑不怠)等历史故事的图刻、堂联、楹联,以及家规、诗文
12	和合文化基因	将相和、和合二仙等历史故事、神话传说的图刻、荷花与宝盒组成的图案,以及家规、诗文
13	承嗣文化基因	金瓜、石榴、葫芦、葡萄、莲、吐书麒麟、日纹、三叉戟纹、三角纹等
14	爱情文化基因	龙、凤、鸳鸯、鹿、龙凤戏珠、双飞蝴蝶、百合花、十字(花)纹,以及家规、诗文
15	节廉文化基因	竹、青莲与白鹭、蜻蜓和莲花,以及家规、诗文
16	耕读文化基因	历史故事图刻、农夫与耕牛、楹联、堂联、冰裂纹与圆形或方形图案的窗格以及家规、诗文
17	图腾文化基因	太阳鸟、凤鸟、凤尾纹、龙、十字(花)纹
18	平安文化基因	狮、凤、宝瓶、花瓶与牡丹、麒麟望月、荷花与海棠,以及飞燕组合、太极八卦纹、日纹、太白金星
19	富贵文化基因	禄星、狮、鹿、羊、金猪、金蟾、牡丹、海棠花(纹)、莲花、禄星、古钱纹、回纹、壶门纹、三角纹、水纹、鱼(鳞)纹、禄字
20	权贵文化基因	龙、凤、鹿、猴子、大象、鱼跃龙门、朝笏、官宣圣旨、云纹
21	山水文化基因	山、水、古松、楼阁、拱桥、鱼舟、历史(神话)人物、飞禽、走兽、祥云
22	日月文化基因	日纹、月纹、麒麟望日(月)、金童指日、双龙(凤)捧日、十字(花)纹

序号	基因名称	常用装饰题材
23	吉祥如意文化基因	如意头(纹)、云纹、日纹、双龙戏珠、凤凰来仪、喜鹊和祥瑞等
24	尊贤文化基因	周文王渭水访贤、刘备三顾茅庐等历史故事图刻、旌表与诏诰牌匾，门神有时用魏征、文天祥、包拯等图像

第四节　湘江流域传统村落建筑装饰景观基因图谱建构

一、传统聚落景观基因图谱理论及研究意义

1997 年，马俊如院士针对生命科学正在研究"基因图谱"，化学学科已发现了"元素周期表"，提出：地理科学能不能也给复杂的地学问题寻找一种简单的表达方式，也来研究一下地学领域的图谱问题？[①]受其启发，中国科学院组织了一批专家展开了"地学信息图谱方法的探索研究"。2001 年，陈述彭院士主编出版《地学信息图谱探索研究》[②]，包括地学信息图谱、水文图谱、城镇图谱及景观图谱四个章节。之后，中国地理学科和其他学科借鉴生物学的"基因"和"基因图谱"理论，掀起了传统聚落的"景观基因"和"景观基因图谱"研究的热潮，研究的理论体系逐渐得到发展。其中，申秀英、刘沛林、邓运员、胡最等地理学者对于传统聚落"景观基因图谱"的研究理论最为突出。2006 年，申秀英等人引入生物学的"基因图谱"概念，结合前期对南方地区传统聚落景观区系的初步划分[③]，提出开展基于景观"基因图谱"视角的聚落文化景观区系

---

① 申秀英，刘沛林，邓运员. 景观"基因图谱"视角的聚落文化景观区系研究[J]. 人文地理，2006(04)：109-112.

② 陈述彭. 地学信息图谱探索研究[M]. 北京：商务印书馆，2001.

③ 刘沛林，申秀英. 中国古村落旅游之现状、问题及未来策略[J].（台湾）真理观光学报，2004(02)：37-58.

研究，建立反映各个聚落景观区系演化过程和相互关联性的聚落景观基因图谱①。2008 年，胡最等人基于"景观基因"理论，提出开展基于 GIS（Geographic Information System）技术的传统聚落景观基因信息图谱研究，以促进对传统聚落景观的数据管理、动态保护与监控②。2010 年，胡最等人又结合"聚落景观基因信息图谱"理论，提出开展古村落景观基因图谱的平台系统设计，分析了古村落景观基因信息图谱平台构建的内容与意义，及其关键技术与解决方案③。2011 年，刘沛林在其博士论文中提出，从传统聚落景观基因的表达维度，可构建其平面图谱与立面图谱，从传统聚落景观基因的时空格局维度，可构建其时间图谱与空间图谱，从传统聚落景观基因的区域属性维度，可构建其区域内图谱与区域外图谱，并创新性地提出了基于文化遗产地保护与旅游规划的"景观信息链"理论（即"景观基因链"理论），强调"信息元""信息点""信息走廊"三者的关联性④。2015 年，胡最等人结合生物基因组图谱和传统聚落景观基因理论，开展了中国传统聚落"景观基因组图谱"的探索⑤。其他学科根据地理学科提出的聚落景观基因的识别原则与识别方法，以及聚落景观基因图谱理论，对中国各地传统聚落景观展开了不同层次的聚落景观基因及其基因图谱研究，呈现出百花齐放的研究局面。总之，近年来，地域传统聚落景观基因及其基因图谱的研究成果逐渐增多，理论体系不断得到丰富与发展，促进了多学科的交叉融合。

图谱是根据实物描绘或摄制并系统地按类编制而成的用来说明事物的图表，是更好地了解事物的一种研究表达模式。图谱也是一种科学的时空分析方法⑥。通过对传统聚落文化景观基因图谱的研究，实现传统聚落景观形态（空间布局形态、建筑形态、装饰形态等）的图像化呈现、数字化表达与现代

---

① 申秀英，刘沛林，邓运员. 景观"基因图谱"视角的聚落文化景观区系研究[J]. 人文地理，2006(04)：109-112.

② 胡最，刘沛林. 基于 GIS 的南方传统聚落景观基因信息图谱的探索[J]. 人文地理，2008，23(06)：13-16.

③ 胡最，刘沛林，申秀英，等. 古村落景观基因图谱的平台系统设计[J]. 地球信息科学学报，2010，12(01)：83-88.

④ 刘沛林. 中国传统聚落景观基因图谱的构建与应用研究[D]. 北京：北京大学，2011.

⑤ 胡最，刘沛林. 中国传统聚落景观基因组图谱特征[J]. 地理学报，2015，70(10)：1592-1605.

⑥ 同上。

化应用，可以更好地了解地域传统聚落文化景观的形态特征及其内在文化精神内涵；可以更好地了解传统聚落文化景观基因在时间和空间上的分布特点、发展与演变的过程、表达方式与作用规律、传承与传播方式，有利于促进传统聚落文化景观保护与更新，传承传统聚落文化景观基因，建设具有地域特色的现代文化景观，指导传统聚落旅游规划及其文化景观旅游文本编写，进而促进传统聚落文化景观的可持续发展，推进中华优秀传统文化的创造性转化和创新性发展。

传统聚落中的建筑装饰文化景观是传统聚落文化景观的重要组成部分，传统聚落文化景观图谱的建立是地域文化景观研究的核心内容。基于中国知网(CNKI)检索，截止至 2022 年 8 月，关于传统建筑装饰文化景观基因及其基因图谱的研究成果还不多，尤其是从区域层面整体系统性研究传统乡村聚落中建筑装饰文化景观基因及其基因图谱的研究成果更是少见。本节在前文湘江流域传统村落建筑装饰艺术特点、装饰题材与文化内涵、装饰景观基因识别与提取方法研究的基础上，借鉴聚落景观基因与景观基因图谱的理论与方法，从景观显性形态基因与景观隐性意象基因两个方面来建构湘江流域传统村落建筑装饰景观基因图谱。

二、湘江流域传统村落建筑装饰景观形态基因图谱

地域传统村落建筑装饰基因图谱的建构需要用大量的图片来展示建筑装饰的发展与演变、传播与传承、遗传与转译等方面的内容。在广泛的实地考察、调研走访和文献查阅基础上，我们收集整理了大量的有关湘江流域传统村落与建筑装饰的第一手资料。结合前文对湘江流域传统村落与建筑装饰的自然与人文环境特点、建筑装饰的构成特点与民俗文化艺术特点的分析，针对湘江流域传统村落中民居和宗祠建筑的门窗、梁枋、山墙、柱础、屋顶、顶棚等装饰最为丰富的部位，运用表格与图示的方式分类开展矢量化装饰景观基因图谱编制，可视化分析了湘江流域传统村落中民居和宗祠建筑装饰景观形态基因的基本特征及其文化精神内涵。需要指出的是，建筑装饰形态是多样的，同一构件有多种形态，同一装饰题材也会出现在不同构件上。如门簪、门枕、檐枋、柱础、墙头翼角、屋顶檐角等部位的构件形态、装饰题材

与图案形式都很丰富。

（一）湘江流域传统村落建筑门装饰景观形态基因图谱

表 5-4-1　门各部位装饰景观形态基因图谱（刘灿松、陈珮绘图）

大类	小类	案例	基因图示	基因特征
门神	清廉文官			以魏征、文天祥、包拯等人为原型，手捧笏板，头戴乌纱帽。文官门神多用于歌颂不屈不挠、勇于抗争的大无畏精神，出现得较少
	武将英雄			以秦叔宝、尉迟恭、赵云、关羽等人为原型，手持代表性武器，形象威武，意在歌颂忠臣名将的赤胆忠心
	福星寿星			以"福、禄、寿"三星为主，头后有光圈，衣着华丽，通常文左武右设置，寓意"左招财、右进宝"

大类	小类	案例	基因图示	基因特征
门神	趋吉避凶		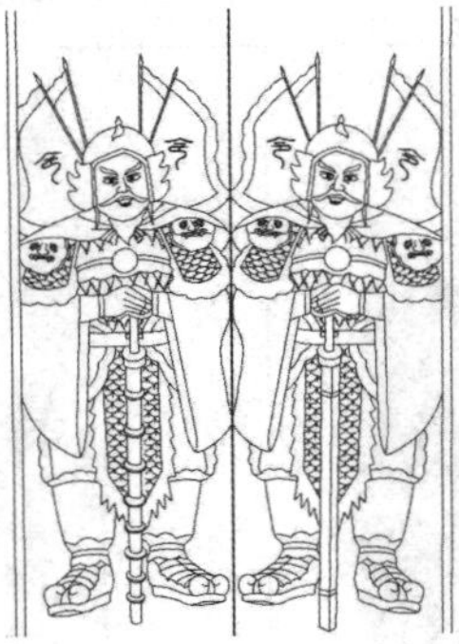	多以神荼、郁垒为主，部分以武将英雄形象代替，背插令旗，分饰左右大门，以驱鬼辟邪
门铍	兽头形			以虎首、狮首为主，口衔门环，兽头四周饰以祥云纹、铜钱纹，左右对称
	铍形		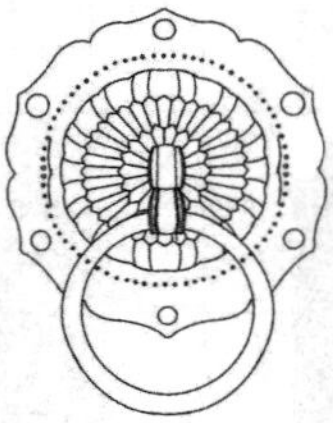	铍上常雕饰波浪形花纹，圈圈递进，铍顶系有门环

续表

大类	小类	案例	基因图示	基因特征
门框	祠堂入口门框		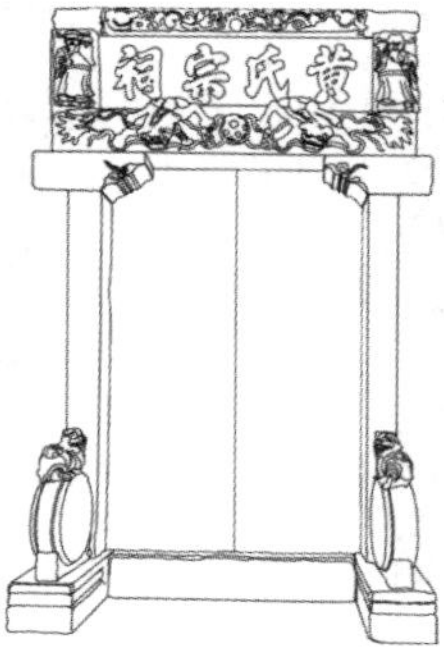	门枕带有抱鼓石，门框两侧刻有门联，门楣上雕饰双貔貅舞绣球，作下扑状，门额两旁雕饰文官，门额上方雕饰祥云纹样
				门枕上不置抱鼓石，门框上槛内侧雕饰石撑，多为麒麟，上框雕饰双貔貅，作下扑状，门额两旁雕饰文官，门额上方雕饰双龙捧日或双龙戏珠
			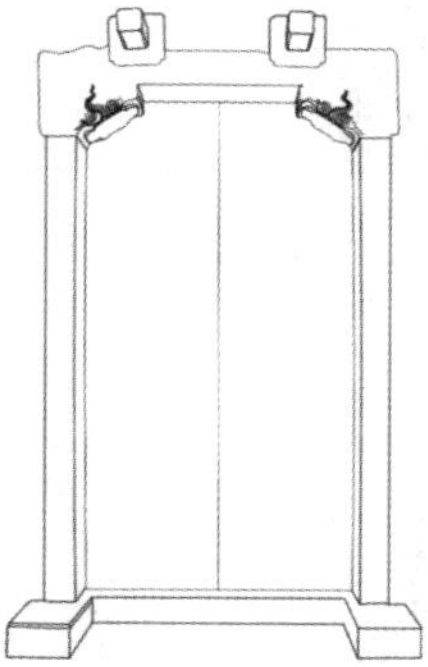	门枕上不置抱鼓石，门框上槛内侧雕饰文官人物形象。门簪外露，且形式多样，上方设置门额，门框两旁粉饰或挂饰对联

大类	小类	案例	基因图示	基因特征
门框	民居入口门框		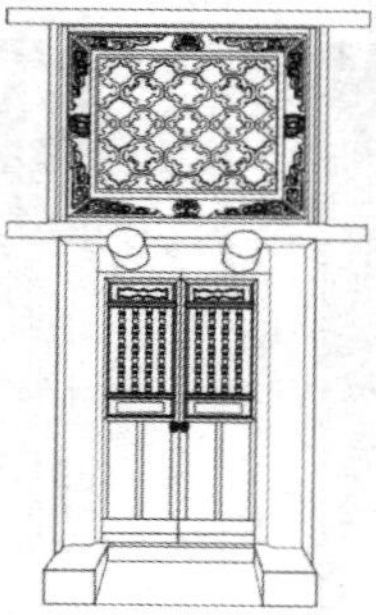	雕饰门簪外露，门框上部设亮子，与门同宽，亮子棂格有回纹、三角纹、冰裂纹、卍字纹等，四角有时塑蝙蝠与夔龙纹等，大门外有时置隔扇"半门"。多出现在湘南地区普通民居中
			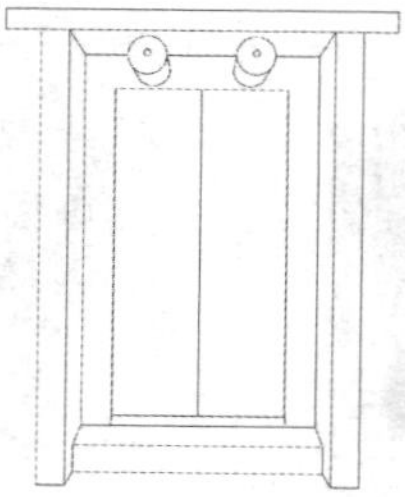	雕饰门簪外露，门上不设亮子，部分绘饰门神，装饰简单，是较为普遍的一种形式
门洞	拱形			上方多以三块圆弧状石块拼接成半圆形，有的用砖头砌筑，视觉效果柔和，形似彩虹
	圆形		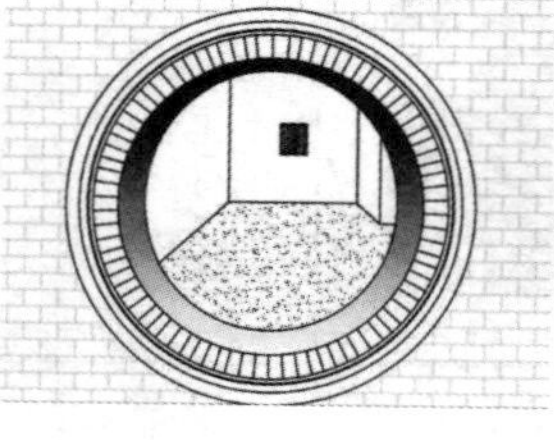	以砖砌成规整圆形门洞，底部为门槛，有的下部不设门槛；外侧灰塑两至三圈

续表

大类	小类	案例	基因图示	基因特征
内部门窗	隔扇门窗			格心中心以宝瓶插花或是寓意美好的动植物为主，四周格棂多雕饰蝙蝠、花、果、祥云等题材的图案。绦环板上雕刻喜鹊、鹿、宝瓶、梅花、暗八仙、历史故事等题材的图案。中间绦环板为浮雕，最上层绦环板多为透雕。构图中心明确
门簪	方形		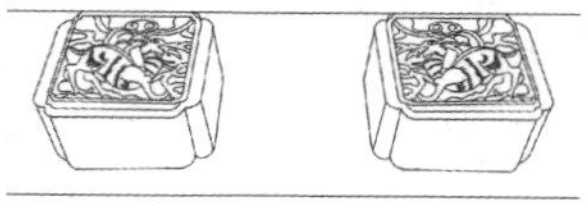	簪顶部多雕饰鹿、麒麟、凤鸟等祥禽瑞兽，或是竹子、桃树等植物，簪身通常不做雕饰
	圆形		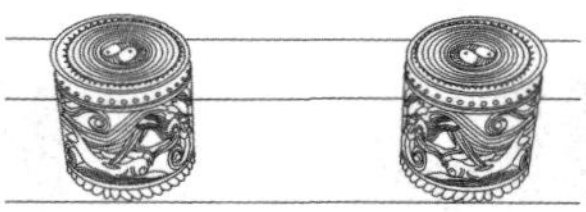	簪顶雕饰太极八卦图或是日月字样、乾坤符号。簪身浮雕龙、凤、麒麟等，云水纹环绕
	覆莲形		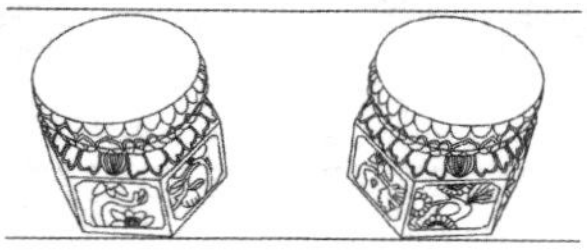	簪身为束腰状，圆形簪顶四周为莲纹，顶面雕饰少，六边形簪底面上雕饰龙、凤等祥禽瑞兽或是梅、兰、竹、菊等题材的图案
	莲花形		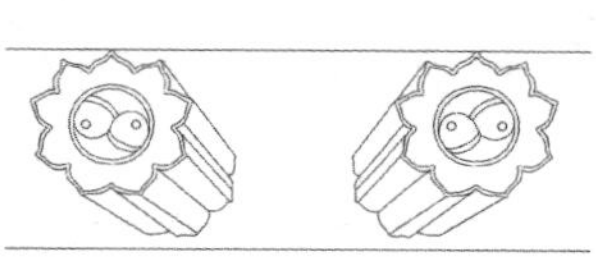	簪身与簪顶外轮廓整体雕刻成莲花瓣形式，顶面中心雕饰太极鱼图样

大类	小类	案例	基因图示	基因特征
门簪	六边形		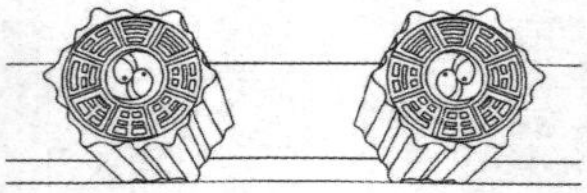	整体呈现六边形，簪身为竖纹，簪顶部中心雕饰阴阳太极鱼、周围雕刻八卦，层次分明
	南瓜形		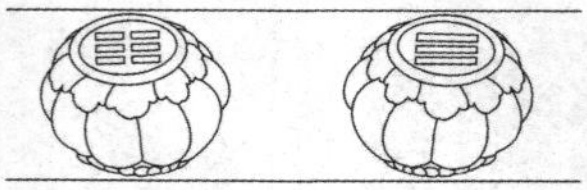	整个门簪雕饰成金瓜形，簪身莲纹，成花苞状，顶部雕饰乾坤符号
门枕	箱形门枕			整体呈箱形，有的分上、中、下三段，下段多雕饰壶门纹、云水纹；中段束腰多雕饰麒麟、龙、凤、喜鹊等灵瑞动物与云水纹；上段顶面少装饰，四周雕饰夔龙纹等
	石鼓形门枕			下段为方形或束腰鼓座，雕饰内容同箱形门枕；上段雕饰一块石鼓，鼓身两侧雕饰灵瑞动植物与云水纹；富贵之家在鼓上前方雕饰狮子头
门槛	石质门槛			门槛外侧中部多浮雕倒三角纹，三角纹中间雕饰莲、鱼、麒麟、祥云等，两侧浮雕瑞兽、祥花、宝瓶等

表 5-4-2 湘南牌楼门形态基因图谱（刘灿松、陈珮绘图）

大类	小类	案例	基因图示	基因特征
门楼	山字式牌楼		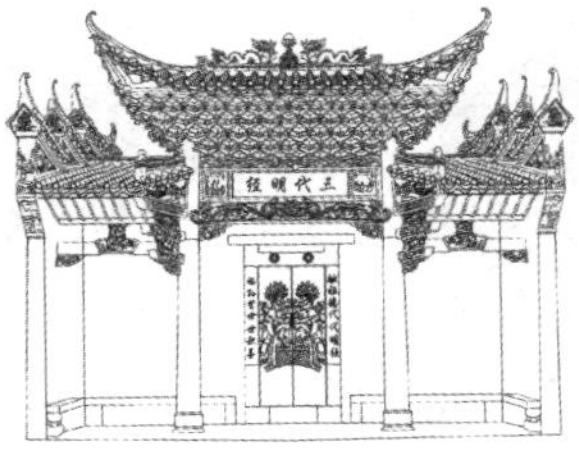	正中一间檐柱高出门屋檐口较多，牌楼檐下出挑 5～7 层如意斗栱，栱头贴饰与栱间嵌饰圆形木刻，鸿门梁雕饰双龙捧日，牌楼额枋两侧柱上各做四层外伸檐枋，间隔垫板，均做雕饰
	重檐式牌楼		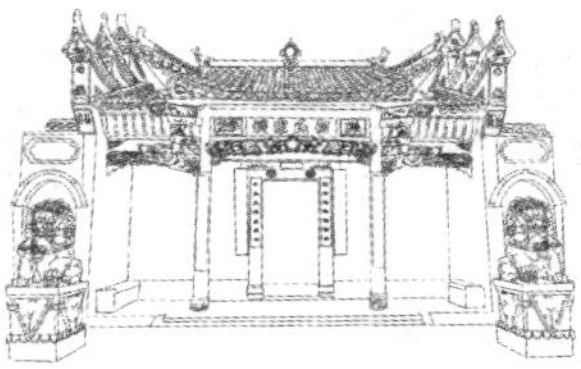	正中一间檐柱略高出门屋檐口，牌楼歇山顶（或庑殿顶）檐角起翘较小，形态舒展，檐下没有斗栱，其他做法同山字式牌楼

（二）湘江流域传统村落建筑窗装饰景观形态基因图谱

表 5-4-3 窗装饰景观形态基因图谱（刘灿松、陈珮绘图）

大类	小类	案例	基因图示	基因特征
窗户	方形		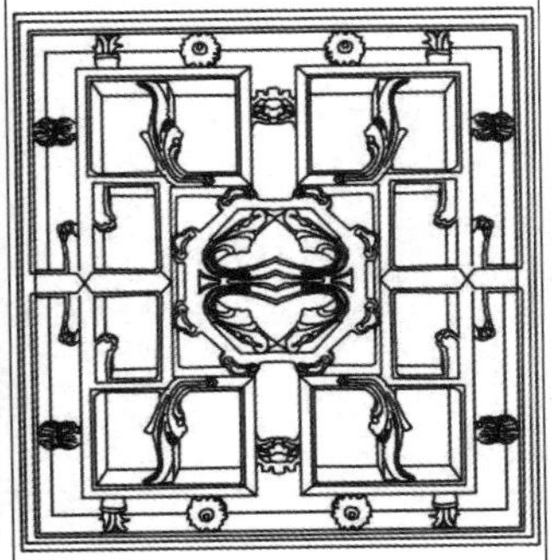	多为竖长方形，中间雕饰宝瓶插花、喜鹊登梅、草龙纹，有的为如意纹；周围为回纹窗棂，雕饰夔龙纹、蝙蝠等瑞兽、祥花。左与右、上与下对称，视觉中心明显

大类	小类	案例	基因图示	基因特征
窗户	圆形		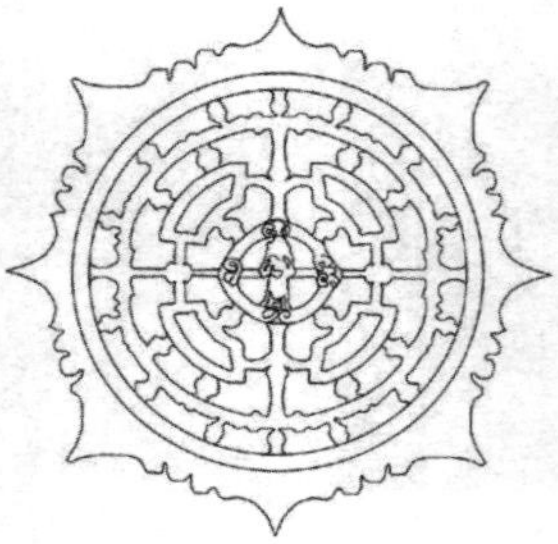	窗棂中心对称，中心为十字纹或古钱纹，或雕饰夔龙纹，以及喜鹊、梅花等祥瑞动植物，窗棂以雕饰的瑞兽、祥花连接，一圈圈向外扩展，窗框处有时灰塑一圈向外放射的如意纹
	扇形		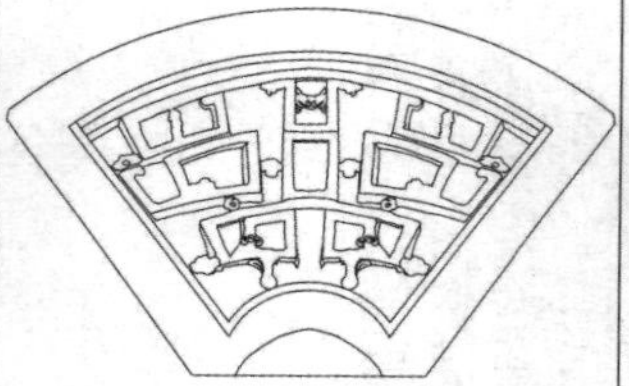	整体呈扇形，左右对称；回纹窗棂，以雕饰的瑞兽、祥花连接
	六边形		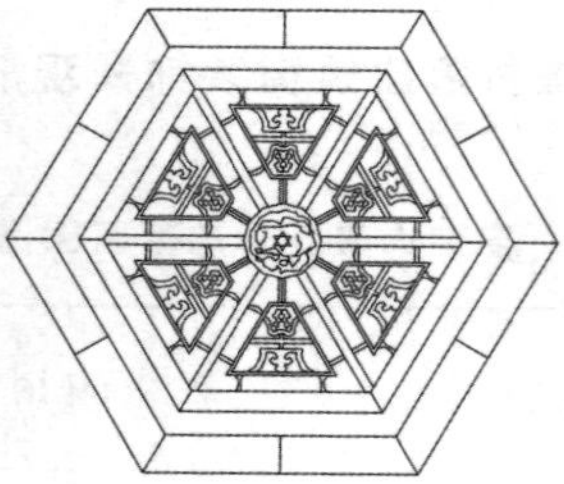	窗棂中心对称，对角窗棂间棂格雕饰瑞兽、祥花、符篆纹等
	八边形			中心为十字花纹，外侧回纹窗棂以梅花连接，一圈圈向外拓展，最外侧雕饰夔龙纹、卷草纹等

续表

大类	小类	案例	基因图示	基因特征
窗户	如意形			整体呈现菱形，四角呈如意头形状，窗框随窗形塑2～3层纹饰修边，洞口较小，多出现在墙体较高位置
	拱形			上方用砖砌筑成圆拱形，内部安装木窗，多为回纹、卍字纹窗棂，窗棂装饰题材多样，多出现在湘南地区
	直棂窗		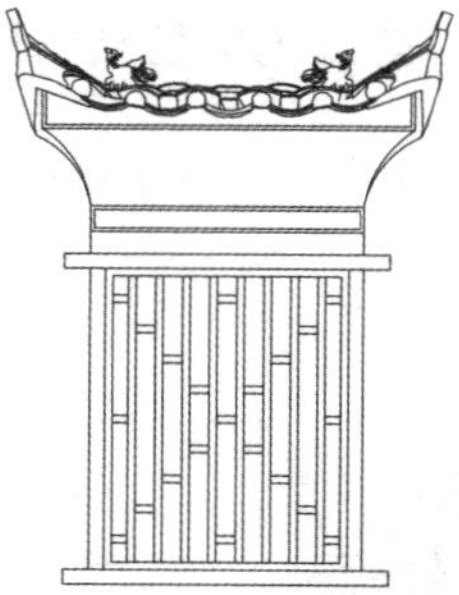	常置斗形窗楣，窗楣下多绘金鱼、龙凤、莲花、牡丹等图案或书写文字；窗楣上方盖瓦，檐角起翘；有时檐角置鸱吻，在墙脊中间置宝瓶，宝瓶两侧灰塑鱼尾纹、龙纹或鸟纹等
	支摘窗		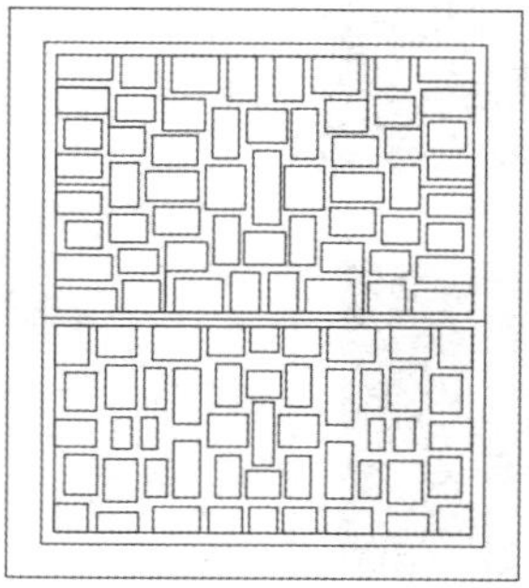	上端可以支起，下端可以摘下，上下窗棂中心多设置宝瓶插花，四周为卍字纹、回纹形式窗棂，窗棂装饰题材多样，多出现在湘南地区

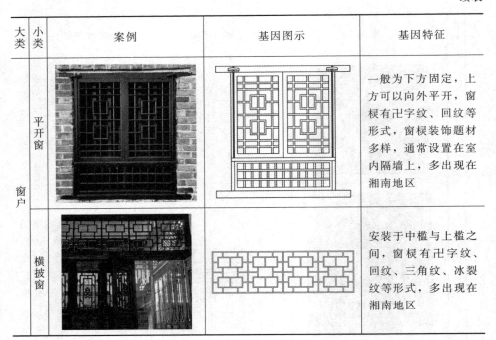

大类	小类	案例	基因图示	基因特征
窗户	平开窗			一般为下方固定，上方可以向外平开，窗棂有卍字纹、回纹等形式，窗棂装饰题材多样，通常设置在室内隔墙上，多出现在湘南地区
	横披窗			安装于中槛与上槛之间，窗棂有卍字纹、回纹、三角纹、冰裂纹等形式，多出现在湘南地区

（三）湘江流域传统村落建筑梁枋结构形态及其装饰景观形态基因图谱

表 5-4-4　梁架结构形态与柁墩形态基因图谱（刘灿松、陈珮绘图）

大类	小类	案例	基因图示	基因特征
梁架结构	穿式瓜柱梁架			瓜柱立（骑）于下层梁上，上一层梁穿过瓜柱且伸出梁头，瓜柱承檩，檩条放在瓜柱上端的槽口内
	沉式瓜柱梁架			瓜柱立（骑）在下层梁上，上一层梁放在瓜柱上端的槽口内，檩条搁置在瓜柱位置的梁上

续表

大类	小类	案例	基因图示	基因特征
梁架间柁墩	动物形态	 	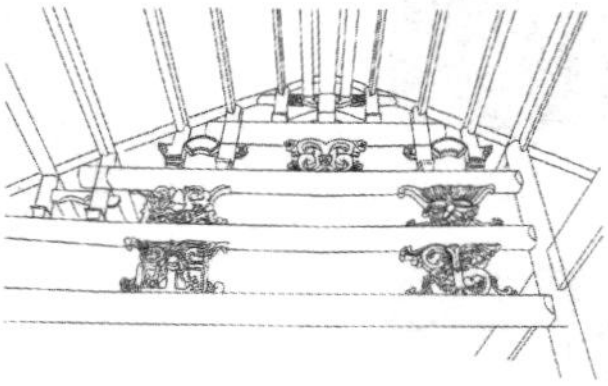	梁间短柱变化为雕刻的蝙蝠、龙首、凤首、象首、夔龙、麒麟、驼峰等
	雕板式	 	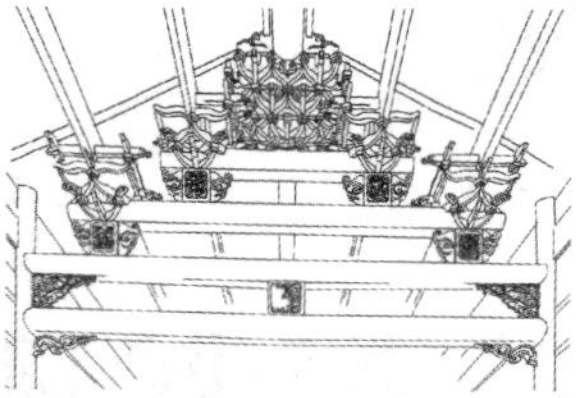	梁间短柱变化为雕饰的木板，两侧常雕饰龙首、凤首、象首等，多出现在湘北与湘东地区的祠堂中
	斗栱式			梁间短柱用四向出挑的斗栱代替，多出现在湘北与湘东地区的祠堂中

表 5-4-5　梁枋装饰景观形态基因图谱（刘灿松、陈珮绘图）

大类	小类	案例	基因图示	基因特征
鸿门梁	双龙戏珠			镂雕双龙戏珠，有的为三层镂雕，常用彩漆铺底，用青、绿、蓝、黄、白等色依形分层描绘，湘南祠堂牌楼门上多见
月梁	圆形		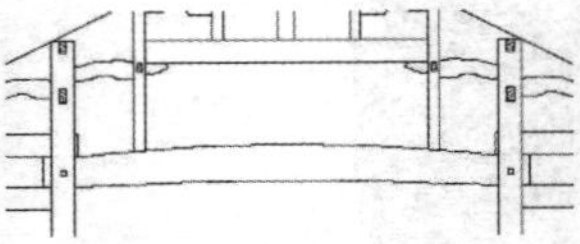	多为一根自然形态的圆木，大多不做雕饰，流域内普遍使用
	方形		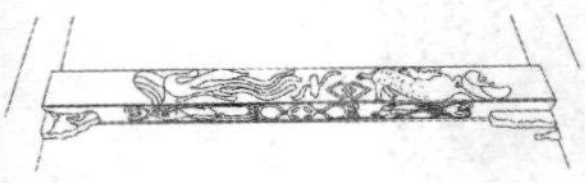	方形月梁底部与两侧常雕绘吉祥动植物图案
	方形弧状	 		梁呈明显的圆弧状，底部与两侧常雕绘吉祥动植物图案，湘北地区的祠堂中多见
中梁	月梁形式			梁底向上拱起，中部常雕绘双龙（凤）捧日，日纹中间雕绘太极（八卦）图；两端常书祝福对联和建房时间

续表

大类	小类	案例	基因图示	基因特征
檐枋	书卷形	 	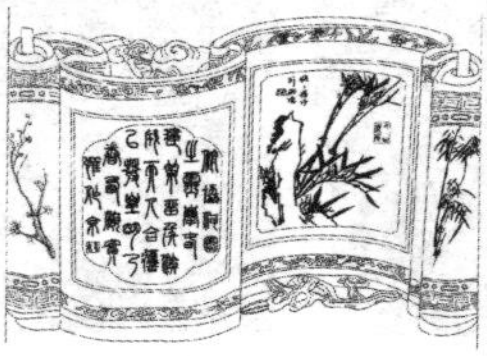	呈打开的书卷状，雕绘梅、兰、竹、菊或是警世名言；有的上下方雕饰琴状、棋子，寓意琴棋书画
	山字画卷形	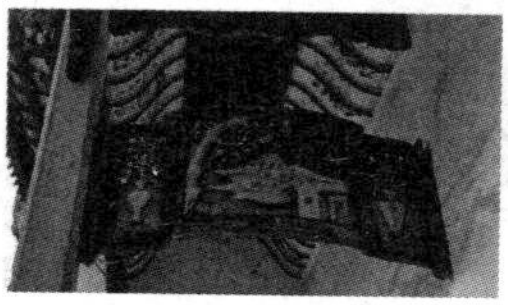		呈山字画卷状，中间高两侧低，如打开的画卷，其上雕饰题材内容丰富
	笔架形	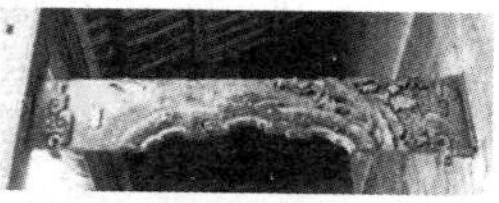 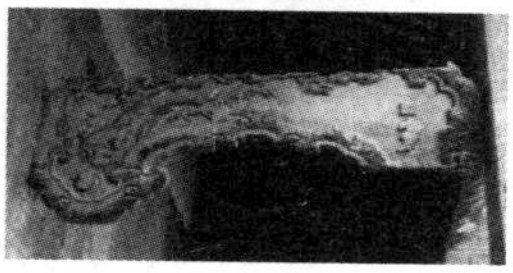	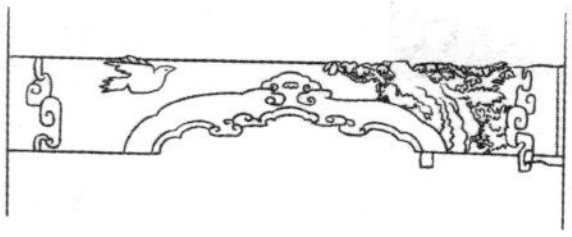	形如倒置的笔架，下端中段向上隆起，形如蝙蝠；其上雕饰古松、山水、祥禽瑞兽
	蝙蝠形			整体如蝙蝠，其上雕绘虫鱼鸟兽，顶部常雕绘蝙蝠纹，下部雕两个相望龙首
	案板形			整体呈方形，内部雕饰题材有梧桐、凤鸟、梅、喜鹊、松、鹤等，边框雕饰夔龙纹和回纹等

大类	小类	案例	基因图示	基因特征
檐枋	鱼尾龙首象首形态	 	 	湘江流域传统乡村建筑木挑檐枋动物形态基因大致有鱼尾、龙首、象首等
	通雀替			位于柱头或柱间梁枋下，穿过柱身，对称设置
	骑马雀替			两柱相距较近，将梁枋下雀替连成一体，有时两侧向下延伸，形成飞挂
	卍字纹雀替		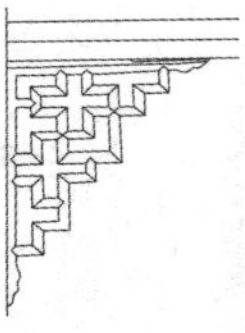	近似于方形折线纹样、连续不断，纯装饰作用，结构意义不强

续表

大类	小类	案例	基因图示	基因特征
檐枋	龙门雀替	 		多见于湘南牌楼门，雀替出挑层数多，间隔垫板，增加了多云墩、三幅云、麻叶头、梓框等结构性造型样式
	花牙子雀替	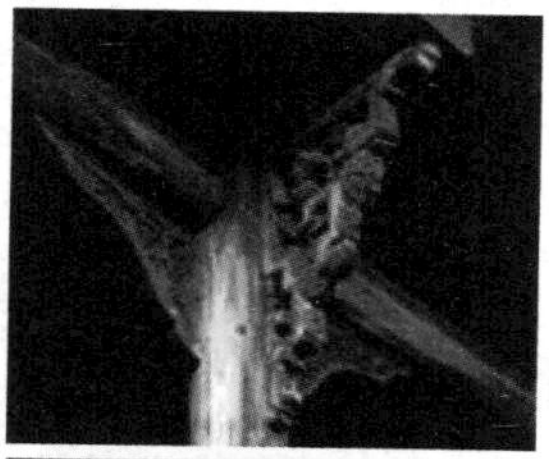 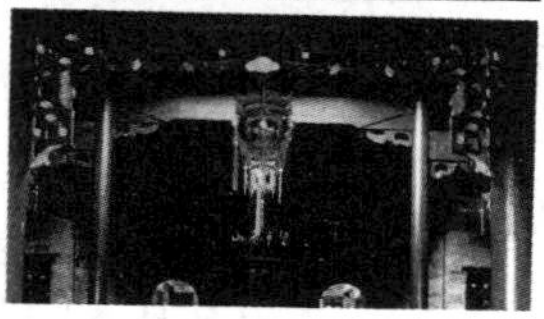		形式多样，造型多变，装饰作用强。漏空卍字纹与回纹花牙子雀替左右连成一体，形成"挂落"
	龙凤麒麟雀替	 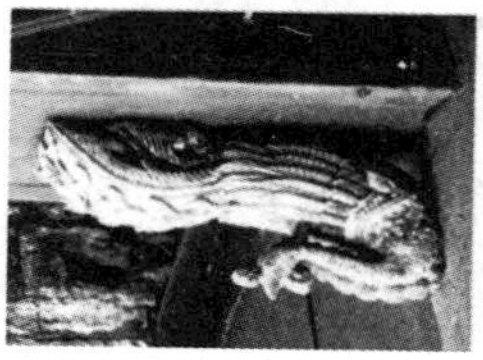 		雀替雕刻成龙、凤、麒麟、鱼等形态，装饰性强

（四）湘江流域传统村落建筑墙体、柱础装饰景观形态基因图谱

表 5-4-6　墙体装饰景观形态基因图谱（刘灿松、陈珮绘图）

大类	小类	案例	基因图示	基因特征
山墙	人字式山墙		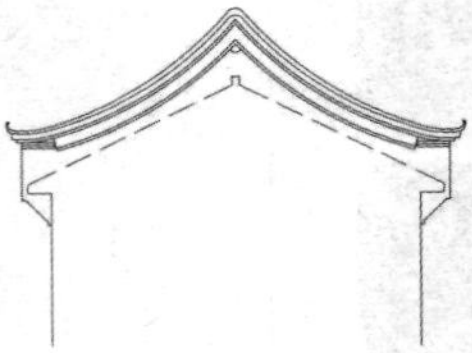	有硬山式与悬山式两种，硬山山墙也称金字山墙，是乡村最为普遍的山墙形式。墙头翼角形态多为鹊尾式和朝笏式，山花处装饰题材有鸟纹、如意云纹、日纹、宝瓶、悬鱼等
	叠落式封火山墙		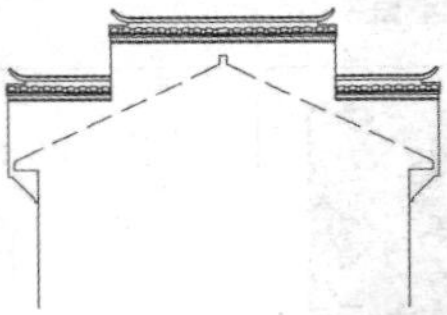	叠落式封火山墙即徽派建筑中的马头墙，因山墙墀头与翼角处的造型似马头俗称马头墙。 湘江流域以三山式和五山式居多，有对称与不对称两种；翼角下及墀头处以灰塑神仙人物及祥瑞动植物为主要装饰题材，内容丰富；侧面很少做装饰，常在墙头叠瓦下配以白色腰带，清新明快

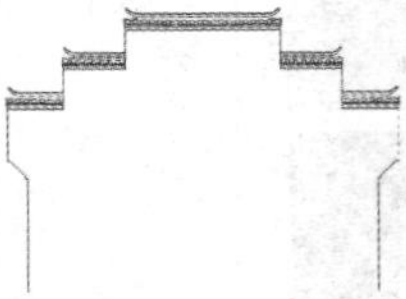

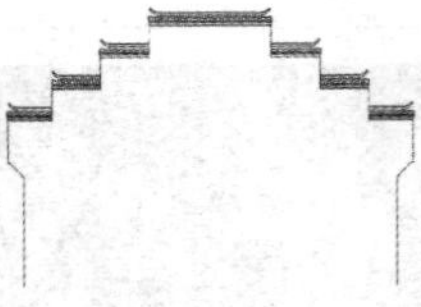

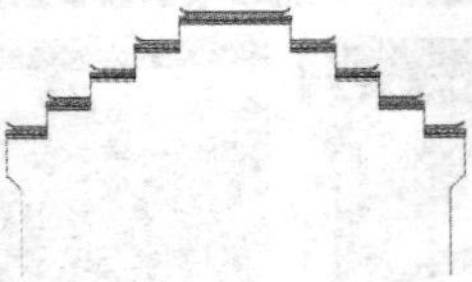

续表

大类	小类	案例	基因图示	基因特征
山墙	曲线式封火山墙			猫拱背山墙，是封火山墙的一种形式。山墙的顶端向上呈圆弧形，像猫背拱起来的模样。两边下凹，中间拱起部分或为平顶，或为圆顶，圆顶形式弧度相对较大。翼角与墀头做重点装饰
			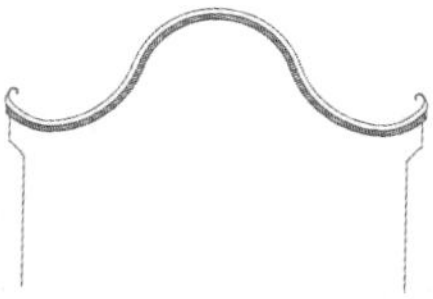	
				墙体顶部的天际轮廓线成"儿"字形，如同"马鞍"，也称马鞍墙①，是猫拱背山墙的变化形式。较多出现在湘江流域的祠堂建筑中
			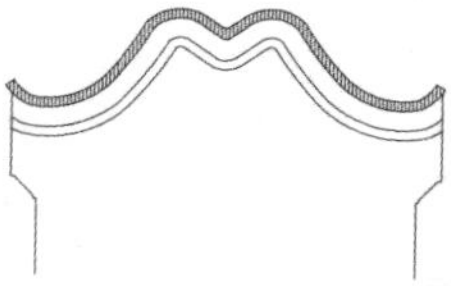	
墙头翼角	坐吻式			湘江流域传统乡村建筑墙头翼角形态基因大致有坐吻式、鹊尾式、朝笏式、凤首式等。翼角下装饰题材多样

① 汪晓东. 生成与变异：福州马鞍墙研究［D］. 北京：中国艺术研究院，2013：2.

大类	小类	案例	基因图示	基因特征
墙头翼角	朝笏式			湘江流域传统乡村建筑墙头翼角形态基因大致有坐吻式、鹊尾式、朝笏式、凤首式等。翼角下装饰题材多样
	鹊尾式		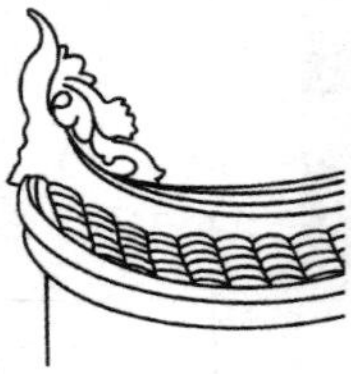	
	凤首式	 		
山花	太阳鸟			总体上以灰塑红色太阳为中心,四周环绕云纹、鸟纹,两只凤鸟做双凤逐日状分饰两侧;山尖处以海棠花或梅花为中心,环绕云纹、鸟纹等
	宝瓶祥云			总体上以灰塑红色宝瓶为中心,上下环以云纹、鸟纹,山尖处饰以如意纹、云纹、鸟纹等
	如意祥云			整体形状为倒挂的如意(头),上端左右分饰云纹、鸟纹等

表 5-4-7　**柱础装饰景观形态基因图谱**（作者自绘）

大类	小类	案例	基因图示	基因特征
柱础	方形础基＋八面础腰＋圆鼓形础顶		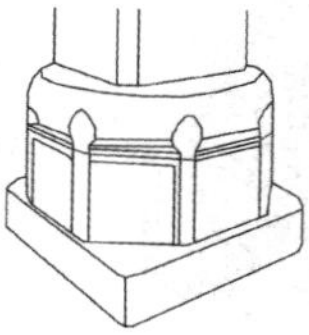	底层为方形础基，中段八面础腰较高，上段为圆鼓形础顶。础腰与础顶均雕刻祥禽瑞兽、祥花等
	方形础基＋八面础腰＋圆柱形础顶		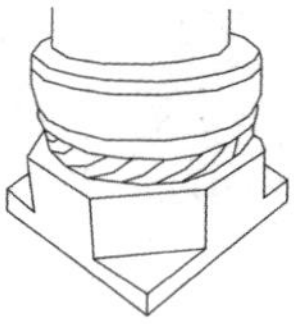	底部为双层方形础基，上层切角；中段为圆鼓形础腰；上段为圆柱础顶。础腰与础顶均雕刻祥禽瑞兽、祥花等
	双层方形础基＋八面础腰＋圆鼓形础顶		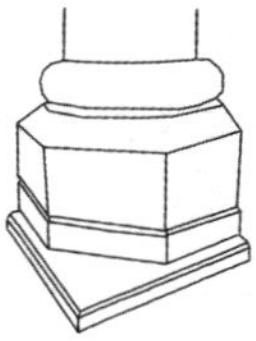	底部为双层方形础基，上层切角；中段八面础腰与切角后础基的形态相同；上段圆鼓形础顶。各部分均有雕刻
	双层方形础基＋圆形础腰＋圆鼓形础顶		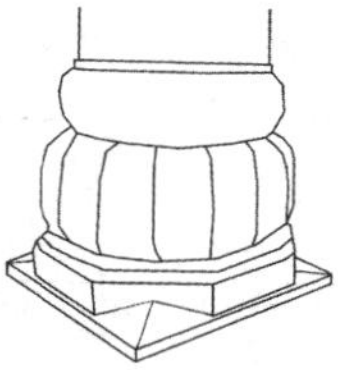	底部为双层方形础基，上层切角；中段圆形础腰较高，有时为金瓜状；上段为鼓形础顶。各部分均有雕刻
	方形础基＋方形束脚础顶		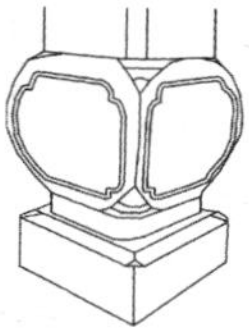	底层为方形础基，上段方形束脚础顶较高且上下收分。各部分均有雕刻

大类	小类	案例	基因图示	基因特征
柱础	方形础基＋圆鼓形础腰＋圆柱形础顶		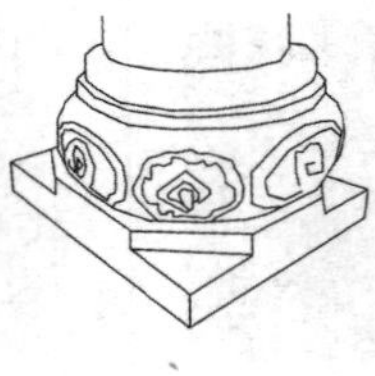	底层为方形础基，中段为圆鼓形础腰，上段为圆柱形础顶。各部分均有雕刻
	方形础基＋八面础腰＋覆盆形础顶		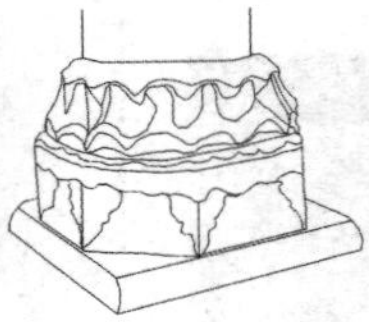	底层为方形础基，中段为八面础腰，上段覆盆形础顶。各部分均有雕刻
	方形须弥座础基＋方形础顶		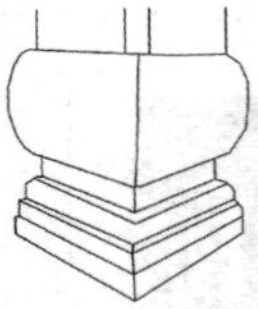	底层为方形退台式须弥座础基，上段为方形础顶且上下收分，础顶略高于础基。各部分均有雕刻

（五）湘江流域传统村落建筑屋顶、顶棚与天井装饰景观形态基因图谱

表 5-4-8　屋顶与顶棚装饰景观形态基因图谱（刘灿松、陈珮绘图）

大类	小类	案例	基因图示	基因特点
屋顶中脊花	火焰纹		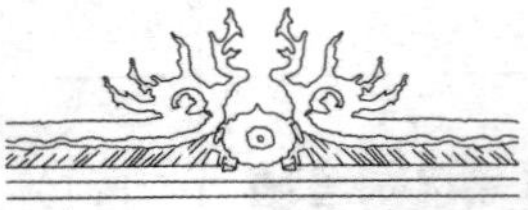	以日纹为中心，上面环绕火焰纹或鹊尾纹，整体形如火焰，较为普遍
	宝瓶	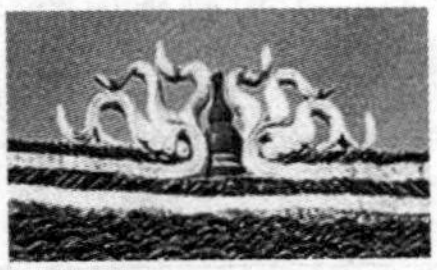		中间为宝瓶，两侧塑凤纹、鸟纹或祥云拱卫

续表

大类	小类	案例	基因图示	基因特点
屋顶中脊花	日纹			中脊花为如意(莲花)宝座上塑光芒四射的太阳或宝珠,两边塑饰长龙——双龙捧日
	神庙			中脊花为土地庙、山神庙的形式,庙中常灰塑神祇,多出现在湘中与湘南地区祠堂建筑的屋脊上
	三仙			拱形门洞中塑三仙神像,门洞上方塑如意头,门洞两侧塑凤纹、鸟纹或祥云拱卫
脊头	卷曲祥云			湘江流域传统乡村建筑屋顶脊头形态大致有卷曲祥云式、龙首式、鳌鱼式、凤尾式、鹊尾式、朝笏式等
	龙吻		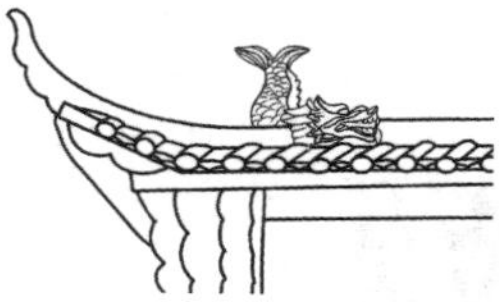	

大类	小类	案例	基因图示	基因特点
脊头	龙吻			湘江流域传统乡村建筑屋顶脊头形态大致有卷曲祥云式、龙首式、鳌鱼式、凤尾式、鹊尾式、朝笏式等
	鳌鱼		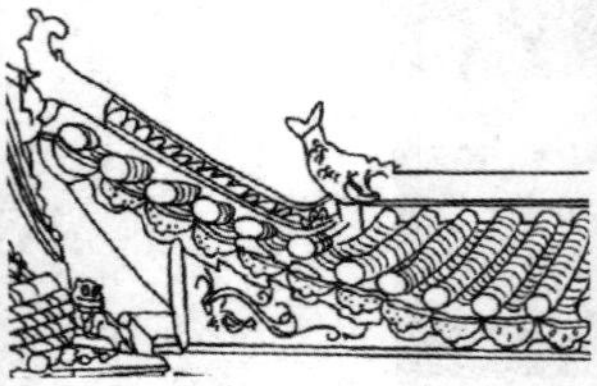	
	凤尾		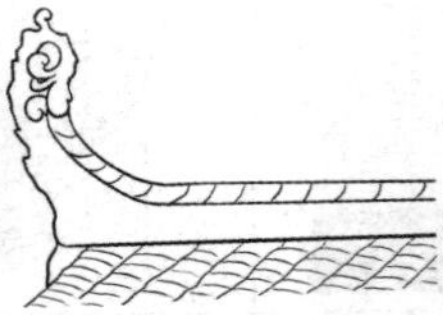	
卷棚	八仙与文字	 		多为墨书励志诗文、彩绘八仙图像

续表

大类	小类	案例	基因图示	基因特点
藻井	八边形棱台式	 		藻井所在区域方格中间为向上隆起的八棱台。棱台每面分格2~3层，在分格内彩绘八仙、山水、历史故事人物、麒麟、龙凤、蝙蝠、喜鹊，书写励志名言、诗词等。藻井顶部中央雕（绘）莲花、龙凤戏珠、麒麟、鹿、鱼、太极八卦等。底部封板有时彩绘蝙蝠、蝴蝶、吉花祥云等
	内圆外方平顶式	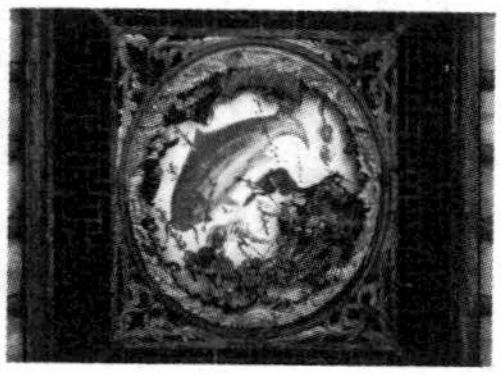 		藻井所在区域方格中间为方形平顶，内圆外方。内圆（或椭圆）内雕（绘）莲花、龙凤、麒麟、鹿、鱼、蝙蝠等；四周木框内镶接回纹或卍字纹棂格

大类	小类	案例	基因图示	基因特点
天井	井台			石头井台上圆形图框内雕刻牛、蛙、鱼、龟、龙、凤等；井底排水孔石盖常雕刻方形古钱纹
	井壁			井壁一般不做雕刻，井壁排水孔石盖常雕刻方形古钱纹。有的井壁做整体雕刻，如桂东县新桥村扶氏宗祠寝堂前天井

三、湘江流域传统村落建筑装饰景观意象基因图谱

（一）湘江流域传统村落建筑装饰动植物题材意象基因图谱

表 5-4-9　动植物装饰题材意象基因图谱

大类	小类	题材内容	案例	图案构成	表现手法	文化精神内涵
动物类	普通动物	狮子		雕刻于大门抱鼓石上或门枕石正面镇宅，有时立于门前	象征寓意	寓意平安如意
		鹿		多见于隔扇绦环板、檐枋、墀头、墙护角上；常口衔如意，与鹤组合较多	谐音寓意	与"禄"同音，象征权贵，寓意幸福美满

续表

大类	小类	题材内容	案例	图案构成	表现手法	文化精神内涵
动物类	普通动物	鹤		常见于隔扇绦环板、檐枋、墀头、墙护角上；常与松、鹿搭配	象征寓意	寓意长寿吉祥
		喜鹊		常见于隔扇绦环板、花窗、檐枋、墀头、柱础上，与梅花组合较多	谐音寓意	寓意喜气、福气和好运
		蝙蝠		常与铜钱组合，装饰于梁枋、藻井、墙面、墀头、花窗上	谐音寓意	与"福"同音，寓意幸福美满、驱凶化吉
		猴子、大象		通常装饰于墀头、檐角、檐枋、墙护角、柱础和门枕石上	谐音寓意	与"侯"和"相"同音，寓意权贵，家族兴旺、子孙发达
		羊		常用于隔扇绦环板、檐枋、护角石、墙面和柱础上	谐音寓意	谐音三"阳"启泰，寓意吉祥如意、生活美满、品德高尚

大类	小类	题材内容	案例	图案构成	表现手法	文化精神内涵
动物类	普通动物	鱼		有鲤鱼、鳌鱼等样式，常见于墀头、檐角、檐枋、天井等部位	谐音寓意	与"余"同音，寓意生活美满，年年有余
	灵瑞动物	龙		常见于中梁、屋脊、檐角、梁枋、柱础、门枕石及门簪、藻井、雀替等部位	象征寓意	华夏族的图腾，龙是中国最大的吉祥物，是吉祥、幸福、勇敢、智慧等各种优秀品质的集合体
		凤		常用于檐角、梁枋、藻井、柱础、门枕石及门簪、山花、雀替等部位	象征寓意	凤与龙一样，也是中国皇权的象征，寓意天下太平、爱情美满
		麒麟		常用于门枕石、抱鼓石、门楣、门框、门簪、墀头、墙护角、柱础、檐枋、藻井等部位	象征寓意	象征仁慈祥和、趋吉辟凶、太平、长寿；常为"吐书麒麟"，寓意多子多福
植物类	象征品格	梅花		常见于隔扇绦环板、檐枋、墀头、藻井、卷棚上	象征寓意	喻指坚毅、顽强、勇敢的美好品格

续表

大类	小类	题材内容	案例	图案构成	表现手法	文化精神内涵
植物类	象征品格	兰花		常用于檐枋、照墙、藻井、隔扇绦环板、卷棚等部位	象征寓意	象征高洁、坚贞、爱国、典雅、友情等
		竹子		常用于檐枋、照墙、藻井、隔扇绦环板、卷棚等部位	象征寓意	象征坚韧、刚正不阿的坚强意志
		菊花		常用于檐枋、墀头、藻井、卷棚之上	象征寓意	象征高洁、长寿,寓意飞黄腾达
		牡丹		常用于隔扇绦环板、花窗、藻井、墀头、照墙、卷棚、柱础、门枕石处	象征寓意	象征高贵、典雅,寓意繁荣昌盛
		莲		常用于墀头、天花藻井、隔扇绦环板、照墙等部位	象征寓意	象征纯洁高雅、清净超然。与白鹭组合喻指为官清正,与鲤鱼组合喻指"连年有余"

续表

大类	小类	题材内容	案例	图案构成	表现手法	文化精神内涵
植物类	象征品格	古松		常见于隔扇绦环板、檐枋、犀头、藻井、卷棚上；常与鹤、喜组合	象征寓意	象征坚韧、顽强、长寿，寓意吉祥
	寓意吉祥	桃子		常用于隔扇绦环板、犀头、照墙等部位	象征寓意	象征坚韧、长寿，寓意吉祥
		石榴		常用于隔扇绦环板、檐枋、犀头、藻井、卷棚上	象征寓意	象征多子多福，寓意吉祥平安
		葫芦		常用于中脊花、窗楣、山花之处	谐音寓意	与"福禄"谐音，象征富贵、长寿、吉祥，寓意多子多福、趋吉辟凶
		葡萄		常用于隔扇绦环板、檐枋、犀头、藻井、卷棚上	象征寓意	寓意多子多福

（二）湘江流域传统村落建筑装饰人物题材意象基因图谱

表 5-4-10　物装饰题材意象基因图谱

大类	小类	人物题材	案例	图案构成	表现手法	文化内涵
人物类	纪实类	文臣名将		历史典故人物、戏曲人物等，构成故事场景	彩绘、雕刻、灰塑	历史典故中的文臣名将，"二十四孝"中的孝子等，表达忠信、和合、节廉等文化
		名人孝子		历史故事人物、"二十四孝"人物等，构成故事场景	彩绘、雕刻、灰塑	表达孝悌、和合、仁爱、礼仪、尊贤重道、报国治国等文化
	虚拟类	八仙		明八仙	彩绘、雕刻、灰塑	表达恬淡清净、立行立功、修身治国、仁爱重义、扶贫济世等文化
		天仙		福禄寿三仙及太白金星	彩绘、石雕、灰塑	表达祈福祝寿、平安富贵、太平盛世等文化

（三）湘江流域传统村落建筑装饰"符号"题材意象基因图谱

表 5-4-11　"符号"装饰题材意象基因图谱（刘灿松、陈珮绘图）

大类	小类	符号类型	基因图示	文化内涵	案例
符号题材	文字符号	文字		多以"福禄寿喜""吉祥如意"等文字为主，祈望幸福美满	
	图案符号	祥云纹		寓意祥瑞之运气，表达吉祥、喜庆、幸福的愿望	
		卷草文		多取忍冬、荷花、兰花、牡丹等花草，处理后呈"S"形曲线，寓意坚韧顽强、生生不息之气概，吉祥之运气	
		夔龙纹	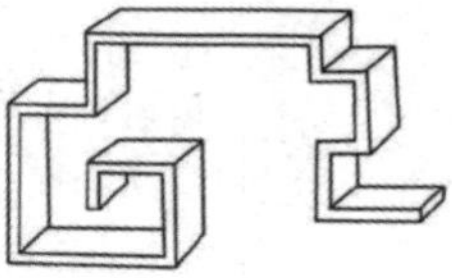	多为张口、卷尾的长条形，以直线为主，弧线为辅。喻指辅弼良臣，象征富贵和权威，有身份地位	
		莲纹、十字（花）纹		较为常见，多为四瓣，寓意神圣、复活、高雅圣洁、爱情美满	

续表

大类	小类	符号类型	基因图示	文化内涵	案例
符号题材	图案符号	卍字纹	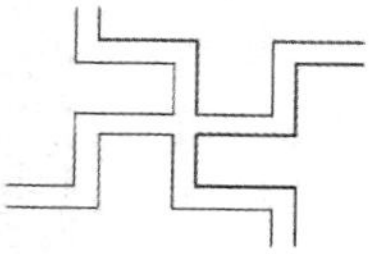	佛教认为"卍"字有吉祥、万福和万寿之意，常被认为是太阳或火的象征，寓意生生不息、富贵绵长	
		回纹	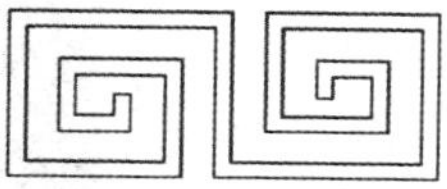	以横竖折绕组成如同"回"字，寓意源远流长、生生不息、富贵永长	
		壶门纹	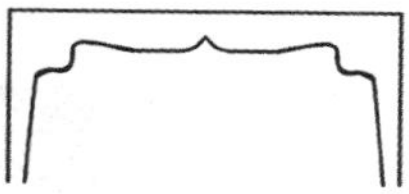	结合拱券门和佛龛的造型形成的门形纹饰，线条简约，灵动多变，象征尊贵、美好生活连绵不绝	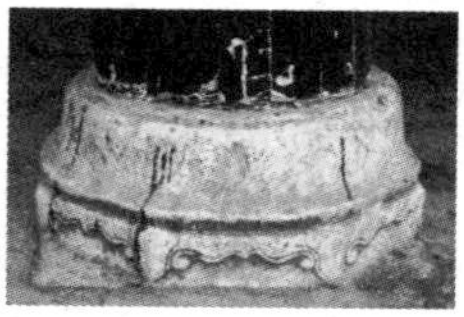
		如意纹		如意纹取型如意，状似灵芝、云花，常与瓶纹、戟纹、牡丹纹结合，寓意生活平安富贵，万事如意等	
		日纹火焰纹		太阳是人类原始的图腾崇拜之一，认为太阳负责生育和收获。日纹火焰纹组合象征光明、希望、成功及生殖能力强盛	

大类	小类	符号类型	基因图示	文化内涵	案例
符号题材	器物符号	宝瓶		形如葫芦,葫芦多籽,寓意多子多福;葫芦为道家法器,寓意平安、吉祥;瓶中盛开牡丹寓意平安富贵	
		古钱纹	 	以古铜钱为原型,有中心弧形方格和十字方格等形态,寓意招财进宝、大富大贵	 
		太极八卦纹		太极八卦意为神通广大,震慑邪恶。道家认为,太极八卦能保平安、佑富贵,寓意家宅祥和、万事顺意	

参考文献

[1](民国)涂凤书，等. 四川云阳涂氏族谱[M]. 中华民国十九年(1930年)刊印.

[2](清)来保，(清)李玉鸣. 钦定四库全书荟要·钦定大清通礼(卷十六·古礼)[M]. 清乾隆二十一年(1756年)钦定.

[3](清)屈大均. 广东新语(卷十九·坟语)[M]. 清康熙三十九年(1700年)木天阁刻本.

[4](清)朱衮修，(清)袁奂纂. 衡岳志(卷三·仙释)[M]. 清康熙三年(1664年)九仙灵台之馆刻本.

[5]巫端书. 南方民俗与楚文化[M]. 长沙：岳麓书社，1997.

[6]单霁翔. 走进文化景观遗产的世界[M]. 天津：天津大学出版社，2010.

[7]苏伟忠，杨英宝. 基于景观生态学的城市空间结构研究[M]. 北京：科学出版社，2007.

[8]中国非物质文化遗产保护中心. 中国非物质文化遗产普查手册[M]. 北京：文化艺术出版社，2007.

[9]吴必虎，刘筱娟. 中国景观史[M]. 上海：上海人民出版社，2004.

[10]李旭旦. 人文地理学[M]. 北京：中国大百科全书出版社，1984.

[11]张光直. 考古学专题六讲[M]. 北京：文物出版社，1986.

[12]中国大百科全书出版社《简明不列颠百科全书》编辑部. 简明不列颠百科全书(第6册)[M]. 北京：中国大百科全书出版社，1985.

[13]程民生. 宋代地域文化[M]. 开封：河南大学出版社，1997.

[14]刘沛林. 家园的景观与基因：传统聚落景观基因图谱的深层解读[M]. 北京：商务印书馆，2014.

[15]湖南省文物考古研究所. 澧县城头山——新石器时代遗址发掘报告[M]. 北京：文物出版社，2007.

[16]湖南省文物考古研究所. 坐果山与望子岗：潇湘上游商周遗址发掘报告[M]. 北京：

科学出版社，2010.

[17]湖南省住房和城乡建设厅. 湖南传统建筑[M]. 长沙：湖南大学出版社，2017.

[18]方吉杰，刘绪义. 湖湘文化讲演录[M]. 北京：人民出版社，2008.

[19]文选德. 湖湘文化古今谈[M]. 长沙：湖南人民出版社，2006.

[20]王佩良，张茜，曾献南. 乡土湖南[M]. 北京：旅游教育出版社，2009.

[21]张泽槐. 古今永州[M]. 长沙：湖南人民出版社，2003.

[22]张泽槐. 永州史话[M]. 桂林：漓江出版社，1997.

[23]陆大道. 中国国家地理（中南、西南）[M]. 郑州：大象出版社，2007.

[24]罗庆康. 长沙国研究[M]. 长沙：湖南人民出版社，1998.

[25]何介钧，张维明. 马王堆汉墓[M]. 北京：文物出版社，1982.

[26]杨慎初. 湖南传统建筑[M]. 长沙：湖南教育出版社，1993.

[27]张伟然. 湖南历史文化地理研究[M]. 上海：复旦大学出版社，1995.

[28]吴庆洲. 建筑哲理、意匠与文化[M]. 北京：中国建筑工业出版社，2005.

[29]吴庆洲. 中国器物设计与仿生象物[M]. 北京：中国建筑工业出版社，2013.

[30]王贵祥. 中国古代人居理念与建筑原则[M]. 北京：中国建筑工业出版社，2015.

[31]王贵祥. 匠人营国：中国古代建筑史话[M]. 北京：中国建筑工业出版社，2015.

[32]贺业钜. 中国古代城市规划史[M]. 北京：中国建筑工业出版社，1996.

[33]毛况生. 中国人口·湖南分册[M]. 北京：中国财政经济出版社，1987

[34]谭其骧. 中国内地移民·湖南篇[J]. 史学年报，1932.

[35]费孝通. 美国与美国人[M]. 北京：三联书店，1985.

[36]李茵. 永州旧事[M]. 北京：东方出版社，2005.

[37]曹树基. 中国移民史（第五卷：明时期）[M]. 福州：福建人民出版社，1997.

[38]张国雄. 明清时期的两湖移民[M]. 西安：陕西人民教育出版社，1995.

[39]葛剑雄. 中国移民史（第五卷）[M]. 福州：福建人民出版社，1997.

[40]南怀瑾. 论语别裁[M]. 上海：复旦大学出版社，2005.

[41]潘谷西. 中国建筑史（第七版）[M]. 北京：中国建筑工业出版社，2015.

[42]陆元鼎. 中国民居建筑（上、中）[M]. 广州：华南理工大学出版社，2003.

[43]陆元鼎，魏彦钧. 广东民居[M]. 北京：中国建筑工业出版社，1990.

[44]陆琦. 中国民居建筑丛书：广东民居[M]. 北京：中国建筑工业出版社，2008.

[45]于希贤. 法天象地：中国古代人居环境与风水[M]. 北京：中国电影出版社，2006.

[46]孙伯初. 天下第一村[M]. 长沙：湖南文艺出版社，2003.

[47]张灿中. 江南民居瑰宝——张谷英大屋[M]. 长春：吉林大学出版社，2004.

[48]王衡生. 周家古韵[M]. 北京：中国文史出版社，2009.

[49]肖自力. 古村风韵[M]. 长沙：湖南文艺出版社，1997.

[50]胡功田，张官妹. 永州古村落[M]. 北京：中国文史出版社，2006.

[51]刘敦桢. 中国古代建筑史(第二版)[M]. 北京：中国建筑工业出版社，1984.

[52]康学伟，王志刚，苏君. 中国历代状元录[M]. 沈阳：沈阳出版社，1993.

[53]吴裕成. 中国的井文化[M]. 天津：天津人民出版社，2002.

[54]吴裕成. 中国生肖文化[M]. 天津：天津人民出版社，2004.

[55]吴裕成. 中国的门文化[M]. 天津：天津人民出版社，2011.

[56]张玉舰. 中国牌坊的故事[M]. 济南：山东画报出版社，2011.

[57]李允鉌. 华夏意匠：中国古典建筑设计原理分析[M]. 天津：天津大学出版社，2005.

[58]王鹤鸣，王澄. 中国祠堂通论[M]. 上海：上海古籍出版社，2013.

[59]彭林. 中华传统礼仪概要[M]. 北京：高等教育出版社，2006.

[60]李泽厚. 华夏美学(插图珍藏本)[M]. 桂林：广西师范大学出版社，2001.

[61]林徽因，等. 风生水起：风水方家谭[M]. 北京：团结出版社，2007.

[62]陈述彭. 地学信息图谱探索研究[M]. 北京：商务印书馆，2001.

[63]零陵地区地方志编纂委员会编. 零陵地区志[M]. 长沙：湖南人民出版社，2001.

[64](瑞士)荣格. 心理学与文学[M]. 冯川，苏克，译. 北京：生活·读书·新知三联书店，1987.

[65]黄家瑾，邱灿红. 湖南传统民居[M]. 长沙：湖南大学出版社，2006.

[66]李晓峰. 乡土建筑：跨学科研究理论与方法[M]. 北京：中国建筑工业出版社，2005.

[67]唐凤鸣，张成城. 湘南民居研究[M]. 合肥：安徽美术出版社，2006.

[68]胡师正. 湘南传统人居文化特征[M]. 长沙：湖南人民出版社，2008.

[69]章锐夫. 湖南古村镇古民居[M]. 长沙：岳麓书社，2008.

[70]彭兆荣，李春霞，徐新建. 岭南走廊：帝国边缘的地理和政治[M]. 昆明：云南教育出版社，2008.

[71]荆其敏. 中国传统民居[M]. 天津：天津大学出版社，1999.

[72]建筑大辞典编辑委员会编. 建筑大辞典[M]. 北京：地震出版社，1992.

[73]莱斯利·A. 怀特. 文化的科学——人类与文明研究[M]. 沈原，黄克克，黄玲伊，译. 济南：山东人民出版社，1988.

[74]理查德·道金斯(Richard Dawkins). 自私的基因[M]. 卢允中，张岱云，陈复加，等

译. 长春：吉林人民出版社，1998.

[75]特伦斯·霍克斯. 结构主义与符号学[M]. 瞿铁鹏，译. 上海：上海译文出版社，1987.

[76]D. J. 沃姆斯利，D. J. 刘易斯. 行为地理学导论[M]. 王兴中，郑国强，等，译. 西安：陕西人民出版社，1988.

[77]Kroeber A. L. and Kluckhohn C. Culture：A Critical Review of Concepts and Definition [M]. Cambridge，Massachusetts：Harvard University Press，1952.

[78] Sigfried Giedion. Space，Time and Architecture[M]. Cambridge，Massachusetts：Harvard University Press，1941.

[79] Naveh Z.，Lieberman A. S. Landscape Ecology：Theory and Application[M]. New York：Springer-Verlag，1984.

[80]John L. Motloch. Introduction to Landscape Design[M]. 2nd Edition. John Wiley & Sons Inc，2000.

[81] COMOS，The Burra Charter：The Australian ICOMOS Charter for the Conservation of Places of Cultural Significance[Z]. 1999.

[82]Council of Europe. European Landscape Convention[Z]. Florence，2000.

[83] Ian L. McHarg. Design with Nature[M]. New York：Wiley，1969.

[84] Forman R，Godron M. Landscape Ecology[M]. New York：Wiley，1986.

[85]Dawkins，C. R. The Selfish Gene[M]. Oxford：Oxford University Press，1976.

[86]Charles J. Lumsden，Edward O. Wilson. Genes，Mind and Culture，a theory of gene-culture coevolution[M]. Cambridge，Massachusetts：Harvard University Press，1981.

[87]Susan Blackmore. The Meme Machine[M]. Oxford：Oxford University Press，1999.

[88]Walmsley D. J.，Lewis G. J. Human Geography：Behavioral Approaches[M]. New York：Longman Group Limited，1984.

[89] Speel H C. Memes are Also Interactors [C]//Belgium：Congress on Memetics Symposium，1998.

[90]Conzen，M. R. G. Morphogenesis，Morphogenetic Regions，and Secular Human Agency in the Historic Townscape，as Exemplfied byLudlow[C]// Dietrich Denecke，Gareth Shaw. Urban Historical Geography. Cambridge，Massachusetts：Cambridge University Press，1988.

[91]王诚. 通信文化浪潮[M]. 北京：电子工业出版社，2005.

[92]张仁福. 大学语文——中西文化知识[M]. 昆明：云南大学出版社，1998.

[93]朱广宇. 中国传统建筑门窗、隔扇装饰艺术[M]. 北京：机械工业出版社，2008.

[94]楼庆西. 中国建筑的门文化[M]. 郑州：河南科学技术出版社，2001.

[95]司马云杰. 文化社会学[M]. 北京：中国社会科学出版社，2001.

[96]罗哲文，王振复. 中国建筑文化大观[M]. 北京：北京大学出版社，2001.

[97]王增永. 华夏文化源流考[M]. 北京：中国社会科学出版社，2005.

[98]侯幼彬. 中国建筑美学[M]. 哈尔滨：黑龙江科学技术出版社，2002.

[99]余英. 中国东南系建筑区系类型研究[M]. 北京：中国建筑工业出版社，2001.

[100]伍国正. 永州古城营建与景观发展特点研究[M]. 北京：中国建筑工业出版社，2018.

[101]伍国正. 湘江流域乡村祠堂建筑景观与文化[M]. 长春：吉林大学出版社，2021.

[102]雷运富. 零陵黄田铺"巨石棚"有新发现[C]//刘翼平，雷运富主编. 零陵论. 北京：中国和平出版社，2007.

[103]童恩正. 从出土文物看楚文化与南方诸民族的关系[C]//湖南考古辑刊第三辑，岳麓书社，1986.

[104]周维权. 回顾与展望[C]//顾孟潮、张在元. 中国建筑评析与展望. 天津：天津科学技术出版社，1989.

[105]钟庆高. 千年木雕百年承传[C]//广州市政协学习和文史资料文员会. 广州文史：第七十三辑. 广州：广州出版社，2010.

[106]赵冬日. 我对中国建筑的理解与展望[C]//顾孟潮、张在元. 中国建筑评析与展望. 天津：天津科学技术出版社，1989.

[107]杨岚. 文化审美的三个层面初探[C]//南开大学文学院编委会. 文学与文化(第7辑). 天津：南开大学出版社，2007.

[108]郭黛姮. 中国传统建筑的文化特质[C]//吴焕加，吕舟. 清华大学建筑学术丛书：建筑史研究论文集(1946—1996). 北京：中国建工出版社，1996.

[109]吴庆洲. 中国景观集称文化研究[C]//王贵祥，贺从容主编. 中国建筑史论会刊(第七辑)中国建筑工业出版社，2013.

[110]伍国正，吴越，刘新德. 传统民居建筑的装饰审美文化——以湖南传统民居为例[C]//传统民居与地域文化. 北京：中国水利水电出版社，2010.

[111]伍国正，吴越. 传统建筑的门饰艺术及其文化内涵[C]//岭南建筑文化论丛. 广州：华南理工大学出版，2010.

[112]胡适. 我们对于西洋近代文明的态度[C]//季羡林主编. 胡适全集(第3卷). 合肥：

安徽教育出版社，2003.

[113]约翰·爱德华兹(John Edwards).古建筑保护——一个广泛的概念[C]∥中国民族建筑研究会.亚洲民族建筑保护与发展学术研讨会论文集.成都，2004.

[114]汤茂林.文化景观的内涵及其研究进展[J].地理科学进展，2000，19(01).

[115]汤茂林，金其铭.文化景观研究的历史和发展趋向[J].人文地理，1998(02).

[116]汤茂林，汪涛，金其铭.文化景观的研究内容[J].南京师大学报(自然科学版)，2000，23(01).

[117]刘沛林.古村落文化景观的基因表达与景观识别[J].衡阳师范学院学报(社会科学)，2003(04).

[118]刘沛林，刘春腊，邓运员，等.基于景观基因完整性理念的传统聚落保护与开发[J].经济地理，2009，29(10).

[119]刘沛林，刘春腊，邓运员，等.客家传统聚落景观基因识别及其地学视角的解析[J].人文地理，2009，24(06).

[120]刘沛林，申秀英.中国古村落旅游之现状、问题及未来策略[J].真理观光学报(台湾)，2004(02).

[121]胡最，刘沛林，邓运员，等.传统聚落景观基因的识别与提取方法研究[J].地理科学，2015，35(12).

[122]胡最，刘沛林.中国传统聚落景观基因组图谱特征[J].地理学报，2015，70(10).

[123]胡最，刘春腊，邓运员，等.传统聚落景观基因及其研究进展[J].地理科学进展，2012，31(12).

[124]胡最，刘沛林.基于 GIS 的南方传统聚落景观基因信息图谱的探索[J].人文地理，2008，23(06).

[125]胡最，刘沛林，申秀英，等.古村落景观基因图谱的平台系统设计[J].地球信息科学学报，2010，12(01).

[126]胡最，郑文武，刘沛林，等.湖南省传统聚落景观基因组图谱的空间形态与结构特征[J].地理学报，2018，73(02).

[127]胡最，刘沛林.GeoDesign 与传统聚落景观基因理论框架的整合探索[J].经济地理，2021，41(08).

[128]申秀英，刘沛林，邓运员.景观"基因图谱"视角的聚落文化景观区系研究[J].人文地理，2006(04).

[129]李敬国."景观"构词方式分析[J].甘肃广播电视大学学报，2001，11(02).

[130]洪磊.基于景观人类学的中国文化景观遗产特征与保护[J].河南教育学院学报(哲学社会科学版),2018,37(02).

[131]徐桐.景观研究的文化转向与景观人类学[J].风景园林,2021,28(03).

[132]范建红.基于地域文化的景观建筑学发展思考[J].高等建筑教育,2010,19(01).

[133]沈福煦.中国景观文化论[J].南方建筑,2001,21(01).

[134]李祥熙.关于加强山西旅游景观文化建设的思考[J].山西社会主义学院学报,2004(04).

[135]周剑.从人地作用到景观文化——浅析景观文化的含义[J].安徽建筑,2006(06).

[136]李团胜.景观生态学中的文化研究[J].生态学杂志,1997,16(02).

[137]张群,裴鸿菲,高翅.浅析景观文化[J].山西建筑,2007,33(16).

[138]梁福兴.从地域文化的视角激发学生创新作文表现美[J].康定民族师范高等专科学校学报,2002,11(S1).

[139]董林亭,孙瑛.简论赵文化概念的内涵和族属[J].燕山大学学报(哲学社会科学版),2005(02).

[140]闫如山,王敏.地域文化对现代城市视觉形象设计的启示[J].艺术与设计(理论),2009,2(12)

[141]胡海胜,唐代剑.文化景观研究回顾与展望[J].地理与地理信息科学,2006,22(05).

[142]向岚麟,吕斌.新文化地理学视角下的文化景观研究进展[J].人文地理,2010(06).

[143]刘青青.我国景观生态学发展历程与未来研究重点[J].住宅与房地产,2018(19).

[144]陈利顶,李秀珍,傅伯杰,等.中国景观生态学发展历程与未来研究重点[J].生态学报,2014,34(12).

[145]黄奕龙,陈利顶,吴健生.我国城市景观生态学的研究进展[J].地理学报,2006(02).

[146]张楚宜,胡远满,刘淼,等.景观生态学三维格局研究进展[J].应用生态学报,2019,30(12).

[147]黄忠怀.20世纪中国村落研究综述[J].华东师范大学学报(哲学社会科学版),2005,37(02).

[148]河合洋尚.景观人类学视角下的客家建筑与文化遗产保护[J].学术研究,2013(04).

[149]河合洋尚,周星.景观人类学的动向和视野[J].广西民族大学学报(哲学社会科学版),2015,37(04).

[150]河合洋尚.人类学如何着眼景观？——景观人类学之新课题[J].风景园林，2021，28(03).

[151]吕莎.景观人类学：新视角 新方法[J].中国社会科学院专刊，2014(09).

[152]葛荣玲.景观人类学的概念、范畴与意义[J].国外社会科学，2014(04).

[153]孙大章.民居建筑的插梁架浅论[J].小城镇建设，2001(09).

[154]王云才，石忆邵，陈田.传统地域文化景观研究进展与展望[J].同济大学学报(社会科学版)，2009，20(01).

[155]王云才.传统地域文化景观之图式语言及其传承[J].中国园林，2009(10).

[156]张浩龙，陈静，周春山.中国传统村落研究评述与展望[J].城市规划，2017，41(04).

[157]户文月.国内传统村落研究综述与展望[J].重庆文理学院学报(社会科学版)，2022，41(02).

[158]赵印泉，伍婷玉，杨尽，胡丹.中国乡村聚落研究热点演化与趋势[J].中国城市林业，2021，19(05).

[159]屠爽爽，周星颖，龙花楼，等.乡村聚落空间演变和优化研究进展与展望[J].经济地理，2019，39(11).

[160]赵辰.面向跨学科的"中国问题"——"建筑人类学"特集组稿心路[J].建筑学报，2020(06).

[161]翁乃群，朱晓阳，单军，等.访谈录：建筑学对话人类学[J].建筑创作，2020(02).

[162]王元林.秦汉时期南岭交通的开发与南北交流[J].中国历史地理论丛，2008，23(04).

[163]张剑明，黎祖贤，章新平.近50年湘江流域干湿气候变化若干特点[J].灾害学，2009(04).

[164]孙伟，杨庆山，刘捷.尊重史实——城头山遗址展示设计构思[J].低温建筑技术，2011(01).

[165]张文绪，裴安平.澧县梦溪乡八十垱出土稻谷的研究[J].文物，1997(01).

[166]唐解国.试谈永州鹞子岭战国墓[J].江汉考古，2003(04).

[167]张官妹.浅说周敦颐与湖湘文化的关系[J].湖南科技学院学报，2005(03).

[168]李才栋.周敦颐在书院史上的地位[J].江西教育学院学报，1993，14(03).

[169]李筱文.盘古、盘瓠信仰与瑶族[J].清远职业技术学院学报，2014，07(02).

[170]张国雄，梅莉.明清时期两湖移民的地理特征[J].中国历史地理论丛，1991(04).

[171]谭其骧. 中国内地移民·湖南篇[J]. 史学年报, 1932.

[172]石泉, 张国雄. 明清时期两湖移民研究[J]. 文献, 1994(01).

[173]单霁翔. 浅析城市类文化景观遗产保护[J]. 中国文化遗产, 2010(02).

[174]贺业钜. 湘中民居调查[J]. 建筑学报, 1957(03).

[175]张力智. 浙西牌楼门探源及其作为"立面"的意义[J]. 建筑史, 2015(01).

[176]童恩正. 中国北方与南方古代文明发展轨迹之异同[J]. 中国社会科学, 1994(05).

[177]孙丁丁. 浅析龙图腾的演变及意义[J]. 美术文献, 2020(11).

[178]刘晓光, 姜宇琼. 中国建筑比附性象征与表现性象征的关系研究[J]. 学术交流, 2004(04).

[179]李元珍. 浅谈中国传统吉祥图案之——水纹[J]. 中国民族博览, 2019(01).

[180]安志敏. 长沙新发现的西汉帛画试探[J]. 考古, 1973(01).

[181]熊传新. 对照新旧摹本谈楚国人物龙凤帛画[J]. 江汉论坛, 1981(01).

[182]孙伟, 杨庆山, 刘捷. 尊重史实——城头山遗址展示设计构思[J]. 低温建筑技术, 2011(01).

[183]吴庆洲. 中国古建筑脊饰的文化渊源初探(续)[J]. 华中建筑, 1997, 15(03).

[184]湖南省文物考古研究所. 澧县城头山古城址1997—1998年度发掘简报[J]. 文物, 1999(06).

[185]伍国正, 刘新德, 林小松. 湘东北地区"大屋"民居的传统文化特征[J]. 怀化学院学报, 2006, 25(10).

[186]伍国正, 吴越. 传统村落形态与里坊、坊巷、街巷：以湖南省传统村落为例[J]. 华中建筑, 2007, 25(04).

[187]伍国正, 余翰武, 隆万容. 传统民居的建造技术——以湖南传统民居建筑为例[J]. 华中建筑, 2007, 25(11).

[188]伍国正, 余翰武, 周红. 湖南传统村落的防御性特征[J]. 中国安全科学学报, 2007, 17(10).

[189]伍国正, 吴越, 刘新德. 传统民居建筑的生态特性——以湖南传统民居建筑为例[J]. 建筑科学, 2008, 24(03).

[190]伍国正, 吴越. 传统民居庭院的文化审美意蕴：以湖南传统庭院式民居为例[J]. 华中建筑, 2011, 29(01).

[191]郭俊明, 伍国正. 中国传统园林之意境分析[J]. 湘潭师范学院学报(社会科学版), 2005(01).

[192]李英晓，范迎春.汝城永丰周氏宗祠及其建筑装饰艺术研究[J].美与时代（上），2019(09).

[193]王竹，魏秦，贺勇，等.黄土高原绿色窑居住区研究的科学基础与方法论[J].建筑学报，2002(04).

[194]刘莹，王竹.绿色住居"地域基因"理论研究概论[J].新建筑，2003(02).

[195]王竹，魏秦，贺勇.从原生走向可持续发展——黄土高原绿色窑居的地区建筑学解析与建构[J].建筑学报，2004(03).

[196]王竹，魏秦，贺勇.地区建筑营建体系的"基因说"诠释——黄土高原绿色窑居住区体系的建构与实践[J].建筑师，2008(01).

[197]向远林，曹明明，翟洲燕，等.陕西窑洞传统乡村聚落景观基因组图谱构建及特征分析[J].人文地理，2019，34(06).

[198]罗庆华，周红，吴越，肖清.湘南传统宗族聚落形态与建筑特色研究——以祁阳县龙溪古村为例[J].中国名城，2012(08).

[199]伍国正，周红.永州乡村传统聚落景观类型与特点研究[J].华中建筑，2014，32(09).

[200]王鲁民，韦峰.从中国的聚落形态演进看里坊的产生[J].城市规划汇刊，2002(02).

[201]刘临安.中国古代城市中聚居制度的演变及特点[J].西安建筑科技大学学报，1996，28(01).

[202]尤慎.从零陵先民看零陵文化的演变和分期[J].零陵师范高等专科学校学报，1999，20(04).

[203]蔡镇钰.中国民居的生态精神[J].建筑学报，1999(07).

[204]邓颖贤，刘业."八景"文化起源与发展研究[J].广东园林，2012，34(02).

[205]张廷银.地方志中"八景"的文化意义及史料价值[J].文献，2003(04).

[206]贺晓燕.传统民居"门文化"与中国传统文化思维模式研究[J].华中建筑，2012(12).

[207]刘柯.苏州传统民居门窗装饰艺术[J].科技资讯，2009(06).

[208]赵传海.论文化基因及其社会功能[J].河南社会科学，2008(02).

[209]赵国超，王晓鸣，何晨琛，等."建筑基因理论"研究及其应用现状[J].科技管理研究，2016，36(24).

[210]Sauer Carl O. The morphology of Landscape[J]. University of California Publictions in Geography，1925(02).

[211]Lynch A. Units，events and dynamics in memetic evolution[J]. Journal of Memetics，

1998，2(01).

[212]Wilkins J. What's in a meme? Reflections from the perspective of the history and philosophy of evolutionary biology[J]. Journal of Memetics，1998，2(01).

[213]Schlüter O. Über den Grundriss der Städte［J］. Zeitschrift der Gesellschaft für Erdkunde zu Berlin，1899(34).

[214] Taylor，Griffith. Environment，Village and City：A Genetic Approach to Urban Geography；with Some Reference to Possibilism［J］. Annals of the Association of American Geographers，1942，32(01).

[215]Risser P G. Landscape Ecology：State of the Art[J]. SpringerNew York，1987.

[216]伍国正. 湘东北地区大屋民居形态与文化研究[D]. 昆明：昆明理工大学，2005.

[217]殷洁. 西南地区非物质文化景观在乡村景观规划中的保护研究[D]. 重庆：西南大学，2009.

[218]李雯莉. 浙江城镇文化景观地缘性特征及形成肌理研究[D]. 杭州：浙江大学，2008.

[219]刘沛林. 中国传统聚落景观基因图谱的构建与应用研究[D]. 北京：北京大学，2011.

[220]邱月. 儒道传统文化精神在当代生态景观设计中的价值[D]. 成都：四川大学，2007.

[221]赵紫伶. 中国民居建筑研究历程及路径探索[D]. 广州：华南理工大学，2019.

[222]赖瑛. 珠江三角洲广府民系祠堂建筑研究[D]. 广州：华南理工大学，2010.

[223]李娟. 唐宋时期湘江流域交通与民俗文化变迁研究[D]. 广州：暨南大学，2010.

[224]朱雪梅. 粤北传统村落形态及建筑特色研究[D]. 广州：华南理工大学，2013.

[225]石拓. 桂阳县古戏台建筑研究[D]. 长沙：长沙理工大学，2013.

[226]冯江. 明清广州府的开垦、聚族而居与宗族祠堂的衍变研究[D]. 广州：华南理工大学，2010.

[227]赵铃. 文化功能视域下的中国门神画艺术研究[D]. 杭州：浙江理工大学，2020.

[228]王芳芳. 民间美术中的喜鹊图像研究[D]. 济南：山东工艺美术学院，2015.

[229]王浩威. 浙江地区古建筑装饰中的人物图案研究[D]. 杭州：浙江工业大学，2019.

[230]徐子涵. 中国传统艺术意境理论研究[D]. 南京：东南大学，2019.

[231]汪晓东. 生成与变异：福州马鞍墙研究[D]. 北京：中国艺术研究院，2013.

[232]谭文慧. 湘南传统民居装饰艺术研究[D]. 长沙：湖南师范大学，2008.

[233]成长. 江华瑶族民居环境特征研究[D]. 长沙：湖南大学，2004

[234]魏欣韵. 湘南民居：传统聚落研究及其保护与开发[D]. 长沙：湖南大学，2003.

[235]李泓沁. 江永兰溪勾蓝瑶族古寨民居与聚落形态研究[D]. 长沙：湖南大学，2005.

[236]赵铃. 文化功能视域下的中国门神画艺术研究[D]. 杭州：浙江理工大学，2020.

[237]周丹丹. 景观人类学的旨趣[N]. 中国社会科学报，2021-04-07(005).

[238]马春香. 区域文化研究缘何而热[N]. 文艺报，2006-08-10(003).

[239]黄大维，卢健. 瑶族村寨文化景观遗产的历史文化价值[N]. 中国旅游报，2012-09-14.

[240]徐海瑞. 庄稼地挖出新石器时代墓葬群[N]. 潇湘晨报，2009-05-14.

[241]欧春涛，赵荣学. 考古发现——重建永州的文明和尊严[N]. 永州日报，2010-8-17.

[242]陈建平. 湖南汝城现存 710 余座古祠堂亟待保护和开发[EB/OL]. 中国新闻网，2012-8-8.

[243]邹伯科. 祠堂、寺庙、对联，戏台外的规则[N]. 潇湘晨报，2016-02-20.

[244]申智林. 沉睡的古戏台，醒了[N]. 人民日报，2019-02-13.

[245]章启群. 思维原发性创造力与"文化基因"——中国教育大战略再思考[N]. 中华读书报，2016-05-04.